I0061289

Dynamiques de déforestation dans le bassin du Congo

Dynamiques de déforestation dans le bassin du Congo

*Réconcilier la croissance économique
et la protection de la forêt*

Auteur principal: Carole Megevand

Contributions de : Aline Mosnier,
Joël Hourticq, Klas Sanders,
Nina Doetinchem et Charlotte Streck

LA BANQUE MONDIALE

© 2013 International Bank for Reconstruction and Development / The World Bank
1818 H Street NW, Washington DC 20433
Téléphone: 202-473-1000; Web: www.worldbank.org

Certains droits réservés

1 2 3 4   16 15 14 13

Cet ouvrage a été établi par les services de la Banque mondiale avec la contribution de collaborateurs extérieurs. La Banque mondiale n'est pas nécessairement propriétaire de la totalité de son contenu. Elle ne
garantit donc pas que l'utilisation du contenu de l'ouvrage ne porte pas atteinte aux droits de tierces parties.
L'utilisateur du contenu assume seul le risque de réclamation ou de plainte pour violation desdits droits.

Les observations, interprétations et opinions qui sont exprimées dans cet ouvrage ne reflètent pas nécessairement les vues de la Banque mondiale, de son Conseil des Administrateurs ou des pays que ceux-ci
représentent. La Banque mondiale ne garantit pas l'exactitude des données citées dans cet ouvrage. Les
frontières, les couleurs, les dénominations et toute autre information figurant sur les cartes du présent
ouvrage n'impliquent de la part de la Banque mondiale aucun jugement quant au statut juridique d'un territoire quelconque et ne signifient nullement que l'institution reconnaît ou accepte ces frontières.

Aucune des dispositions précédentes ne constitue une limite ou une renonciation à l'un quelconque des
privilèges et immunités de la Banque mondiale, et ne peut être interprétée comme telle. Tous lesdits privilèges et immunités de la Banque mondiale sont expressément réservés.

Droits et licences

L'utilisation de cet ouvrage est soumise aux conditions de la licence Creative Commons Attribution 3.0
Unported license (CC BY 3.0) (http://creativecommons.org/licenses/by/3.0. Conformément aux termes
de la licence Creative Commons Attribution (paternité), il est possible de copier, distribuer, transmettre
et adapter le contenu de l'ouvrage, notamment à des fins commerciales, sous réserve du respect des
conditions suivantes:

Attribution (Paternité)—L'ouvrage doit être cité de la manière suivante: Megevand, Carole. *Dynamiques*
de déforestation dans le basin du Congo: Réconcilier la croissance économique et la protection de la forêt.
Washington, DC: World Bank.
doi: 10.1596/978-0-8213-9827-2. License: Creative Commons Attribution CC BY 3.0.

Traductions—Si une traduction de cet ouvrage est produite, veuillez ajouter à la mention de la paternité
de l'ouvrage, le déni de responsabilité suivant: *Cette traduction n'a pas été réalisée par la Banque*
mondiale et ne doit pas être considérée comme une traduction officielle de cette dernière. La Banque ne
saurait être tenue responsable du contenu de la traduction ni des erreurs qui peuvent y figurer.

Pour tous renseignements sur les droits et licences s'adresser au Bureau des publications de la Banque
mondiale: Office of the Publisher, The World Bank, 1818 H Street NW, Washington, DC 20433, USA;
télécopie: 202-522-2625; courriel: pubrights@worldbank.org.

ISBN (version imprimée): 978-0-8213-9827-2
ISBN (version électronique): 978-0-8213-9838-8
DOI: 10.1596/978-0-8213-9827-2

Photo de couverture: Andrew McConnell/Panos; *Maquette de couverture:* Debra Naylor

Table des Matières

Liste des Encadrés

Liste des Diagrammes

Liste des Cartes

Liste des Tableaux

Avant-propos

Tandis que les réseaux globaux de commerce, migration, finance et information se sont amplifiés en force, rapidité et densité au cours des dernières décennies, notre connaissance des forces façonnant les paysages et les économies s'est également accrue. Nous savons que des décisions prises dans un pays peuvent avoir des répercussions sur la gestion des terres à des milliers de kilomètres. Nous savons que les gaz à effet de serre émis dans différents secteurs et différentes économies influencent le rythme du changement climatique pour tous. Nous savons aussi qu'avec des interventions et mesures incitatives choisies, le cycle vicieux de la pauvreté, de la dégradation des terres et de l'insécurité alimentaire peut être transformé en un cycle vertueux d'intensification durable et de prospérité partagée. Les défis et les solutions du développement sont tous liés, au niveau local, régional et mondial.

Ces liens sont mis en avant dans une nouvelle étude qui présente les dynamiques de déforestation dans le bassin du Congo, impulsées par une variété de secteurs économiques et au-delà des frontières nationales. Cette étude, menée par l'équipe de la Banque mondiale chargée de l'environnement dans la Région Afrique, avec la participation des pays du bassin du Congo et l'appui de multiples donateurs, s'appuie à la fois sur de la modélisation économique, des analyses sectorielles approfondies et de simulations interactives basées sur les contributions d'experts nationaux collectées au cours de plusieurs ateliers régionaux. Cette approche innovante a déjà élargi notre compréhension des multiples facteurs de déforestation dans le bassin du Congo au-delà des responsables désignés (exploitation forestière commerciale) et ouvert l'espace politique aux discussions sur le part de responsabilité des secteurs tels que l'agriculture, l'énergie, le transport et l'exploitation minière sur l'avenir des forêts du bassin.

Cette analyse, assortie d'une série de recommandations que les décideurs pourront approfondir et étoffer au niveau national, peut certainement aider les pays du bassin du Congo à établir certains des plus difficiles compromis entre la croissance et la protection de la forêt. En réconciliant le développement de leurs économies et la préservation de leur capital forestier, ces pays pourraient éviter la diminution brutale de la couverture forestière habituellement observée avec le développement, et contribuer à amoindrir les effets de serre associés à la déforestation.

Le temps est maintenant venu d'aller de l'avant avec quelques-unes des recommandations « sans regrets » émises par les experts ayant participé à cette étude.

Jamal Saghir
Directeur
Département du Développement durable
Région Afrique
Banque mondiale

Remerciements

Ce rapport a été rédigé par Carole Megevand, avec la contribution d'Aline Mosnier, Joël Hourticq, Klas Sanders, Nina Doetinchem et Charlotte Streck. Il est le résultat d'un exercice de deux ans réalisé à la demande de la COMIFAC (Commission des forêts d'Afrique centrale) pour renforcer la compréhension des tendances et dynamiques de déforestation dans le bassin du Congo.

L'équipe exprime sa gratitude à Raymond Mbitikon et Martin Tadoum (COMIFAC) ainsi qu'à Joseph Armaté Amougou (Cameroun), Igor Tola Kogadou (République centrafricaine), Vincent Kasulu Seya Makonga (République démocratique du Congo), Deogracias Ikaka Nzami (Guinée équatoriale), Rodrigue Abourou Otogo (Gabon) et Georges Boudzanga (République du Congo), qui ont aidé à rassembler une équipe d'experts nationaux qui a apporté un éclairage et des contributions très utiles pour la finalisation de l'exercice de modélisation.

L'exercice de modélisation a été réalisé par une équipe de l'IIASA dirigée par Michael Obersteiner et composée d'Aline Mosnier, Petr Havlik et Kentaro Aoki. La campagne de collecte des données dans les six pays du bassin du Congo a été coordonnée par ONF International, sous la supervision d'Anne Martinet et Nicolas Grondard.

Le rapport s'est appuyé sur une série de documents de référence couvrant différents secteurs, préparés par Carole Megevand, en collaboration avec : Joël Hourticq et Éric Tollens pour l'agriculture ; Klas Sanders et Hannah Behrendt pour l'énergie tirée du bois ; Nina Doetinchem et Hari Dulal, pour la foresterie ; Loic Braune et Hari Dulal, pour le transport ; et Edilene Pereira Gomes et Marta Miranda pour l'exploitation minière. Charlotte Streck, Donna Lee, Leticia Guimaraes et Campbell Moore ont couvert la section relative au statut de la REDD+ dans le bassin du Congo et ont appuyé la préparation du rapport consolidé.

L'équipe exprime toute sa gratitude à l'encontre de Kenneth Andrasko, Christian Berger et Gotthard Walser pour leurs conseils avisés. Elle remercie également Meike van Ginneken, Benoit Bosquet, Marjory-Anne Bromhead, Stephen Mink, Shantayanan Devardjan, Quy-Toan Do, John Spears, Andre Aquino, Gerhard Dieterle, Peter Dewees, James Acworth, Emeran Serge Menang, Simon Rietbergen, David Campbell Gibson, Andrew Zakhrarenka, Loic Braune, Remi Pelon et Mercedes Stickler, pour leurs observations constructives.

Le rapport a été habilement édité par Flore Martinant de Preneufet Sheila Gagen. Les cartes et les diagrammes illustratifs ont été produits par Hrishikesh Prakash Patel.

Nous remercions particulièrement Idah Pswarayi-Riddihough, Jamal Saghir, Ivan Rossignol, Giuseppe Topa, Mary Barton-Dock et Gregor Binkert qui, aux différentes étapes, ont aidé cette initiative à produire des résultats exhaustifs.

L'étude a bénéficié de l'appui financier de plusieurs donateurs, notamment : le DfID, la Norvège à travers le Fonds fiduciaire norvégien pour l'infrastructure et le secteur privé (NTF-PSI), le Programme pour les forêts (PROFOR), le *Trust Fund for Environmentally Ann Socially Sustainable Development* (TFESSD), et le Fonds de partenariat pour la réduction des émissions de carbone forestier (FPCF). Les opinions exprimées dans ce document ne représentent pas nécessairement celles des institutions qui ont soutenues l'étude ni leurs politiques officielles.

Biographie des Auteurs

Auteur principal:

Carole Mégevand a 15 ans d'expérience professionnelle dans la gestion des ressources naturelles (GRN) dans les pays en développement. Elle est titulaire de deux maîtrises respectivement sur l'économie agricole et sur l'économie de l'environnement et des ressources naturelles. À la Banque mondiale, elle a géré des opérations complexes de gestion des ressources naturelles dans les pays du Bassin du Congo avec un accent particulier sur les dimensions intersectorielles et les questions de gouvernance. Depuis trois ans, elle coordonne le portefeuille REDD+ dans la Région Afrique de la Banque mondiale. Son expérience internationale dans le monde en développement comprend deux affectations de long terme (Cameroun et la Tunisie) et des missions dans plus de 15 pays d'Afrique, du Moyen-Orient-Afrique du Nord et l'Amérique latine et des Caraïbes.

Auteurs de certaines contributions:

Aline Mosnier est chercheur au Service des écosystèmes et de gestion (ESM) programme à l'IIASA (International Institute for Applied Systems Analysis). Son fond est en économie du développement avec un accent particulier sur les politiques commerciales et de développement rural. Depuis 2008, elle a contribué à l'élaboration du modèle-GLOBIOM un modèle global d'équilibre partiel sur le changement d'utilisation des terres, surtout sur le commerce international, les coûts de transport internes et les aspects de biocarburants. En 2010, elle était responsable de l'adaptation du modèle GLOBIOM au contexte du Bassin du Congo pour fournir des estimations de la déforestation future et de soutenir les stratégies nationales de REDD dans la région.

Joël Hourticq est diplômé de l'Institut National Agronomique et de l'Ecole Nationale du Génie Rural des Eaux et Forêts à Paris et d'une maîtrise en économie agricole de l'Université de Londres. Il collabore régulièrement avec la Banque mondiale, en particulier sur les questions agricoles dépenses publiques.

Klas Sander est un économiste des ressources naturelles avec la Banque mondiale Asie du Sud. Il a plus de 13 années d'expérience professionnelle en développement avec une expérience de terrain en Afrique, en Asie du Sud, Asie du Sud, Asie de l'Ouest, le Pacifique et l'Europe de l'Est. Klas est titulaire de deux maîtrises en économie agricole et en économie forestière et d'un doctorat dans le développement rural. Son travail se concentre sur la gestion des ressources naturelles, les énergies renouvelables, les analyses économiques et financières. Il a récemment mené des analyses approfondies des systèmes énergétiques à base de bois et des chaînes d'approvisionnement, notamment leur potentiel de développement sobre en carbone et la croissance verte, avec un accent particulier sur l'Afrique.

Nina Doetinchem a travaillé sur les questions de ressources naturelles, en particulier dans les secteurs de la pêche et de la foresterie depuis plus d'une décennie. Ayant grandi au Kenya, elle a depuis maintenu un intérêt particulier pour le continent africain, sa population et sa biodiversité. Avec une formation universitaire en biologie et en gestion de l'environnement et dix ans d'expérience dans la mise en œuvre du projet, elle a concentré son travail sur l'interface souvent en concurrence des intérêts commerciaux liés aux ressources naturelles, les moyens de subsistance et la conservation de la biodiversité.

Charlotte Streck est un expert internationalement reconnu sur le droit et la politique du changement climatique et des marchés carbone. Elle conseille sur le cadre réglementaire au niveau international et national, et est un expert de premier plan sur les aspects de régulation du changement climatique relatifs aux forêts et à l'agriculture. Charlotte fait des présentations sur le droit de l'environnement et la diplomatie dans de nombreuses conférences et est un auteur prolifique et éditeur. Elle est rédactrice associée de Climate Policy et est membre du comité de rédaction de plusieurs autres revues spécialisées. Charlotte est co-fondateur du Global Public Policy Institute (Berlin) et Avoided Deforestation Partners (Berkley)

Abbréviations

AICD	Africa Infrastructure Country Diagnostic
AIE	Agence Internationale pour l'Energie
APV	Accords de partenariat volontaire
ARM	Alliance for Responsible Mining
ASTI	Agricultural Science and Technology Indicators
CBD	Convention on Biological Diversity
CCNUCC	Convention cadre des Nations Unies sur le changement climatique
CDB	Convention des Nations Unies sur la diversité biologique
CNULD	Convention des Nations Unies sur la lutte contre la désertification Change
CEEAC	Communauté Economique des Etats de l'Afrique Centrale
CEFD	Couverture forestière élevée – faible déforestation
CEMAC	Communauté Economique et Monétaire de l'Afrique Centrale
CGIAR	Consultative Group on International Agricultural Research
CIFOR	Center for International Forestry Research
COMIFAC	Commission des forêts d'Afrique Centrale
EIEs	Evaluations des impacts environnementaux
EITI	Initiative pour la Transparence au niveau des Industries Extractive
EPIC	Environmental Policy Integrated Climate
EU ETS	European Union Emissions Trading System
FAO	Organisation des Nations Unies pour l'Agriculture et l'Alimentation
FCFA	franc de la Communauté financière africaine
FCPF	Forest Carbon Partnership Facility
FIP	Forest Investment Program

FLEGT	Forest Law Enforcement, Governance, and Trade (Union européenne)
GDF	Gestion durable des forêts
GEF	Global Environment Facility
GES	Gaz à effet de serre
IFPRI	International Food and Policy Research Institute
IIASA	International Institute for Applied Systems Analysis
IRAD	Institut de Recherche Agricole pour le Développement
LPI	Logistic Performance Index
MINFOF-MINEP	Ministères en charge des Forêts et de l'Environnement (Cameroun)
NEPAD	Nouveau Partenariat pour le développement de l'Afrique
NICFI	Norway International Climate and Forest Initiative
OFAC	Observatoire des Forêts d'Afrique Centrale
OIBT	Organisation Internationale des Bois Tropicaux
ONGs	organisations non gouvernementales
PFNL	Produits forestière non ligneux
PDDAA	Programme détaillé de développement de l'agriculture africaine
PFBC	Partenariat pour les forêts du bassin du Congo
PFRs	Pays à faible revenu
PIB	produit intérieur brut
R&D	Recherche et Développement
REDD+	Réduction des émissions de gaz à effet de serre issus de la déforestation et de la dégradation forestière Plus
SIG	Système d'information géographique
UICN	Union international pour la Conservation de la Nature
WWF	World Wildlife Fund
ZES	Zone économique sépciale

Résumé exécutif

Vue d'ensemble des forêts du bassin du Congo

Le bassin du Congo s'étend sur six pays : le Cameroun, la République centrafricaine, la République démocratique du Congo, et la République du Congo, la Guinée équatoriale, le Gabon. Il comprend environ 70 pourcent de la couverture forestière de l'Afrique : sur les 530 millions d'hectares du bassin du Congo, 300 millions sont couverts par la forêt. Plus de 99 pourcent de la surface forestière sont constitués de forêts primaires ou naturellement régénérées, par opposition aux plantations, et 46 pourcent sont des forêts denses de basse altitude.

L'exploitation forestière industrielle est pratiquée de façon extensive dans la zone, avec environ 44 millions hectares de forêts sous concession (8.3 pourcent de la surface totale des terres), et contribue fortement aux revenus et à l'emploi (diagramme O.1). Contrairement aux autres régions tropicales, où les activités d'exploitation forestière accompagnent généralement une transition vers une autre utilisation des terres, l'exploitation forestière dans le bassin du Congo est hautement sélective, et les forêts de production restent en permanence boisées.

Les forêts du bassin du Congo hébergent quelques 30 millions à personnes et fournissent les moyens de subsistance à plus 75 millions de personnes appartenant à environ 150 groupes ethniques qui comptent sur les ressources naturelles locales pour leurs besoins alimentaires et nutritionnels, de santé et de subsistance. Ces forêts constituent une source essentielle de protéines pour les populations locales, à travers le gibier et le poisson. Qu'ils soient consommés directement ou commercialisés, les produits forestiers représentent une part importante des revenus des populations locales. Les forêts constituent également une forme de sécurité sociale importante dans des pays où la pauvreté et la malnutrition sont fréquentes (voir encadré O.1).

Ces forêts rendent de précieux services écologiques aux niveaux local, régional et mondial. Aux niveaux local et régional, ceux-ci comprennent le maintien du cycle hydrologique et le contrôle des crues dans une région de forte

Diagramme O.1 Terres, forêt dense et zones d'exploitation forestière dans le bassin du Congo

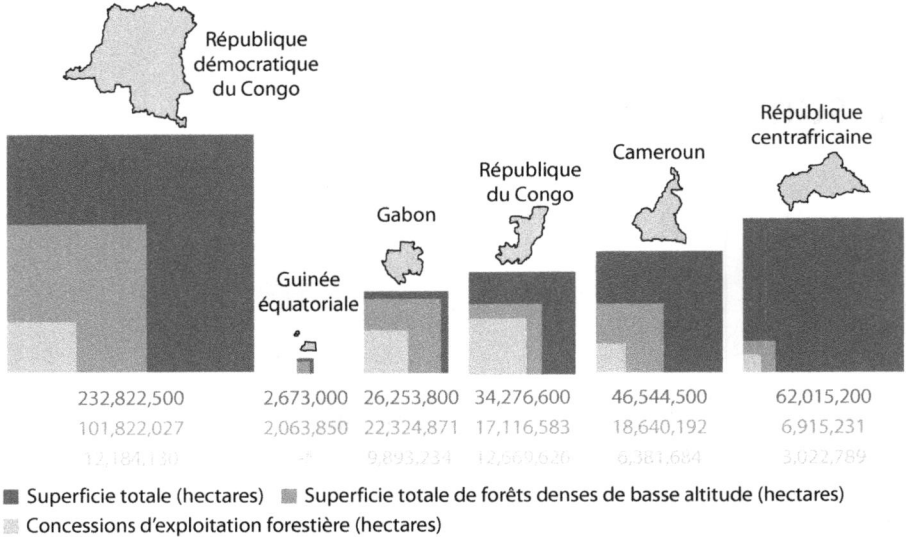

232,822,500	2,673,000	26,253,800	34,276,600	46,544,500	62,015,200
101,822,027	2,063,850	22,324,871	17,116,583	18,640,192	6,915,231
12,184,130	-*	9,893,234	12,569,626	6,387,684	3,022,789

■ Superficie totale (hectares) ■ Superficie totale de forêts denses de basse altitude (hectares)
■ Concessions d'exploitation forestière (hectares)

Source: sur base des données de Wasseige et coll. (2012)
* En Guinée équatoriale, toutes les concessions d'exploitation forestière ont été annulées en 2008.

pluviosité. On peut également citer la régulation et le refroidissement climatiques à l'échelle régionale grâce à l'évapotranspiration ainsi que l'atténuation de la variabilité climatique. Les forêts abritent également une énorme richesse en espèces végétales et animales, notamment des animaux menacés tels que le gorille des plaines et le chimpanzé. Au niveau mondial, ces forêts représentent environ 25 pourcent du carbone total stocké dans les forêts tropicales du monde, et atténuent les émissions anthropiques (de Wasseige et coll. 2012).

La déforestation et la dégradation des forêts sont restées à un niveau faible dans le bassin du Congo. On estime que l'ensemble de l'Afrique est responsable de seulement 5,4 pourcent de la perte mondiale des forêts tropicales humides entre 2000 et 2005, contre 12,8 pourcent pour l'Indonésie et 47,8 pourcent pour le Brésil à lui tout seul (Hansen et coll., 2008). La déforestation et la dégradation des forêts dans le bassin du Congo ont toutes deux nettement accéléré au cours des dernières années (voir diagramme O.2). Elles sont actuellement largement associées à l'expansion des activités de subsistance (agriculture et énergie) et sont de fait concentrées autour des zones densément peuplées.

Quels seront les facteurs de déforestation dans le bassin du Congo ? Une analyse multisectorielle

Les forêts du bassin du Congo pourraient bien se trouver à un tournant décisif, menant vers des taux de déforestation et de dégradation forestière plus élevés. Elles ont été jusqu'à présent largement protégées « de manière passive » par l'instabilité politique et les conflits chroniques, la médiocre infrastructure, et la

Encadré O.1 La faim en terre d'abondance

Même si la plupart des pays du bassin du Congo sont largement dotés de ressources naturelles et bénéficient de précipitations abondantes, la faim est une préoccupation grave voire extrêmement alarmante dans tous les pays, à l'exception du Gabon selon l'Indice de la faim dans le monde de l'IFPRI (2011). L'agriculture y est encore caractérisée par des systèmes de subsistance traditionnels à faible niveau d'intrants et de production, et il existe d'énormes écarts entre les rendements réels et potentiels. Le mauvais état des infrastructures maintient les agriculteurs à l'écart des marchés potentiels et des opportunités de croissance, coupant ainsi une grande partie de la population du bassin du Congo de l'économie générale.

Tableau O.1.1 Indices clés de développement pour les pays du bassin du Congo

Pays	Pauvreté % de la population en dessous du seuil de pauvreté national	Nutrition % des enfants de moins de cinq ans ayant un poids insuffisant	Terres agricoles % de la surface totale des terres	Emplois Population économiquement active dans l'agriculture (%)	Accès à la nourriture % total de routes revêtues par rapport à l'ensemble du réseau
Cameroun	39,9	16,6	19,8	46,4	8,4
République centrafricaine	62	21,8	8,4	62,3	…
République démocratique du Congo	71,3	28,2	9,9	56,7	1,8
République du Congo	50,1	11,8	30,9	31,2	7,1
Guinée équatoriale	…	10,6	10,9	63,8	…
Gabon	32,7	8,8	19,9	25,5	10,2
Moyenne subsaharienne	**…**	**21,3**	**52,6**	**58,2**	**23,8**

Source: PNUD, 2012

faible gouvernance qui ont caractérisé la région. Les pays de la région répondent toujours au profil des pays à couverture forestière élevée/ faible déforestation (CEFD). Toutefois, des signes indiquent que ces forêts subissent une pression croissante de la part d'une variété de forces, notamment l'extraction minière, la construction de routes, l'agro-industrie et les biocarburants, en plus de l'expansion de l'agriculture de subsistance et de la production de charbon de bois.

Les causes et les facteurs de la déforestation tropicale sont complexes et ne peuvent être facilement réduits à quelques variables. L'interaction de plusieurs facteurs directs ainsi que sous-jacents a un effet synergétique sur la déforestation. L'expansion des activités de subsistance (agriculture et récolte du bois de chauffage) est la cause la plus communément citée de la déforestation dans le bassin du Congo. Elle est soutenue par les tendances démographiques et l'urbanisation accélérée, qui constituent la plus importante cause sous-jacente de la déforestation actuelle. La région du bassin du Congo n'a jusqu'ici pas connu l'expansion de grandes plantations

Diagramme O.2 Taux moyens annuels de déforestation et de dégradation forestière dans le bassin du Congo sur les périodes 1990–2000 et 2000–2005

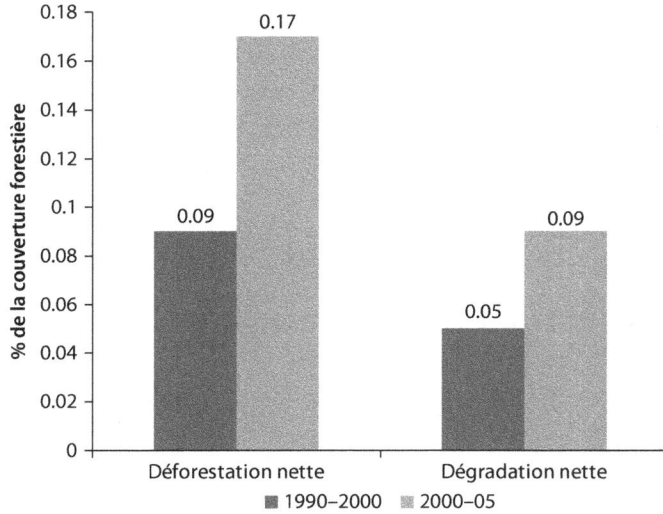

Source: de Wasseige et coll., 2012.

Encadré O.2 Un exercice interactif de sensibilisation

En 2009, les six pays du bassin du Congo, les donateurs et les organisations partenaires ont convenu de collaborer à l'analyse des principaux facteurs de la déforestation et de la dégradation des forêts dans le bassin du Congo. Une approche de modélisation et d'analyse prospective a été adoptée car les tendances historiques étaient considérées comme inappropriées pour déterminer correctement la nature future ainsi que l'amplitude des facteurs de la déforestation étant donné le profil CEFD des pays du bassin du Congo. Cette approche s'est basée sur le modèle GLOBIOM mis au point par l'Institut international pour l'analyse des systèmes appliqués (IIASA) et l'a adapté à la région du Congo (CongoBIOM) pour étudier les facteurs de déforestation et les émissions de gaz à effet de serre résultantes, d'ici 2030. Elle a aussi abondamment utilisé les apports de trois ateliers régionaux réunissant de multiples intervenants organisés à Kinshasa et à Douala en 2009- 2010, ainsi qu'une analyse approfondie des secteurs de l'agriculture, de l'exploitation forestière, de l'énergie, du transport et de l'exploitation minière.

Le modèle CongoBIOM a été utilisé pour évaluer les impacts d'une série de « chocs de politiques » identifiés par les représentants des pays du bassin du Congo. Divers scénarios ont été élaborés pour mettre en évidence les facteurs de déforestation tant endogènes – meilleures infrastructures de transport, meilleures technologies agricoles, moindre consommation de bois de chauffage – qu'exogènes – augmentation de la demande internationale de viande et de biocarburants.

observée dans d'autres zones tropicales. Toutefois, cette situation pourrait changer sous l'influence de forces macroéconomiques tant endogènes qu'exogènes à la région (voir encadré O.2).

Agriculture

L'agriculture constitue un secteur essentiel mais négligé dans le bassin du Congo. Elle demeure de loin le plus grand employeur de la région. Au Cameroun, en Guinée équatoriale, en République centrafricaine et en République démocratique du Congo, plus de la moitié de la population économiquement active est engagée dans des activités agricoles. Le secteur contribue également de façon importante au PIB, notamment en République centrafricaine, en République démocratique du Congo et au Cameroun. Malgré son importance, le secteur agricole a jusqu'ici été négligé et sous financé au cours de l'essentiel des dernières décennies. La plupart des activités agricoles sont de petite taille, et le secteur est encore dominé par les systèmes de subsistance traditionnels qui coexistent au côté de quelques grandes entreprises commerciales produisant essentiellement de l'huile de palme et du caoutchouc. La productivité agricole dans la région est très faible par rapport à celle d'autres pays tropicaux, avec en général un très faible recours aux intrants. Il en résulte une dépendance substantielle et croissante vis-à-vis des importations de nourriture.

Le potentiel de développement agricole dans le bassin est pourtant important, pour plusieurs raisons. Tout d'abord, les pays du bassin du Congo sont dotés de vastes terres appropriées et disponibles : ensemble, ils comptent environ 40 pourcent des terres non cultivées, non protégées et à faible densité de population convenant à la culture en Afrique subsaharienne, et 12 pourcent des terres disponibles dans le monde. Si seules les surfaces non boisées sont prises en compte, le bassin du Congo représente encore environ 20 pourcent des terres disponibles pour l'expansion des activités agricoles en Afrique subsaharienne et 9 pourcent dans le monde (Deininger et coll. 2011). Deuxièmement, la région dispose également de ressources en eau non limitées qui lui donnent un avantage par rapport à d'autres régions qui pourraient être confrontées à une rareté des ressources en eau du fait du changement climatique. Troisièmement, et sans surprise, les pays du bassin du Congo se classent parmi les pays du monde ayant le plus grand potentiel d'augmentation des rendements. Enfin, l'urbanisation rapide de la population ainsi que l'augmentation de la demande internationale de produits alimentaires et d'énergie pourraient entrainer une demande spectaculaire de produits agricoles en provenance du bassin du Congo. Ensemble, ces facteurs font de l'agriculture un secteur très prometteur dans la région.

Les futurs développements agricoles pourraient toutefois se faire aux dépens des forêts. La libération du potentiel agricole du bassin du Congo pourrait accroître la pression sur les forêts, en particulier si les investissements dans l'infrastructure routière levaient l'un des plus gros obstacles à l'accès aux marchés. Le modèle CongoBIOM a été utilisé pour identifier les impacts potentiels de changements spécifiques, tant intérieurs (par exemple la productivité agricole) qu'extérieurs (demande internationale de viande ou d'huile de palme) sur les forêts du bassin du Congo. Il met en évidence que l'augmentation de la productivité agricole, souvent perçue comme une solution gagnant-gagnant pour accroître la production et réduire la pression sur les forêts, pourrait s'avérer un accélérateur de la déforestation (comme expliqué dans l'encadré O.3).

Malgré sa contribution marginale aux marchés mondiaux, le bassin du Congo pourrait être affecté par les tendances mondiales du commerce des produits agricoles de base. Le modèle CongoBIOM a testé deux scénarios ayant trait à la demande internationale de produits de base : Scénario 1 -Augmentation de 15 % de la demande mondiale de viande d'ici 2030 et Scénario 2 -Doublement de la production de biocarburants d'ici 2030. Pour chacun des deux scénarios, le modèle CongoBIOM indique que le bassin du Congo est peu susceptible de devenir un producteur à grande échelle de viande ou de biocarburants (à court/ moyen terme), mais qu'il sera indirectement affecté par les changements occasionnés dans d'autres parties du monde.

Par exemple, le fait que le bassin du Congo n'a pas d'avantage comparatif à produire de la viande (du fait de la présence de la mouche tsé-tsé et de l'absence de fourrage) ne signifie pas qu'il ne sera pas finalement affecté par l'augmentation mondiale de la demande de viande. D'après le modèle CongoBIOM, une augmentation de la production de viande (associée à une extension de la surface consacrée aux pâturages et aux cultures fourragères) dans d'autres régions du monde réduirait la production d'autres cultures traditionnellement importées par

---

Encadré O.3 Pourquoi l'augmentation de la productivité agricole n'est pas nécessairement favorable à la préservation des forêts

Une augmentation de la productivité agricole est souvent perçue comme le moyen le plus prometteur de résoudre à la fois le problème de la production d'une plus grande quantité de nourriture et celui de la conservation de plus de forêts pour préserver les services écosystémiques vitaux. Il est communément admis que produire plus sur la même superficie devrait empêcher d'avoir à s'étendre au-delà de la limite des forêts et donc aider à préserver celles-ci.

Toutefois, les modèles montrent que cette logique a peu de chances de se matérialiser, à moins que des politiques d'accompagnement adéquates ne soient mises en place. Le modèle CongoBIOM en effet indique que l'intensification de la production agricole dans le bassin du Congo conduit plutôt à une extension des terres agricoles en raison de la demande croissante de nourriture et de l'offre non limitée de main-d'œuvre. Les gains de productivité qui rendent les activités agricoles plus rentables ont tendance à accroître la pression sur les forêts, qui sont généralement les terres dont l'accès est le plus facile et le moins coûteux pour les paysans. La dégradation de l'environnement, les problèmes de régime foncier et de droit coutumier associés à l'acquisition de terres pour une agriculture à grande échelle sont d'autres facteurs incitant les agriculteurs à s'intéresser aux terres forestières. Le chapitre 3 du rapport liste quelques-unes des politiques d'accompagnement et des mesures de planification des terres qui pourraient aider à atténuer l'impact du développement agricole sur les forêts.

Diagramme O.3 Canaux de transmission de l'augmentation de la demande mondiale de viande et de l'accroissement de la déforestation dans le bassin du Congo

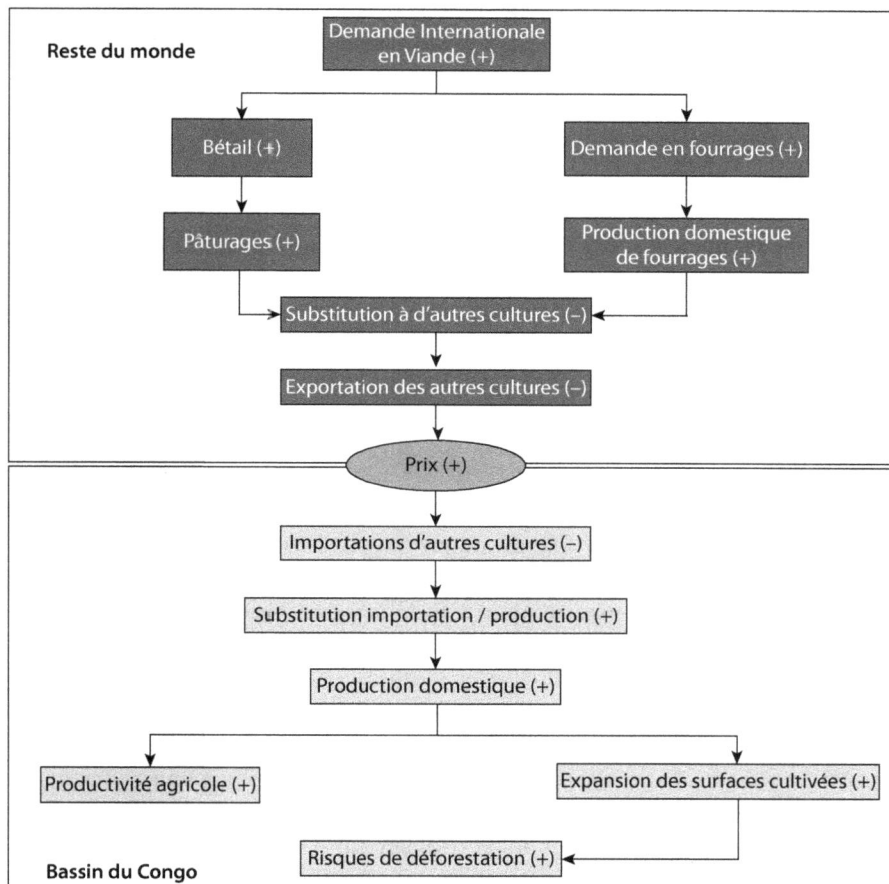

les pays du bassin du Congo (le maïs par exemple). Cette situation provoquerait un remplacement par plus de produits cultivés localement, qui pourrait mener à une plus grande déforestation dans le bassin du Congo (voir diagramme O.3).

Énergie

Selon les estimations, plus de 90 pourcent du volume total de bois récolté dans le bassin du Congo servirait de bois de chauffage et une moyenne annuelle d'un mètre cube de bois de chauffage serait nécessaire pour couvrir les besoins par habitant (Marien, 2009). En 2007, la production totale de bois de chauffage des pays du bassin du Congo a dépassé 100 millions de mètres cubes. Les plus grands producteurs étaient la République démocratique du Congo et le Cameroun, avec respectivement 71 pourcent et 21 pourcent de la production totale de la région (des taux reflétant la part de ces pays dans la population de la région).

Cela dit, les profils énergétiques varient d'un pays à l'autre, en fonction de la richesse, de l'accès à l'électricité et des coûts relatifs du bois et des combustibles fossiles. Au Gabon, par exemple, la dépendance vis-à-vis des combustibles ligneux est nettement moindre grâce à un vaste réseau électrique et gazier subventionné pour la cuisine.

Le mode de vie urbain tend à être plus énergivore, à mesure que la taille des ménages urbains tend à diminuer, avec pour conséquence, une utilisation par habitant moins efficace des combustibles pour la cuisine. Par ailleurs, le charbon de bois est souvent le principal combustible utilisé pour la cuisine par beaucoup de petits restaurants des bords de route et les cuisines des grandes institutions publiques telles que les écoles et les universités, les hôpitaux, les prisons, ainsi que par les petites industries. Avec une croissance urbaine moyenne de 3 à 5 pourcent par an, voire plus (5 à 8 pourcent) dans les grandes villes telles que Kinshasa, Kisangani, Brazzaville, Pointe-Noire, Libreville, Franceville, Port-Gentil, Douala, Yaoundé et Bata, les pays du bassin du Congo assistent à un remplacement du bois de chauffage par le charbon de bois, celui-ci étant moins cher et plus facile à transporter et à stocker.

La production de charbon de bois dans le bassin du Congo a enregistré une hausse de l'ordre de 20 pourcent entre 1990 et 2009, passant de 1 094 000 à 1 301 000 tonnes selon la base de données statistiques sur l'énergie de l'ONU. Contrairement à la Chine, à l'Inde et à la plupart des pays en développement où le niveau de l'énergie tirée de la biomasse ligneuse a atteint un sommet ou devrait culminer dans un proche avenir, dans le bassin du Congo, la consommation de cette énergie pourrait rester très élevée et même continuer à croître dans les quelques prochaines décennies, compte tenu de la croissance démographique, de l'urbanisation et de l'évolution des prix relatifs des sources alternatives d'énergie pour la cuisine, telles que le gaz de pétrole liquéfié (voir diagramme O.4).

La collecte de bois de feu menace particulièrement les forêts en zones densément peuplées. En milieu rural, l'impact de la collecte de bois de chauffage est généralement compensé par la régénération des forêts naturelles ; il peut néanmoins devenir une sérieuse cause de dégradation des forêts et de déforestation lorsque la demande émane de marchés concentrés tels les ménages ou entreprises urbains. Les bassins satisfaisant une demande urbaine croissante s'étendent au fil du temps et peuvent aller jusqu'à 200 kilomètres des centres urbains, provoquant ainsi, une dégradation progressive des forêts naturelles. La zone périurbaine située dans un rayon de 50 kilomètres de Kinshasa, par exemple, a été largement déboisée (voir encadré O.4).

L'énergie tirée de la biomasse ligneuse est fournie par un secteur inefficace. Le charbon de bois est essentiellement produit à l'aide de techniques traditionnelles présentant une faible efficacité de transformation (fosses ou buttes en terre). L'organisation de la chaîne logistique du charbon de bois est également d'une inefficacité notoire. Elle s'appuie sur des cadres règlementaires mal conçus, entraînant une informalité massive dans le secteur. La structure des prix du bois de chauffage envoie des signaux pervers dans la mesure où elle ne prend

Diagramme O.4 Nombre de personnes dépendant de l'utilisation traditionnelle de la biomasse
millions

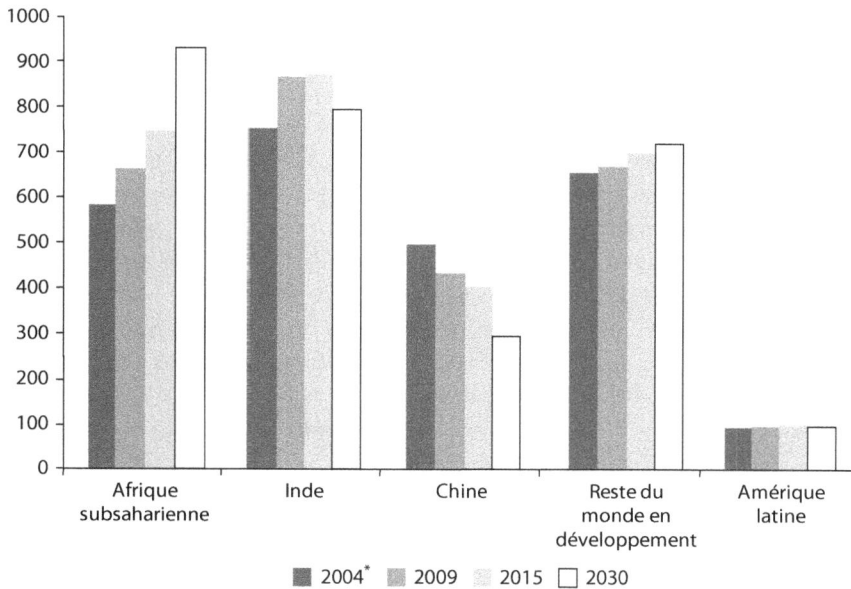

Source: AIE, Perspectives énergétiques mondiales 2010
Note: Les projections pour 2015 et 2030 font partie du scénario « Nouvelles politiques » de l'AIE, qui suppose que les récents engagements des États sont mis en œuvre de manière prudente, que la demande primaire d'énergie augmente d'un tiers entre 2010 et 2035, avec 90 pourcent de cette croissance dans les économies non membres de l'Organisation de coopération et de développement économiques.
* = AIE, Perspectives énergétiques mondiales 2006.

pas en compte la totalité des coûts le long de la chaîne de valeur. Dans la plupart des cas, la ressource primaire (le bois) est considérée comme « gratuite ». Les signaux économiques inadéquats envoyés par la chaîne logistique du bois de chauffage ne permettent pas au producteur d'appliquer des techniques de gestion durable des forêts.

L'expérience d'autres pays (tels que le Rwanda) montre toutefois que la rareté des produits ligneux accroît la valeur économique des forêts restantes, créant ainsi des incitations en faveur d'une meilleure gestion des forêts et de la mise en place d'espaces boisés et de plantations d'arbres. On commence donc à assister à une restauration des écosystèmes – bien qu'avec une grosse perte de biodiversité – et à une transition vers des plantations et monocultures planifiées de manière beaucoup plus artificielle.

Transport

L'infrastructure de transport dans le bassin du Congo est malheureusement insuffisante pour soutenir le développement et réduire la pauvreté. Les réseaux routiers sont limités et mal entretenus, souvent en raison des récents conflits civils. La densité des routes revêtues dans le bassin du Congo figure parmi les plus faibles du monde, avec seulement 25 kilomètres de routes revêtues pour 1 000

Encadré O.4 Nourrir les villes : combiner la production de charbon de bois et de manioc près de Kinshasa

Kinshasa, une mégalopole de 8 à 10 millions d'habitants, est située dans une mosaïque de forêts et de savane, sur le plateau Batéké, en République démocratique du Congo. L'approvisionnement de la ville en combustible ligneux, d'environ 5 millions de mètres cubes par an, est le plus souvent récolté de façon informelle dans de galeries forestières dégradées situées dans un rayon de 200 km autour de Kinshasa. Les forêts-galeries sont les plus touchées par la dégradation causée par la coupe du bois, et même les forêts situées au-delà du rayon de 200 km subissent une dégradation progressive tandis que la zone périurbaine s'étendant dans un rayon de 50 km de la ville a été totalement déboisée.

Toutefois, de nombreuses initiatives ont été lancées visant à créer des plantations autour de la mégalopole pour soutenir de manière plus durable l'approvisionnement en combustible ligneux. Entre la fin des années 1980 et le début des années 1990, quelque 8 000 hectares de plantations ont été créés à Mampu, dans les savanes dégradées situées à 140 km de Kinshasa, afin de satisfaire les besoins en charbon de bois de la ville. Aujourd'hui, la plantation est gérée par 300 ménages sur des parcelles de 25 hectares, avec un système de rotation des cultures exploitant les propriétés de fixation de l'azote des acacias et les résidus de la production de charbon de bois pour accroître les rendements agricoles (Peltier et coll., 2010).

Un autre périmètre, géré par une entreprise privée congolaise du nom de Novacel, pratique la culture intercalaire du manioc et de l'acacia afin de produire de la nourriture, du charbon durable et aussi des crédits carbone. À ce jour, environ 1 500 hectares ont été plantés. Les arbres ne sont pas encore suffisamment à maturité pour produire du charbon, mais le manioc est récolté, transformé et vendu depuis plusieurs années. La société a également bénéficié de quelques paiements initiaux pour le carbone. Le projet a permis la production hebdomadaire de près de 45 tonnes de tubercules de manioc et la création de 30 emplois à plein temps et de 200 emplois saisonniers. Novacel réinvestit une partie de ses crédits carbone dans des services sociaux locaux, notamment l'entretien d'une école élémentaire et d'un centre de santé.

---

kilomètres carrés de terres arables, contre une moyenne de 100 kilomètres dans le reste de l'Afrique subsaharienne. Hérité de l'époque coloniale, le réseau ferroviaire a été plus conçu pour faciliter l'extraction des ressources naturelles que pour assurer le déplacement des biens et des personnes. Les voies sont mal entretenues et plus d'un tiers du réseau n'est pas pleinement opérationnel. Les réseaux de transport fluvial dans le bassin du Congo disposent d'un grand potentiel (25 000 kilomètres de voies navigables), mais restent marginaux à cause de la vétusté des infrastructures, du manque d'investissements et de la faiblesse des cadres règlementaires.

Le manque d'infrastructures de transport a jusqu'ici entravé la croissance économique dans le bassin du Congo en créant des obstacles aux échanges commerciaux avec les marchés tant internationaux qu'intérieurs. Par exemple, les coûts de transport intérieurs, de l'ordre de 3 500 à 4 500 dollars EU par conteneur, représentent plus de 65 % du coût total d'importation des biens vers la République centrafricaine (Dominguez-Torres et Foster, 2011). Cette situation a littéralement créé une série d'économies enclavées au sein d'un même pays, n'ayant entre elles que des échanges limités, voire inexistants. La défaillance des infrastructures freine le secteur des industries extractives (telles que l'exploitation forestière ou minière) et les secteurs dépendant d'une bonne mobilité des biens et des personnes. Le secteur agricole est particulièrement touché, avec un grand écart de connexion entre les producteurs ruraux et les consommateurs des centres urbains en pleine croissance.

Le manque de connectivité empêche la modernisation des pratiques agricoles locales dans la mesure où les agriculteurs ne peuvent compter sur les marchés ni pour les intrants ni pour les produits et n'ont d'autre choix que l'autosubsistance. En République démocratique du Congo, on estime que seuls 33 % (7,6 millions sur 22,5 millions d'hectares) de l'ensemble des terres arables non boisées appropriées se trouvent à moins de 6 heures d'un grand marché, un taux qui chute à 16 % en République centrafricaine (Deininger et coll. 2011). À titre de comparaison, 75 % des terres non boisées appropriées sont à moins de 6 heures d'une ville marchande en Amérique latine. En conséquence, les marchés intérieurs en pleine croissance sont essentiellement approvisionnés par des denrées importées, ce qui détériore la balance commerciale agricole nationale. Avec la mauvaise gouvernance et les risques politiques élevés, ce manque d'infrastructure est l'une des raisons pour lesquelles le bassin du Congo n'a pas connu à ce jour le type d'acquisitions foncières à grande échelle observé dans d'autres parties du monde en développement. L'isolement créé par la médiocrité des infrastructures constitue également un risque majeur en termes de vulnérabilité des populations aux chocs climatiques : même une saison agricole légèrement insatisfaisante peut compromettre la sécurité alimentaire parce que les populations n'ont aucun moyen de bénéficier des excédents d'autres parties du pays.

Le besoin urgent d'infrastructure de transport dans bassin du Congo est largement reconnu. La plupart des pays du bassin du Congo se sont fixé des objectifs infrastructurels ambitieux afin de promouvoir la croissance économique et le développement (voir encadré O.5).

L'infrastructure de transport est l'un des plus solides prédicateurs de la déforestation tropicale. Parmi tous les différents scénarios testés par le modèle CongoBIOM, l'impact de celui modélisant une amélioration de l'infrastructure de transport est de loin le plus dommageable pour la couverture forestière. Il montre que la superficie totale déboisée est trois fois plus grande que dans le scénario de maintien du *statu quo* (et que le total des émissions de gaz à effet de serre est plus de quatre fois supérieur, étant donné que le gros de la déforestation a lieu en forêt dense). La plupart des impacts ne sont pas imputables au développement de l'infrastructure lui-même, mais aux effets indirects associés à une plus grande connectivité (voir encadré O.6).

L'insuffisance des infrastructures de transport dans le bassin du Congo a dans l'ensemble protégé les forêts. Le défi consiste maintenant à trouver le juste

Encadré O.5 Transport : une priorité pour le Bassin du Congo

En réponse au besoin urgent de mise à niveau de leurs infrastructures, de nombreux pays ont augmenté la part du budget national alloué au secteur des transports. En République du Congo, où le système de transport est de loin le plus détérioré, le financement public consacré au secteur des transports a augmenté de 31,5 % entre 2006 et 2010, avec une allocation de 19,6 % des ressources publiques.

Des progrès notables ont également été enregistrés dans la mobilisation des financements extérieurs à l'appui de la reconstruction du réseau routier. La République démocratique du Congo, par exemple, a obtenu d'importants engagements financiers auprès de sources multilatérales et bilatérales, dont la Chine. Au niveau régional, diverses entités élaborent des plans et stratégies pour combler le besoin en infrastructure, notamment le Programme de développement des infrastructures en Afrique de l'Union africaine/NEPAD, le réseau routier consensuel de la CEEAC et le plan d'action de la navigation intérieure de la CICOS. Ces plans définissent des investissements prioritaires basés sur le développement de corridors et de pôles de croissance (Banque africaine de développement, 2011).

équilibre entre la protection des forêts et le développement d'un réseau routier rural capable de libérer le potentiel économique du bassin du Congo (en particulier dans le secteur agricole).

Exploitation forestière

L'exportation forestière industrielle constitue une forme d'exploitation extensive des terres dans le bassin du Congo, avec environ 44 millions d'hectares en concession, soit un quart de la surface totale des forêts denses de basse altitude (diagramme O.1). Le secteur de l'exploitation forestière formelle produit en moyenne 8 millions de mètres cubes de bois par an, le Gabon étant le plus grand producteur. Le secteur participe pour plus de 6 % au PIB du Cameroun, de la République centrafricaine et de la République du Congo, et constitue une importante source d'emplois dans les zones rurales. Le secteur formel fournit environ 50 000 emplois à plein temps dans les six pays et nettement plus d'emplois indirects. L'emploi créé par les opérateurs du secteur privé dans le secteur forestier formel est particulièrement important au Gabon et en République centrafricaine où l'exploitation forestière est le plus grand secteur pourvoyeur d'emplois après le secteur public.

Contrairement à l'impression populaire, l'exploitation forestière n'est pas uniformément une cause de déforestation et de dégradation des forêts : les services écosystémiques et d'autres formes d'utilisation de la terre coexistent avec les concessions d'exploitation forestière. Contrairement à d'autres régions tropicales, l'exploitation forestière dans le bassin du Congo ne débouche généralement pas sur une conversion vers d'autres formes d'utilisation de la terre telles que l'élevage extensif ou les plantations. Les impacts de l'exploitation industrielle sont encore limités par l'adoption de principes de gestion durable des forêts (GDF) ainsi que

Encadré O.6 Simulation des changements provoqués par l'amélioration des infrastructures

Le modèle CongoBIOM a été utilisé pour calculer l'impact probable de tous les projets routiers et ferroviaires pour lesquels un financement a déjà été obtenu. Il a simulé les changements dans le temps moyen de déplacement vers la ville la plus proche ainsi que l'évolution des coûts de transport intérieur, et a pris en compte la densité de population et les tendances en matière d'urbanisation. Si l'impact direct de la construction de routes dans les forêts denses est souvent limité, les impacts indirects et induits pourraient par contre constituer une menace majeure en modifiant considérablement la dynamique économique – en particulier dans le secteur agricole – des zones nouvellement accessibles.

Une réduction des frais de transport peut entraîner des changements importants dans l'équilibre des zones rurales situées le long de la chaîne causale suivante :

Amélioration de l' Infrastructure → Accroissement de la production agricole → Augmentation de la pression sur les forêts

Le modèle a montré que lorsque les produits agricoles atteignent les marchés urbains avec un prix inférieur dû à des coûts de transport moindres, les consommateurs ont tendance à acheter plus de produits cultivés localement, venant se substituer aux importations. À son tour, cette situation encourage les producteurs à accroître leur production. De plus, le prix des intrants, tels que les engrais, tend à diminuer, augmentant ainsi la productivité agricole. Un nouvel équilibre est atteint avec un plus grand volume de produits agricoles cultivés dans la région et une baisse des prix par rapport à la situation initiale, un changement qui améliore sans conteste la sécurité alimentaire et le bien-être humain, mais crée des incitations au défrichement des terres forestières à des fins agricoles. La réduction des coûts du transport intérieur améliore également la compétitivité internationale des produits agricoles et forestiers, y compris des produits dérivés de l'exploitation forestière non contrôlée le long des routes nouvellement ouvertes.

par la grande sélectivité des espèces exploitées. La tendance vers la GDF s'est avérée capitale : jusqu'en 2010, 25,6 millions d'hectares ont été gérés dans le cadre de plans approuvés par l'État. Les taux d'extraction du bois sont très faibles, en moyenne inférieurs à 0,5 mètre cube par hectare. Sur les plus de 100 espèces généralement disponibles, moins de 13 sont habituellement exploitées.

Il existe également des possibilités d'améliorer la compétitivité de l'exploitation forestière formelle et d'en faire une source plus importante d'emploi et de croissance. Malgré la grande valeur de leur bois et les progrès qu'ils ont réalisés dans la gestion durable des forêts, les pays du bassin du Congo restent des acteurs relativement petits de la production de bois au niveau international : le bois produit par l'Afrique centrale représente moins de 3 % de la production mondiale de bois rond tropical, loin derrière les deux autres grandes régions de forêts tropicales (OFAC, 2011). La part de ces pays dans le commerce du bois transformé est encore plus faible. Les capacités de transformation sont essentiellement limitées à la transformation primaire (bois débité, écorçage et découpe pour la production de contreplaqué et de placage). Des investissements dans la modernisation des capacités de transformation secondaire et tertiaire pourraient augmenter la valeur ajoutée et l'emploi à partir des ressources forestières existantes et exploiter la demande régionale de meubles de qualité.

Si l'empreinte de l'exploitation forestière industrielle formelle est considérée comme faible, il n'en va pas de même du secteur artisanal informel. Le secteur informel approvisionne des marchés qui sont moins sélectifs que les marchés d'exportation ; les opérateurs travaillant à la tronçonneuse utilisent les arbres de manière moins efficace pour produire le bois ; et les activités informelles ont tendance à surexploiter les zones les plus accessibles, en dépassant les taux de régénération. En revanche, du côté positif, le secteur informel est une source d'emplois locaux directs et indirects plus importante que le secteur formel, et ses avantages sont plus équitablement redistribués au niveau local. Sans une réglementation adéquate, ce segment du secteur forestier peut sévèrement affecter la biomasse forestière et réduire la séquestration de carbone.

La demande intérieure de bois de construction est en pleine expansion et est actuellement presque exclusivement satisfaite par un secteur informel non réglementé, peu performant et non durable. Longtemps négligé, le secteur artisanal est maintenant reconnu comme un segment majeur de l'exploitation forestière. Il existe peu de données fiables sur l'abattage informel qui est principalement orienté vers les marchés intérieurs, mais les experts pensent qu'il est au moins aussi important que le secteur formel et a des impacts plus graves sur les pertes de forêts, car il dégrade progressivement les forêts situées à proximité des zones densément peuplées. Au Cameroun et en République démocratique du Congo, la production informelle de bois surpasse déjà la production formelle, et en République du Congo, elle représente plus de 30 % de la production nationale totale (Lescuyer et coll., 2012). Cette tendance est peu susceptible de s'inverser dans la mesure où la plupart des pays du bassin du Congo connaissent un fort processus d'urbanisation. La demande de bois informel émane également d'autres pays africains, tels que le Niger, le Tchad, le Soudan, l'Égypte et l'Algérie, où la croissance démographique et l'urbanisation sont en expansion.

Exploitation minière

Le bassin du Congo abrite des ressources minérales d'une valeur de plusieurs milliards de dollars EU sur les marchés mondiaux, mais cette richesse reste largement inexploitée à ce jour. Elle comprend des métaux précieux (cuivre, cobalt, étain, uranium, fer, titane, coltine, niobium, manganèse) et des éléments non métalliques (pierres précieuses, phosphates et charbon). À l'exception de la République démocratique du Congo, la richesse minérale du bassin du Congo a été sousexploitée, en partie à cause des troubles et conflits civils des deux dernières décennies, du manque d'infrastructures, d'un mauvais climat des affaires et de la forte dépendance vis-à-vis du pétrole de certains pays de la région. Les groupes armés ont souvent utilisé les richesses minérales pour financer leurs activités, perpétuant ainsi un cycle d'instabilité non propice à l'investissement.

La demande mondiale de ressources minérales s'est considérablement accrue après 2000 avec le développement économique mondial, en particulier la forte croissance de la Chine. Même si la récession mondiale de 2008 a affecté le secteur minier, la reprise économique dans certains pays émergents a entraîné un redressement rapide de la demande de matières premières en 2009. La croissance dans les secteurs de la technologie, du transport et de la construction continuera probablement de stimuler un accroissement de la demande d'aluminium, cobalt, cuivre, minerai de fer, plomb, manganèse, platine et titane, à l'avenir.

Dans le contexte de demande croissante et de prix élevés, les réserves minérales, auparavant considérées comme financièrement non viables, bénéficient maintenant d'une plus grande attention. L'intérêt accru des investisseurs se traduit directement par un accroissement des activités d'exploration dans le bassin du Congo, y compris dans les zones densément boisées. Historiquement, la majorité des opérations minières dans le bassin du Congo concernaient des zones non boisées, mais les choses devraient changer. Les dernières années ont également vu l'émergence de nouveaux types de transactions où les investisseurs ont proposé de construire des infrastructures connexes (des routes, voies ferrées, centrales électriques, ports, etc.) en échange d'une sécurité d'approvisionnement. Les pays se voient donc retirer le poids des investissements d'infrastructure, ce qui allège théoriquement l'une des contraintes majeures entravant le développement du secteur minier. En même temps, l'appauvrissement des réserves de pétrole pousse des pays comme le Gabon et le Cameroun à développer d'autres industries extractives pour compenser le déficit de revenus dû au déclin de la manne pétrolière.

Le secteur minier pourrait devenir un moteur de croissance dans le bassin du Congo. À son apogée au milieu des années 1980, la contribution du secteur minier atteignait 8 à 12 % du PIB de la République démocratique du Congo. Vu les vastes réserves de cuivre, cobalt, or, diamant, cassitérite et coltine du pays, l'exploitation minière pourrait contribuer à augmenter significativement les recettes et soutenir la croissance économique en général, y compris à travers l'emploi.

La nature des impacts des activités minières sur les forêts est variée. Comparée aux autres activités économiques, l'exploitation minière à un impact *direct* assez limité sur la couverture forestière. Les impacts *indirects* peuvent être plus importants et sont liés à des développements infrastructurels de plus grande envergure concernant habituellement la zone minière, tels que la construction de centrales électriques (y compris des barrages) et de routes supplémentaires. Les impacts *induits* peuvent comprendre les impacts associés à un grand afflux d'ouvriers, tels que l'agriculture de subsistance, l'abattage des arbres, le braconnage et autres activités. Enfin, les impacts *cumulatifs* se rapportent à l'exploitation minière artisanale où beaucoup de petits sites individuels viennent ajouter des impacts significatifs (voir encadré O.7).

Une mauvaise gestion de l'aménagement du territoire peut amplifier les impacts négatifs des activités minières (exploration et exploitation.) De nombreux conflits peuvent opposer les priorités de conservation, l'exploitation minière, l'exploitation forestière, et les moyens de subsistance des populations

Encadré O.7 Exploitation minière artisanale et à petite échelle : impacts négatifs sur l'environnement

Les activités minières tant artisanales (effectuées avec un équipement peu mécanisé) qu'à petite échelle (qui utilisent des méthodes mieux organisées et plus productives, mais doivent limiter leur production annuelle de minéraux à un certain volume) ont, ces dernières années, répondu à la demande internationale par une augmentation de leurs activités dans le bassin du Congo. Certaines des préoccupations environnementales associées à l'exploitation minière artisanale et à petite échelle découlent de pratiques telles que le défrichage des forêts primaires, la construction de barrages, le forage de puits profonds sans remblayage et leurs impacts sur le niveau des eaux et les cours d'eau. La dégradation des forêts est également associée à l'arrivée d'un grand nombre de mineurs migrants sur une grande zone forestière. Comme on l'a vu au Gabon, le statut juridique précaire des mineurs artisanaux ne les incite guère à poursuivre leurs activités d'une manière écologiquement responsable (WWF 2012).

Les stratégies visant à aborder ces questions comprennent la mise en place de chaînes d'approvisionnement socialement responsables et écologiquement durables, ainsi que des mesures pour professionnaliser et formaliser les activités minières artisanales et à petite échelle afin de gérer les risques et d'introduire des normes minimales. Ces initiatives sont en partie inspirées par le succès d'un programme de certification par des tiers dénommé Oro verde (or vert). Ce programme a été lancé en 1999 en Colombie pour arrêter la dégradation sociale et environnementale causée par les mauvaises pratiques minières en vigueur dans la luxuriante bio-région du Chocó et pour approvisionner des bijoutiers choisis en métaux traçables et durables.

locales. Par exemple, dans le parc tri-national de Sangha (partagé entre le Cameroun, la République centrafricaine et la République du Congo), les concessions forestières et minières prévues empiètent sur les aires protégées et les zones agroforestières de la région (Chupezi et coll., 2009).

Comment concilier croissance et protection de la forêt—Options stratégiques et recommandations

Les pays du bassin du Congo sont confrontés à un double défi : le développement urgent de leurs économies pour réduire la pauvreté, et la limitation de l'impact négatif sur les ressources naturelles de la région. La reconnaissance internationale croissante de l'importance des forêts pour endiguer le changement climatique offre aux pays du bassin du Congo de nouvelles possibilités pour réconcilier ces objectifs en mobilisant des financements pour le climat et en créant une dynamique en faveur d'un changement des politiques.

Depuis 2007, les parties à la Convention-cadre des Nations Unies sur les changements climatiques (CCNUCC) ont débattu d'un cadre capable de créer des incitations à réduire les émissions dues à la déforestation et à la dégradation des forêts (REDD+), en récompensant les pays tropicaux qui préservent et/ou

Encadré O.8 Un niveau de référence équitable

Les négociations internationales sur les forêts et le changement climatique ont été positives pour les pays du bassin du Congo. On estime que le bassin du Congo renfermerait près de 25 % du carbone total séquestré dans les forêts tropicales du monde et a donc bénéficié d'une grande attention. Les pays du bassin du Congo ont reçu le soutien de toute une série de fonds bilatéraux et multilatéraux, notamment le Fonds de partenariat pour la réduction des émissions de carbone forestier, la REDD des Nations Unies, le FEM et le Programme d'investissement pour la forêt. Pour le moment, les financements sont accordés au titre de la Phase 1 du mécanisme REDD+, qui a trait au processus de « préparation » (y compris le renforcement des capacités et la planification). Les financements de base devraient être alloués plus tard au cours d'une phase qui récompensera des résultats mesurés, déclarés et vérifiés. La chose pourrait s'avérer particulièrement délicate dans le contexte du bassin du Congo.

L'un des défis les plus importants pour les pays du bassin du Congo concerne la détermination des « niveaux de référence » par rapport auxquels leur succès en matière de réduction des émissions sera mesuré. Pour les pays à couverture forestière élevée et faible déforestation (CEFD), l'utilisation de valeurs de référence historiques peut ne pas refléter l'effort et le sacrifice économique à consentir pour combattre les futurs risques de déforestation.

améliorent la séquestration du carbone par leurs forêts. Les discussions internationales, régionales et nationales sur le futur mécanisme REDD+ ont permis une meilleure compréhension des différents facteurs de déforestation et une perception plus holistique d'un développement à faible émission de carbone, dans lequel différents secteurs ont un rôle à jouer. Même si beaucoup d'éléments de la REDD+ restent inconnus (voir encadré O.8), les pays peuvent se concentrer sur des mesures « sans regret » susceptibles de produire des avantages indépendamment de la structure du futur mécanisme de la CCNUCC.

Les pays du basin du Congo ont la possibilité de choisir des voies de développement qui « sautent » la phase de déforestation grave.

En décembre 2008, les pays ont convenu que les niveaux de référence de la REDD+ devraient « prendre en compte les données historiques et les ajuster aux conditions nationales ». Cela semble indiquer que les pays, comme ceux du bassin du Congo, qui ont des taux historiques de déforestation faibles, mais susceptibles de croître significativement à l'avenir, pourraient prendre ce fait en compte dans un niveau de référence proposé. Mais les données crédibles justifiant les ajustements des tendances historiques pourraient être difficiles à trouver. Même si l'approche de modélisation utilisée dans cette étude était une tentative d'utilisation des données existantes limitées pour produire une description initiale des futures tendances de la déforestation, elle n'a pas été conçue pour fournir une information quantitative solide à la détermination des niveaux de référence pour un mécanisme de financement tel que la REDD+.

L'étude *Tendances de la déforestation dans le bassin du Congo : Réconcilier la croissance économique et la protection de la forêt* met en évidence des options pour limiter la déforestation tout en recherchant une croissance économique inclusive et durable. Elle formule des recommandations à la fois transversales et spécifiques aux secteurs, qui devraient servir de lignes directrices générales à des débats plus poussés sur les politiques au niveau national.

Recommandations transversales
Investir dans la planification participative de l'utilisation des terres
La planification participative de l'utilisation des terres doit être appliquée en vue de maximiser les objectifs économiques et environnementaux et réduire les problèmes causés par le chevauchement des titres d'utilisation et des usages potentiellement conflictuels des terres. Les parties prenantes doivent clairement comprendre les compromis entre les différents secteurs et au sein de ceux-ci, afin de pouvoir définir les stratégies de développement au niveau national. Cela exige une solide analyse socioéconomique ainsi qu'une étroite coordination entre les ministères et une certaine forme d'arbitrage de haut niveau. Une fois achevé, ce plan d'aménagement du territoire doit identifier les zones forestières à préserver, les zones pouvant coexister avec d'autres utilisations des terres, et celles qui pourraient éventuellement être converties à d'autres usages.

Lors de la planification du développement économique, une attention particulière doit être accordée aux forêts à haute valeur en termes de biodiversité, de bassins versants et de patrimoine culturel. L'idéal serait de tenir les activités minières, agricoles et autres à l'écart des forêts présentant une grande valeur écologique. Le développement agricole devrait en particulier cibler principalement les terres dégradées. Selon le Partenariat mondial pour la restauration des paysages forestiers, en Afrique subsaharienne, plus de 400 millions d'hectares de terres dégradées offrent des possibilités de restauration ou d'amélioration des fonctionnalités des paysages « en mosaïque » combinant des usages forestiers, agricoles et autres des terres.

Un des résultats de l'aménagement du territoire peut être l'identification de pôles de croissance et de grands corridors de développement qui pourraient être développés de manière coordonnée, avec la participation de toutes les entités gouvernementales ainsi que du secteur privé et de la société civile. Dans le bassin du Congo, cette approche pourrait être centrée sur les ressources naturelles et établir des liaisons en amont et en aval autour des industries extractives. Même si un exercice de planification de l'utilisation des terres doit absolument être réalisé au niveau national (et même provincial), l'approche basée sur les corridors a également été adoptée au niveau régional par la Communauté économique des États d'Afrique centrale (CEEAC) pour favoriser les synergies et les économies d'échelle entre les États membres.

Améliorer les régimes fonciers

Des systèmes efficaces d'utilisation des terres, de droits d'accès et de droits de propriété sont essentiels pour une meilleure gestion des ressources naturelles. L'amélioration de ces systèmes est une priorité pour fournir aux agriculteurs, en particulier aux femmes, les incitations nécessaires à l'investissement à long terme dans la transformation agricole. De même, il existe des preuves tangibles que les approches communautaires de gestion forestière peuvent réussir à étendre l'offre de bois de chauffage tout en évitant les prélèvements non durables dans les forêts naturelles, lorsque les communautés ont sur les questions de régimes fonciers/ forestiers une visibilité suffisante pour décider d'investir dans la viabilité à long terme des forêts, terrains boisés et systèmes d'agroforesterie.

Les régimes fonciers actuels des pays du bassin du Congo n'incitent pas à une gestion durable des forêts au niveau local. En dehors des concessions forestières commerciales, les forêts sont considérées comme des zones « libres d'accès » appartenant à l'État et non soumises à des droits de propriété. De plus, la législation foncière de la plupart des pays du bassin du Congo conditionnent directement la reconnaissance de la propriété foncière à la mise en valeur des forêts et encouragent ainsi la conversion des terres boisées en terres agricoles. La législation foncière actuelle devrait être ajustée pour dissocier la reconnaissance de la propriété foncière du défrichement de la forêt.

Renforcer les institutions

Sans de solides institutions, capables de faire appliquer les règles et de forger des alliances au sein d'une économie politique complexe, ni l'aménagement du territoire, ni la réforme foncière n'amèneront de réels changements. Les administrations sont confrontées à des attentes – en termes de planification, de suivi et de contrôle des ressources forestières – qu'elles ne peuvent satisfaire de façon adéquate quand elles sont faibles. Des institutions correctement équipées et dotées en personnel sont nécessaires pour lutter contre les activités illégales, mais aussi pour entreprendre la tâche difficile de formalisation de l'exploitation artisanale du bois, de la chaîne de valeur du bois de chauffage/charbon de bois, et de l'exploitation minière artisanale dans les écosystèmes critiques. Pour améliorer leurs performances, les administrations devraient avoir un plus large accès aux nouvelles technologies (basées sur les systèmes géographiques et de gestion de l'information).

Pour réussir, REDD+ doit s'appuyer sur des institutions fortes, particulièrement dans le domaine de la mise en application effective des lois et le suivi[1]. Dans la perspective de la troisième phase du mécanisme REDD+, les pays du bassin du Congo devront avoir établi et opérationalisé un système crédible de suivi de la couverture forestière, qui permette à la communauté internationale de tracer les progrès réalisés par les différents pays. Les efforts de suivi relèvent idéalement des organismes publics. Dans la pratique, des partenariats stratégiques peuvent être établis pour améliorer les activités de suivi : les communautés locales peuvent être formées et impliquées pour aider les organismes de réglementation à suivre les activités sur le terrain ; des ONG peuvent également assurer un suivi supplémentaire à travers des projets sur le terrain, par exemple à proximité des sites miniers.

Les initiatives REDD+ devront s'appuyer et renforcer les processus existants tels que le Programme détaillé de développement de l'agriculture africaine (PDDAA) et l'initiative pour l'application des règlementations forestières, la gouvernance et les échanges commerciaux (FLEG-T). Le PDDAA offre une occasion excellente et bien venue d'analyser à fond le potentiel agricole, d'élaborer ou actualiser les plans nationaux et régionaux d'investissement agricole visant à accroître de manière durable la productivité agricole, et de renforcer les politiques agricoles. Pour le secteur forestier, l'approche du FLEG-T, soutenu par l'Union européenne dans tous les pays du bassin du Congo à l'exception de la Guinée équatoriale, offre un moyen efficace pour améliorer la gouvernance forestière, y compris au plan national.

Recommandations par secteur
Agriculture : accroître la productivité et cibler prioritairement les zones non boisées

- **Donner la priorité à l'expansion agricole dans les zones non boisées.** On estime à 40 millions hectares la superficie des terres non boisées, non protégées et non cultivées mais cultivables disponibles dans le bassin du Congo. Ceci correspond à plus de 1,6 fois la superficie actuellement cultivée. Cela signifie que, combinée à un accroissement de la productivité des terres, la mise en valeur de ces terres disponibles pourrait spectaculairement transformer l'agriculture dans le bassin du Congo sans effet négatif sur les forêts. Les décideurs doivent donc clairement accorder la priorité à l'expansion de l'agriculture sur des terrains non boisés.

- **Soutenir les petits agriculteurs.** Dans la plupart des pays du bassin du Congo, environ la moitié de la population active travaille dans l'agriculture. Il est donc nécessaire d'encourager une croissance agricole soutenue basée sur l'implication des petits exploitants agricoles. L'expérience d'autres régions tropicales montre que la chose est possible. La Thaïlande, par exemple, a considérablement étendu la superficie de sa production de riz et est devenue un grand exportateur d'autres produits de base en impliquant les petits exploitants agricoles à travers un programme d'octroi massif de titres fonciers, accompagné d'un appui public à la recherche, à l'expansion, au crédit, aux organisations de producteurs et au développement d'infrastructures routières et ferroviaires.

- **Relancer la Recherche & Développement (R&D) centrée sur une augmentation durable de la productivité.** Les capacités de R&D dans le bassin du Congo, à l'exception du Cameroun, ont été détruites au cours des dernières décennies. La recherche a largement négligé les cultures vivrières les plus courantes dans la zone, telles que l'igname, la banane plantain et le manioc, souvent appelées « cultures négligéess ». Le potentiel d'amélioration de leur productivité, d'augmentation de leur résistance aux maladies et de leur tolérance aux événements climatiques est jusqu'ici également resté inexploité. Des partenariats doivent être établis avec des centres de recherche internationaux (par exemple des membres du Groupe Consultatif pour la Recherche Agricole Internationale) pour stimuler la recherche agricole dans le bassin du Congo et renforcer progressivement les capacités nationales.

- **Promouvoir une agro-industrie durable.** Les grandes exploitations, en particulier les plantations de caoutchouc, de palmiers à huile et de canne à sucre, constituent un soutien potentiel de la croissance économique et peuvent être une source importante d'emploi pour les populations rurales. Étant donnée la médiocre gouvernance foncière, il existe un risque que les investisseurs achètent des terres à moindre coût, qu'ils interfèrent avec les droits locaux et négligent leurs responsabilités sociales et environnementales. Les États devraient mettre en place des politiques robustes en matière de grands investissements fonciers futurs, exigeant notamment que les demandes de terres soient orientées vers les plantations abandonnées et les terres cultivables non boisées. Les efforts pour rendre plus durable la production agro-industrielle, tels que la Table ronde sur la production durable d'huile de palme fondée en 2004, pourraient aider à atténuer quelques-uns des problèmes environnementaux à travers la mise en place de normes visant à éviter de nouvelles pertes dans la forêt primaire ou dans des zones de conservation de grande valeur, et à réduire les impacts sur la biodiversité.

- **Encourager des partenariats gagnant-gagnant entre les grands opérateurs et les petits exploitants.** De tels partenariats pourraient devenir un moteur de la transformation du secteur agricole. Même si la chose ne s'est pas encore matérialisée dans le bassin du Congo, il existe de nombreux exemples dans le monde, où des partenariats constructifs entre petits exploitants et grands opérateurs ont donné de bons résultats et contribué à un développement équilibré de l'agriculture.

Énergie : Organiser la filière informelle
- **Placer le bois-énergie plus haut dans l'agenda politique.** Malgré son indiscutable importance en tant que source majeure d'énergie dans le bassin du Congo, l'énergie tirée du bois retient encore très peu l'attention dans le dialogue politique et est donc mal représentée dans les politiques et stratégies énergétiques officielles. Il faut changer la perception des décideurs que le bois de chauffage est « traditionnel » et « démodé ». En Europe et en Afrique du Nord, l'énergie tirée du bois commence à se dégager comme une source d'énergie renouvelable de pointe. Les pays du bassin du Congo devraient saisir les occasions offertes par les avancées techniques réalisées dans d'autres régions du monde et orienter une partie des financements pour le climat pour donner à cette source d'énergie une assise plus moderne et efficace.

- **Optimiser la filière du bois-énergie.** La formalisation du secteur permettrait de briser sa structure oligopolistique et créerait un marché plus transparent et efficace. La valeur économique des ressources serait également mieux reflétée dans la structure des prix, et des mesures incitatives adéquates pourraient être ainsi mises en place pour soutenir une gestion durable des sources d'approvisionnement. Cette formalisation doit être appuyée par la révision et la modernisation du cadre réglementaire. Pour ce faire, les pays du bassin du Congo doivent d'abord comprendre l'« économie politique » de la chaîne de valeur du bois de chauffage/charbon de bois. Un dialogue multi-parties est essentiel pour aider à aborder les difficiles compromis qui devront se dégager, notamment avec la perte des moyens de subsistance issus sur des activités informelles en milieu rural qui découlera de l'application des nouvelles normes et réglementations qui accompagneront la formalisation du secteur.

- **Diversifier l'approvisionnement.** Actuellement, la chaîne de valeur du charbon de bois dans le bassin du Congo dépend exclusivement des forêts naturelles. Même si l'on s'attend à ce que celles-ci continuent de fournir une grande partie de la matière première pour la production de charbon, elles ne pourront pas satisfaire la demande croissante d'une manière durable. Les décideurs doivent appuyer une diversification des sources de bois, en augmentant l'offre durable de bois notamment grâce à la plantation d'arbres et à l'agroforesterie, et en maximisant l'offre potentielle tirée des forêts naturelles, avec une attention particulière à la gestion des déchets de coupe.

- **Encourager l'implication des communautés en leur octroyant des droits et en renforçant leurs capacités.** Les systèmes communautaires de production de bois de chauffage mis en place au Niger, au Sénégal, au Rwanda et à Madagascar ont donné des résultats prometteurs lorsque des droits à long terme sur les terrains forestiers ont été sécurisés et que et la délégation de leur gestion a été formalisée : ces éléments ont permis aux communautés locales de participer à la production de bois de chauffage. Des projets pilotes ont été lancés dans le bassin du Congo (voir les plantations sur le plateau Batéké), et pourraient être reproduits.

- **Répondre aux besoins urbains croissants en termes tant d'alimentation que d'énergie.** La déforestation et la dégradation des forêts se manifestent surtout autour des centres urbains dans les pays du bassin du Congo, en raison de l'expansion agricole exigée par la demande croissante en aliments et en énergie. Une approche intégrée et multi-usage de la réponse aux besoins des villes permettrait d'agir sur les divers facteurs de la dégradation des forêts. Bien organisée, elle pourrait non seulement satisfaire les besoins alimentaires et énergétiques croissants de la population urbaine, mais aussi apporter des solutions durables au chômage et à la gestion des déchets.

Transport : Mieux planifier pour minimiser les impacts négatifs

- **Améliorer la planification du transport aux niveaux local, national et régional.** Les zones directement desservies par des systèmes de transport améliorés deviendront plus compétitives dans diverses activités économiques, notamment l'agriculture.

  Localement : La participation locale à la planification du transport aidera à maximiser les opportunités économiques. Les mesures d'atténuation au niveau local pourraient comprendre la clarification du régime foncier ou l'intégration du projet de transport dans un plan de développement local plus large. De tels plans pourraient inclure la protection des bords de la forêt le long des routes, des rivières ou des chemins de fer afin d'éviter le déboisement non planifié. Définies dès le départ et de manière participative, ces restrictions bénéficieraient de plus d'appui de la part des différentes parties intéressées.

  Aux niveaux national et régional : L'approche basée sur les corridors montre que l'amélioration des services de transport (par exemple la gestion du fret dans les ports) ou de l'infrastructure (en facilitant le transport fluvial ou ferroviaire) peut avoir un impact macroéconomique plus important à l'échelle régionale. La planification aux niveaux national et régional à l'aide d'une approche basée sur les corridors pourrait aider à identifier des mesures d'atténuation adéquates, telles que des réformes du zonage (établissant des zones forestières permanentes), l'application des lois (garantissant le respect des décisions de zonage), la clarification du régime foncier et le contrôle de l'expansion de l'agriculture.

- **Encourager les réseaux de transport multimodal.** Lorsqu'ils planifient le développement du transport, il est important que les pays évaluent le pour et le contre des routes et des modes de transport alternatifs tels que les voies navigables et les chemins de fer, en termes non seulement de rendement économique, mais aussi d'impact environnemental. Par exemple, avec plus de 12 000 km de réseau navigable, le bassin du Congo pourrait bénéficier d'un système de transport fluvial potentiellement très compétitif.

- **Correctement évaluer *ex ante* les impacts des investissements dans le transport.** Le développement du transport (qu'il s'agisse de nouvelles infrastructures ou de rénovation des actifs existants) remodèlera le profil économique des zones desservies et accroîtra la pression sur les ressources forestières. Actuellement, la plupart des études d'impact environnemental ou d'examen des mesures de sauvegarde ne saisissent pas complètement les effets indirects à long terme sur la déforestation. De nouvelles méthodes d'évaluation, fondées sur l'analyse des perspectives économiques, pourraient aider à privilégier les investissements pour lesquels de faibles impacts sont prévus sur les forêts.

Exploitation forestière : Étendre la gestion durable des forêts au secteur informel

- **Poursuivre les progrès en matière de gestion durable des forêts dans les concessions d'exploitation commerciale.** Bien que le bassin du Congo compte déjà de vastes zones de concession soumises à des plans de gestion, des progrès sont encore possibles à travers les actions suivantes : assurer une mise en œuvre adéquate des dispositions de ces plans ; ajuster les normes et critères de gestion durable des forêts (GDF) pour tenir compte du changement climatique et des avancées dans les techniques d'exploitation forestière à impact réduit ; s'écarter des modèles de gestion à usage unique, axés uniquement sur le bois d'œuvre; promouvoir les systèmes de certification ; et soutenir le processus FLEG-T.

- **Encourager l'implication des communautés dans la gestion des forêts.** Bien que le concept de « foresterie communautaire » ait été adopté par la plupart des pays du bassin du Congo et introduit dans leurs cadres législatifs, des faiblesses continuent à limiter la gestion communautaire efficace des forêts appartenant à l'État. Un réexamen du concept et une clarification des droits des communautés sur les forêts pourraient fournir une occasion de revitaliser sa mise en œuvre sur le terrain.

- **Formaliser le secteur informel du bois.** Pour assurer un approvisionnement durable du bois d'œuvre sur les marchés nationaux et répandre les principes de la GDF au sein des marchés intérieurs du bois, bon nombre des petites et moyennes entreprises forestières auront besoin d'être appuyées par des réglementations adéquates. Comme pour la chaîne de valeur du bois de chauffage/ charbon de bois, cette formalisation doit s'appuyer sur une compréhension en profondeur de l' « économie politique » du secteur et requiert un dialogue ouvert avec diverses parties intéressées. De plus, les marchés nationaux et régionaux du bois devront être mieux compris pour aider les décideurs à réagir aux opportunités de marché sans mettre les actifs forestiers naturels en danger.

- **Moderniser les capacités de transformation pour mettre en place une chaîne de valeur efficace du bois dans le bassin du Congo.** Le développement des industries de transformation secondaire et tertiaire permettrait aux pays du bassin du Congo d'optimiser la valeur ajoutée résultant de l'exploitation forestière, à travers notamment la réduction des gaspillages et l'utilisation des essences secondaires. Cela permettrait de répondre plus efficacement à la fois à la demande domestique et aux marchés internationaux.

Exploitation minière : Établir des standards ambitieux pour la gestion de l'environnement

- **Évaluer et suivre correctement les impacts des activités minières.** Des évaluations d'impact environnemental et d'impact social doivent être correctement effectuées pour toutes les étapes des opérations minières (depuis l'exploration jusque la fermeture des mines) ; les plans de gestion doivent également être de bonne qualité, et leur mise en œuvre doit être régulièrement suivie pour atténuer les risques associés.

- **Tirer des leçons des pratiques modèles internationales et encourager l'atténuation des risques.** Pour minimiser les impacts négatifs des activités minières sur les forêts du bassin du Congo, les entreprises devraient adopter les pratiques modèles et normes internationales qui se rapportent à l'atténuation des risques (éviter – réduire – restaurer – compenser). Diverses organisations, dont le Conseil international des mines et métaux, le Conseil pour la joaillerie responsable, la Société financière internationale et l'Initiative pour une assurance minière responsable, ont mis au point des normes internationales pour une exploitation minière responsable. Alors que plusieurs pays se sont engagés dans la révision de leur cadre réglementaire pour le secteur minier, des leçons peuvent être tirées de ces approches innovantes et être ainsi reflétées dans les nouveaux cadres.

- **Mettre à niveau le secteur de l'exploitation minière artisanale et à petite échelle.** Les efforts devraient se concentrer sur une plus grande sécurité pour les petits exploitants miniers et sur un ajustement des cadres réglementaires les rendant mieux à même de répondre aux besoins spécifiques de ce segment du secteur minier. Les États devraient faciliter l'utilisation de technologies respectueuses de l'environnement, et encourager le développement d'une chaîne logistique durable. L'Alliance pour l'exploitation minière responsable a mis au point un système de certification pour les petites coopératives minières, qui tient compte des préoccupations tant environnementales que sociales. L'approche « Green Gold » (décrite dans l'encadré 7) est un autre exemple.

- **Promouvoir des mécanismes innovants pour compenser les impacts négatifs des activités minières.** Des groupes de conservation plaident depuis longtemps en faveur d'une compensation des atteintes à la biodiversité dues aux projets d'extraction minière. Des instruments financiers, tels que la garantie financière, peuvent être des options pour atténuer les impacts négatifs, notamment pour assurer la remise en état et la restauration des sites miniers au moment de leur fermeture.

Note

1. De plus, pour pouvoir accéder à la Phase 3 du mécanisme REDD+, les pays devront être en mesure de mettre en place un système de suivi crédible des émissions issues de la déforestation/dégradation forestière afin de pouvoir bénéficier de paiement sur la base de leur performance.

Références

Agence internationale de l'énergie (AIE), 2006. Prospectives énergétiques mondiales 2006. WEO. Organisation pour le Coopération économique et le Développement OCDE/AIE Paris, France.

Agence internationale de l'énergie (AIE), 2010. Prospectives énergétiques mondiales 2010. WEO. Organisation pour le Coopération économique et le Développement OCDE/AIE Paris, France.

Banque africaine de développement. 2011. *Développement des infrastructures au Congo: Contraintes et priorités à moyen terme.* Département régional centre (ORCE). Tunis, Tunisie: Banque africaine de développement.

Chupezi, T. J., V. Ingram, J. Schure. 2009. *Study on artisanal gold and diamond mining on livelihoods and the environment in the Sangha Tri-National Park landscape, Congo Basin.* Yaoundé, Cameroun: CIFOR/IUCN.

Deininger, K. et D. Byerlee, avec J. Lindsay, A. Norton, H. Selod, et M. Stickler. 2011. *Rising Global Interest in Farmland: Can it Yield Sustainable and Equitable Benefits?* Washington, DC: Banque mondiale.

de Wasseige, C., D. Devers, P. de Marcken, R. Eba'a Atyi, et Ph. Mayaux. 2009. *Les forêts du bassin du Congo - État des forêts 2008.* Luxembourg : Office des publications de l'Union européenne.

de Wasseige, C., P. de Marcken, N. Bayol, F. Hiol Hiol, Ph. Mayaux, B. Desclée, R. Nasi, A. Billand, P. Defourny, et R. Eba'a Atyi. 2012. *Les forêts du bassin du Congo - État des forêts 2010.* Luxembourg : Office des publications de l'Union européenne.

Domínguez-Torres, C., et V. Foster. 2011. *Infrastructure de la République centrafricaine : Une perspective continentale.* Diagnostic des infrastructures nationales en Afrique. Washington DC : Banque mondiale.

Hansen, M., S. Stehman, P. Potapov, T. Loveland, J. Townshend, R. Defries, K. Pittman, B. Arunarwati, F. Stolle, M. Steininger, M. Carroll, et C. DiMiceli. 2008. "Humid Tropical Forest Clearing from 2000 to 2005 Quantified by using Multitemporal and Multiresolution Remotely Sensed Data" in *Proceedings of The National Academy of Sciences of the United States of America*, 105(27): 9439–9444.

Institut international de recherche sur les politiques alimentaires (IFPRI). 2011. *Indice de la faim dans le monde 2011.* Disponible sur http://www.ifpri.org/ publication/2011-global-hunger-index.

Lescuyer, G., P. O. Cerutti, E. Essiane Mendoula, R. Eba'a Atyi, R. Nasi. 2012. « Évaluation de l'abattage à la tronçonneuse dans le bassin du Congo » in De Wasseige, C. et coll, 2012.

Marien, Jean-Noel. 2009. « Forêts périurbaines et bois énergie : quels enjeux pour l'Afrique centrale? » in de Wasseige, C. et coll, 2009.

Observatoire des forêts d'Afrique centrale (OFAC). 2011. Indicateurs nationaux. http:// www.observatoire-comifac.net. Kinshasa. (Consulté en décembre 2011).

Peltier, R., F. Bisiaux, E. Dubiez, J-N. Marien, J-C. Muliele, P. Proces, et C. Vermeulen. 2010. « De la culture itinérante sur brûlis aux jachères enrichies productrices de charbon de bois en Rèp. Dem. Congo » In *Innovation and Sustainable Development in Agriculture and Food 2010 (ISDA 2010)* à Montpellier, France.

Secrétariat de la Convention sur la diversité biologique et Commission des forêts d'Afrique centrale. 2009. *Biodiversité et gestion forestière durable dans le bassin du Congo.* Montréal : Secrétariat de la Convention sur la diversité biologique.

Programme des Nations Unies pour le développement (PNUD). 2012. *Rapport sur le développement humain en Afrique 2012 : Vers une sécurité alimentaire durable.* New York : Programme des Nations Unies pour le développement.

World Wildlife Fund (WWF). 2012. *Rapport sur l'étude de cas du Gabon.* Projet Exploitation minière artisanale et à petite échelle dans les zones protégées et les écosystèmes critiques, (ASM-PACE). Washington, DC : WWF.

Introduction

Le bassin du Congo représente 70 % de la couverture forestière du continent africain et abrite une grande partie de la biodiversité de l'Afrique. Les États du Cameroun, du Gabon, de la Guinée équatoriale, de la République centrafricaine, de la République démocratique du Congo, et de la République du Congo partagent l'écosystème du bassin du Congo. Environ 57 % de celui-ci sont couverts par la forêt, la deuxième plus grande zone de forêt tropicale du monde après celle de l'Amazonie[1]. Les forêts du bassin du Congo rendent de précieux services écologiques, tels que le contrôle des crues et la régulation climatique aux niveaux local et régional. Grâce à l'immense quantité de carbone stockée dans leur abondante végétation, elles servent également de tampon atténuant le changement climatique mondial. Plus de 30 millions de personnes vivent dans la zone forestière du bassin du Congo, et environ 75 millions de personnes, appartenant à plus de 150 groupes ethniques, dépendent de la forêt pour leurs besoins en nourritures, soins sanitaires et bien-être. Dans chacun de ces six pays, la foresterie constitue un secteur économique majeur, qui fournit des emplois et des moyens de subsistance locaux grâce au bois et à d'autres produits, et qui contribue significativement aux revenus d'exportation et aux recettes fiscales.

Historiquement, la pression exercée sur les forêts du bassin du Congo a été comparativement faible, mais des signes indiquent que cette situation ne devrait pas durer, car la pression sur les forêts et les autres écosystèmes s'accroît. Jusqu'à très récemment, la faible densité de la population, les troubles et la guerre ainsi que les bas niveaux de développement freinaient la conversion des forêts vers d'autres utilisations des terres. Toutefois, les données satellitaires de suivi montrent actuellement que les taux annuels de déforestation brute ont doublé dans le bassin du Congo depuis 1990. Des éléments probants indiquent en effet que les forêts du bassin du Congo pourraient bien se trouver à un tournant menant à des taux de déforestation et de dégradation forestière plus élevés. Les écosystèmes forestiers du bassin du Congo n'ont pas encore subi les dommages observés dans d'autres régions tropicales (Amazonie, Asie du Sud-Est) et sont assez bien préservés. Les faibles taux de déforestation résultent principalement d'une combinaison de facteurs, tels que des infrastructures notoirement insuffisantes, des densités de population faibles et une instabilité politique, qui a conduit à ce que l'on peut qualifier de « protection passive ». Toutefois, des signes indiquent que les forêts du bassin du Congo pourraient subir une pression croissante de la part de diverses forces – tant endogènes qu'exogènes– allant de l'extraction minière, la construction de routes, l'agro-industrie, les biocarburants, jusqu'à l'expansion de l'agriculture de subsistance et à la croissance démographique. Tous ces facteurs pourraient drastiquement accentuer la pression sur les forêts naturelles dans les prochaines décennies et provoquer la transition de pays d'un bassin d'un profil de « couverture forestière élevée/faible déforestation » à un rythme de déforestation beaucoup plus intense.

La reconnaissance croissante de l'importance des forêts pour endiguer le changement climatique a introduit un nouvel élan dans la lutte contre la déforestation et la dégradation de la forêt tropicale. L'intégration des forêts dans les accords internationaux sur le changement climatique, en particulier la Convention-cadre des Nations Unies sur les changements climatiques (CNUCC), associée aux engagements des pays développés à fournir de la technologie, un renforcement des capacités et des financements pour aider les pays en développement à s'attaquer au changement climatique, constitue une nouvelle opportunité pour les pays forestiers en développement. Depuis 2005, les parties à la CNUCC ont débattu d'un cadre capable de créer des incitations à « réduire les émissions dues à la déforestation et à la dégradation des forêts », encourageant « la conservation et la gestion durable des forêts ainsi que l'amélioration de la séquestration du carbone par les forêts » (REDD+). La conférence des parties a adopté diverses décisions fixant les paramètres et les règles de base pour la mise en place des cadres de comptabilisation de la REDD+ ainsi que des directives pour leur mise en œuvre.

Pour réussir, la REDD+ doit être ancrée dans le contexte de stratégies de développement durable à faibles d'émissions. Le futur mécanisme REDD+ devrait être essentiel pour aider les pays à identifier de nouvelles voies réconciliant le besoin urgent de transformer leurs économies et la préservation de leurs forêts, considérées comme un bien public mondial. Un cadre REDD+ intégré dans une stratégie de croissance économique plus large peut créer des incitations importantes pour protéger les ressources naturelles du bassin du Congo, tout en encourageant son développement durable et en s'attaquant aux facteurs clefs de déforestation, dont la plupart se situent en dehors du secteur forestier. La plupart des pays de bassin du Congo sont activement engagés dans un processus de préparation des cadres/stratégies REDD+, et travaillent déjà à renforcer leur capacité de suivi des émissions liées aux forêts, à améliorer la gouvernance des forêts, à promouvoir le développement et à réduire la pauvreté, tout en protégeant les ressources naturelles de la région. Ces actions sont soutenues par divers programmes d'assistance tant multilatéraux – tels que le Fonds de partenariat pour la réduction des émissions de carbone forestier (*Forest Carbon Partnership Facility*, FCPF) et le Programme ONU-REDD-, que bilatéraux.

L'objectif de cet exercice de deux ans était d'analyser et comprendre en profondeur la dynamique de la déforestation dans le bassin du Congo. Le but premier de l'exercice était d'apporter aux parties prenantes (en particulier les décideurs politiques) une meilleure compréhension de la manière dont les activités économiques (agriculture, transport, exploitation minière, énergie et exploitation forestière) peuvent avoir un impact sur la couverture forestière, à l'aide d'une analyse approfondie des interconnexions entre le développement économique et les pertes forestières. L'exercice ne visait toutefois pas à obtenir des prévisions quantifiées de la déforestation. L'approche adoptée pour cette analyse reposait sur une combinaison de solides travaux analytiques, d'un exercice de modélisation et de consultations régulières et itératives avec des experts techniques de la région. L'outil de modélisation a principalement été utilisé pour mieux comprendre l'enchaînement des causes et effets liés aux diverses forces économiques et à leurs impacts potentiels sur la couverture forestière et, par conséquent, sur son contenu en carbone. Cet exercice a permis de progresser considérablement dans la compréhension des divers facteurs de déforestation et a été particulièrement utile pour mieux refléter l'impact des forces économiques exogènes au bassin du Congo.

Le rapport réunit les résultats de l'exercice de modélisation ainsi que les analyses sectorielles approfondies. Il s'appuie sur un ensemble de rapports sectoriels analysant les développements pertinents pour les forêts de la région dans les secteurs de l'agriculture, de l'énergie tirée de la biomasse, du transport, de l'exploitation forestière et de l'exploitation minière. Il reflète également les résultats de l'exercice de modélisation mené par l'Institut international pour l'analyse des systèmes appliqués (IIASA – *International Institute for Applied Systems Analysis*) pour mieux comprendre les facteurs de déforestation aux niveaux national, régional et international. Le rapport est le fruit d'un processus hautement interactif mené avec les parties prenantes du bassin du Congo pour identifier les besoins spécifiques des pays concernés ; en conséquence, le modèle d'équilibre partiel élaboré par l'IIASA (modèle GLOBIOM) a été ramené à l'échelle de la région du Congo dans le cadre de cet exercice ; le modèle CongoBIOM est maintenant disponible pour permettre aux pays du bassin du Congo de prédire les facteurs et les modèles de déforestation avec leur propre ensemble de données.

La structure de ce rapport est la suivante :
• Le chapitre 1 donne une vue d'ensemble des forêts du bassin du Congo, y compris une analyse des tendances historiques de la déforestation et de la dégradation des forêts.
• Le chapitre 2 présente la dynamique de la déforestation et résume les résultats d'une analyse secteur par secteur des grands facteurs de déforestation dans le bassin du Congo, à savoir une analyse de l'agriculture, l'exploitation forestière, l'énergie, le transport et l'exploitation minière.
• Le chapitre 3 fournit une actualisation de l'état des négociations REDD+ dans le cadre de la CCNUCC et des implications pour les pays du bassin du

Congo – notamment en abordant certaines des opportunités clés ainsi que des défis auxquels sont confrontés les pays à « couverture forestière élevée et faible déforestation ». Ce chapitre s'appuie sur l'analyse des précédents chapitres et recommande des activités prioritaires aux pays du bassin du Congo désireux d'agir sur les facteurs actuels et futurs de déforestation.

Note

1. Pour plus d'information, consultez : http://www.fao.org/docrep/014/i2247e/i2247e00.pdf – date de dernière consultation : 8 mars 2012.

CHAPITRE 1

Les forêts du bassin du Congo : Description

Les écosystèmes forestiers du bassin du Congo

La forêt du bassin du Congo est le deuxième plus grand bloc contigu de forêt tropicale du monde. Sur les 400 millions d'hectares constituant le bassin du Congo, près de 200 millions sont couverts par la forêt, dont 90 % de forêt tropicale dense. Plus de 99 % de la surface forestière sont constitués de forêts primaires ou naturellement régénérées, par opposition aux plantations. La forêt du bassin du Congo, aussi appelée forêt guinéo-congolaise de basse altitude, s'étend de la côte de l'océan Atlantique à l'ouest, jusqu'aux montagnes du Rift Albert à l'est. Elle forme une bande s'étendant sur 7 degrés au nord et au sud de l'équateur (PFBC, 2005). Quelque 80 % de la forêt du bassin du Congo se situent entre 300 et 1 000 mètres d'altitude. Les scientifiques l'ont divisée en six régions écologiques[1] déterminant les régions prioritaires de conservation (Olson et coll. 2002, voir carte 1.1).

Les forêts denses représentent la plus grande partie de la couverture des terres. Près de la moitié (46 %) des forêts de la région est constituée de forêt dense humide, tandis que les zones boisées représentent à peu près un cinquième de la couverture des terres. Environ 8 % du reste est une mosaïque agroforestière. Les forêts denses se répartissent en différentes catégories (forêts de basse altitude : inférieur à 900 mètres ; forêts subalpines : entre 900 et 1 500 mètres ; et forêts montagneuses : supérieur à 1 500 mètres, forêts édaphiques et mangroves). Dans tous les pays du bassin du Congo à l'exception de la République centrafricaine, les forêts denses représentent la couverture des terres la plus vaste : de 40 % au Cameroun jusqu'à 84 % au Gabon. Le tableau 1.1 résume les estimations de surface des différentes classes de couverture des terres par pays (de Wasseige et coll., 2012).

La distribution des différents types de forêts est fortement corrélée aux précipitations annuelles. Les forêts du nord sont soumises à une saison sèche sévère et chaude tandis que le reste, en particulier les forêts de l'ouest, connaît des saisons sèches nettement plus douces. À l'ouest, le long de la côte Atlantique,

Carte 1.1 Les écosystèmes forestiers dans le bassin du Congo et leur biodiversité

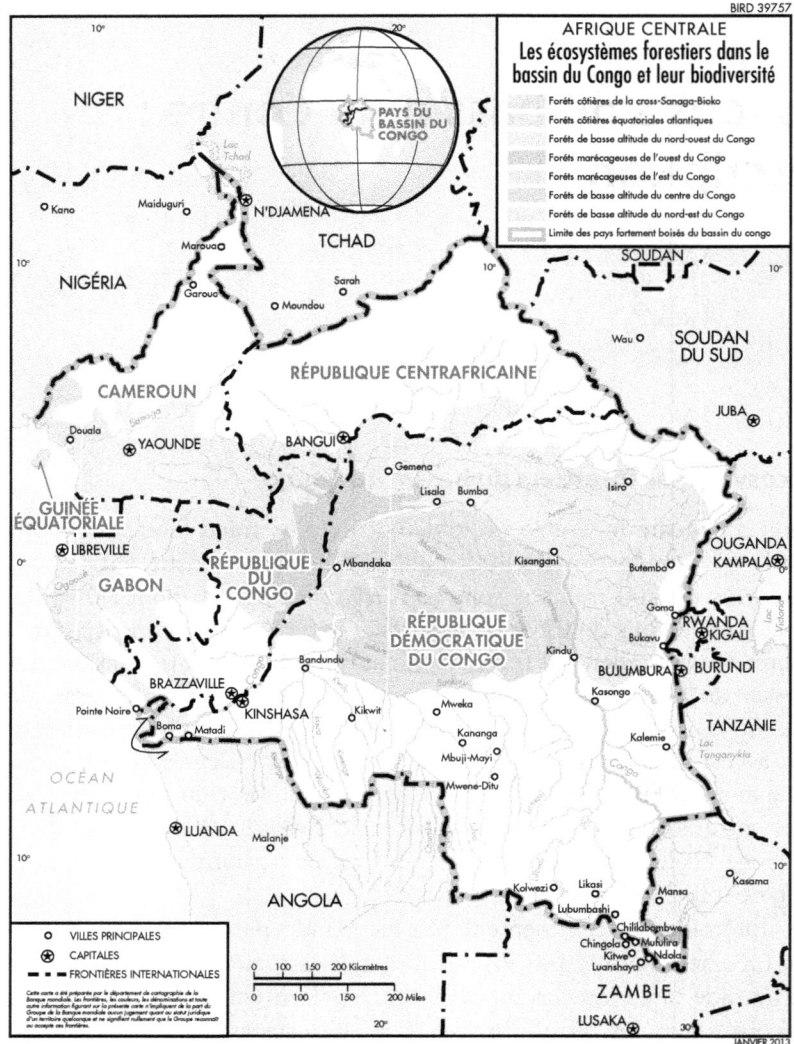

Source : Auteurs sur la base de WWF, 2012.

Note : Forêts côtières de la cross-Sanaga-Bioko: éléphant de forêts et de nombreux primates tels que les gorilles et les chimpanzés (certains autres primates sont endémiques de l'écorégion) ; une grande diversité d'amphibiens (y compris la grenouille Golliath), de reptiles et de papillons.

Forêts côtières équatoriales atlantiques : Gorille des plaines, éléphant, mandrill, autres primates ; diversité de la forêt sempervirente en matière de plantes, oiseaux, insectes, plantes médicinales.

Forêts de basse altitude du nord-ouest du Congo : fortes densités d'espèces sauvages, gorille des plaines occidentales, éléphant, bongo ; diversité végétale faible à l'est, plus élevée à l'ouest.

Forêts marécageuses de l'ouest du Congo : Faune et flore des zones humides, éléphant, gorille des plaines occidentales, chimpanzé, autres primates ; faible diversité végétale, quelques espèces endémiques des zones humides.

Forêts marécageuses de l'est du Congo : Faune et flore des zones humide s, bonobo, autres primates ; faible diversité végétale, quelques espèces endémiques des zones humides.

Forêts de basse altitude du centre du Congo : Bonobo, okapi, éléphant, singe salongo, autres primates ; diversité végétale apparemment faible.

Forêts de basse altitude du nord-est du Congo : Gorille de Grauer, okapi, singe à tête de hibou, autres primates, oiseaux ; diversité végétale assez élevée.

Tableau 1.1 Estimations des surfaces (hectares) des types de couverture des terres pour les six pays du bassin du Congo

Type de couverture forestière	Cameroun	République centrafricaine	République démocratique du Congo	République du Congo	Guinée équatoriale	Gabon	% of total land
Forêt dense humide de basse altitude	18,640,192	6,915,231	101,822,027	17,116,583	2,063,850	22,324,871	41.83%
Forêt sub-montagnarde	194,638	8,364	3,273,671	—	24,262	—	0.87%
Forêt de montagne	28,396	—	930,863	10	6,703	19	0.24%
Forêt édaphique	—	95	8,499,308	4,150,397	—	16,881	3.14%
Forêt de mangrove	227,818	—	181	11,190	25,245	163,626	0.11%
Total forêts denses	**19,091,044**	**6,923,690**	**114,526,050**	**21,278,180**	**2,120,060**	**22,505,397**	**46.18%**
Mosaïque forêt-savane	2,537,713	11,180,042	6,960,040	517,068	—	51,092	5.26%
Complexe rural et forêt secondaire jeune	3,934,142	713,892	21,425,449	3,664,609	507,281	1,405,318	7.84%
Forêt tropicale sèche-miombo	1,292,106	3,430,842	23,749,066	297,824	172	31,337	7.13%
Formations boisées	11,901,597	34,381,438	36,994,935	2,659,375	4,669	787,231	21.48%
Formations arbustives	2,561,163	4,002,258	6,705,478	2,101,556	1,308	619,347	3.96%
Pâturages	177,385	62,015	4,372,677	1,191,956	86	341,688	1.52%
Autres	4,668,275	1,152,349	17,714,723	2,482,305	30,592	685,838	6.62%
Total	**46,163,525**	**61,846,526**	**232,448,418**	**34,192,873**	**2,664,168**	**26,427,248**	**100.00%**

Source : élaboré à partir des données de FAO (2011) et Wasseige et coll. (2012).

on trouve une ceinture de forêt sempervirente riche en espèces. Il s'agit de la forêt la plus humide de la région, avec une pluviosité annuelle supérieure à 3 000 millimètres dans certaines zones. Cette forêt humide s'étend à l'intérieur des terres sur une distance de près de 200 kilomètres, après laquelle elle devient progressivement plus sèche et plus pauvre en espèces à mesure qu'elle s'avance vers l'intérieur. Les écorégions marécageuses du fleuve Congo se trouvent au centre du bloc forestier, et abritent des espèces végétales et animales endémiques dans une vaste mosaïque de types de terres humides et de végétation riveraine. À la bordure orientale de la forêt d'Afrique centrale, le terrain s'élève vers les montagnes du Rift Albert (PFBC, 2005).

Biodiversité dans les forêts du bassin du Congo

Les forêts du bassin du Congo hébergent une biodiversité extraordinaire avec un niveau très élevé d'espèces endémiques (voir la légende en dessous de la carte 1.1). Parmi les forêts afro-tropicales, c'est dans celles situées près des côtes du Congo qu'on retrouve la plus grande diversité d'espèces, même si l'information reste rare pour plusieurs écorégions du bassin central du Congo (Billand, 2012). La flore des forêts de basse altitude est constituée de plus de 10 000 espèces de plantes supérieures, dont 3 000 sont endémiques. La flore des forêts africaines de montagne comprend 4 000 espèces, dont au moins 70 % sont endémiques. Les forêts abritent également des éléphants et des buffles, ainsi que des espèces endémiques telles que l'okapi, le bongo, le bonobo, le gorille, et beaucoup d'espèces endémiques d'oiseaux. La flore et la faune sont cependant inégalement réparties, si bien que la richesse en espèces varie d'une région à l'autre. Les zones abritant la plus grande variété d'espèces sont les forêts de la Basse Guinée à l'ouest (Cameroun, Guinée équatoriale, et Gabon) et celles du Rift Albert dans la partie orientale de la République démocratique du Congo (PFBC, 2006 ; Ervin et coll., 2010).

- La *forêt côtière équatoriale atlantique* et les *forêts subalpines et montagneuses* situées le long des montagnes de l'est du bassin du fleuve Congo présentent des niveaux élevés de biodiversité et sont aussi les plus menacées. L'écorégion de la forêt côtière équatoriale atlantique est de relativement petite taille et a subi la pression humaine pendant une période relativement plus longue. Elle se caractérise par un degré élevé de biodiversité dans les forêts côtières denses, qui comprennent des formations sempervirentes et semi-décidues d'une hauteur de moins de 300 mètres. Les forêts montagneuses et subalpines sempervirentes apparaissent à des altitudes supérieures à 1 000 mètres. Les arbres y sont plus petits, la densité plus élevée, et la composition des espèces relativement moins diversifiée. Dans le bassin du Congo, les principales régions de forêts montagneuses et subalpines se trouvent dans le Rift Albert et dans la région côtière de l'Afrique centrale (WWF 2012).

- La majeure partie de la *forêt du bassin central du Congo*, constituée des écorégions de basses terres du nord-ouest, du nord-est et centrales, est constituée par une mosaïque de formations sempervirentes denses humides et semi-décidues plus sèches, qui sont généralement moins riches en espèces. Leurs très hautes canopées bloquent la lumière, limitent la croissance des arbustes et des herbes, et favorisent les épiphytes. La couche supérieure (35 à 45 mètres) des forêts sempervirentes de la partie centrale du bassin du Congo est dominée par quelques espèces telles que *Gilbertiodendron dewevrei*, *Julbernadia seretii* et *Brachystegia laurentii*. Au centre du bassin du Congo, 220 000 kilomètres carrés de forêts marécageuses ou de forêts inondables présentent une diversité moindre, mais un degré considérable d'endémisme végétal (PFBC, 2006).

- Les frontières du bassin du Congo se caractérisent par une forêt tropicale sèche semi-décidue (miombo). Aux frontières du bassin du Congo, les arbres à feuilles caduques dominent la canopée (jusqu'à 70 %), accompagnés d'espèces à feuilles persistantes. La forêt semi-décidue apparaît dans les zones où les périodes sèches durent au moins 3 mois et où les arbres perdent leurs feuilles au cours de cette saison. Ces forêts sont plus riches en espèces végétales que la forêt sempervirente et sont caractérisées par un mélange d'espèces dominées, entre autres, par le micocoulier (*Celtis spp*), le samfona (*Chrysophyllum perpulchrum*) et le naga (*Antiaris welwitschii*). La canopée de ce type de forêt est typiquement ondulée. De nombreuses espèces commerciales se rencontrent dans la forêt semi-décidue (par exemple, *Meliaceae, Tryplochiton scleroxylon, Chlorophora excelsa*) du sud-est du Cameroun, de la République centrafricaine, et du nord de la République du Congo. Ces forêts donnent lieu à une mosaïque de savanes et de forêts-galeries, moins riches du point de vue botanique, mais abritant d'importantes populations de grands mammifères.

Services écologiques : du niveau local au niveau mondial

La forêt du bassin du Congo rend de précieux services écologiques aux niveaux local et régional. Les services écosystémiques locaux et régionaux dans le bassin du Congo comprennent le maintien du cycle hydrologique (quantité et qualité de l'eau) et un important contrôle des inondations dans une région de grande pluviosité. La biodiversité de la forêt du Congo fournit à des millions de personnes, du bois, des produits forestiers non ligneux, de la nourriture et des médicaments. Les avantages régionaux supplémentaires comprennent la régulation du climat à l'échelle régionale, qui accroit la résilience au changement climatique. Des écosystèmes forestiers sains peuvent faciliter un refroidissement à l'échelle régionale à travers l'évapotranspiration et constituer des tampons naturels contre la variabilité du climat régional (West et coll. 2011 ; Chapin et coll. 2008).

Les forêts du bassin du Congo rendent également des services écologiques à la population mondiale à travers leur capacité à séquestrer de grandes quantités de carbone. Les forêts tropicales hébergent un quart du stock mondial de carbone terrestre présent dans la végétation et les sols (Houghton et coll., 2001). Même si les chiffres varient, on estime le carbone total stocké dans le bassin du Congo à environ 60 milliards de tonnes, la plus grande partie se trouvant en République démocratique du Congo (voir tableau 1.2). Le carbone de la biomasse compte pour près de 63 % du total des stocks de carbone, suivi par le carbone des sols (20 %), du bois mort (5 %), et des déchets sauvages (1 %). À ce jour, l'évolution du taux annuel dans les stocks de carbone a été relativement modeste.

Les forêts denses humides représentent la majorité (65 %) des stocks totaux de carbone des forêts du bassin du Congo. Dans la catégorie des forêts denses humides, les forêts de basse altitude sempervirentes fermées sont des mines d'or

Tableau 1.2 Stocks de carbone dans les forêts du bassin du Congo, 1990–2010

	Stock de carbone total (millions de tonnes)			Taux annuel de changement (%)	
	1990	*2000*	*2010*	*1990–2000*	*2000–2010*
Carbone de la biomasse	37,727	36,835	35,992	−0.24	−0.23
Carbone du bois mort	3,115	2,923	2,664	−0.64	−0.92
Carbone des déchets	665	648	634	−0.26	−0.22
Carbone du sol	18,300	17,873	17,452	−0.24	−0.24
Stock total de carbone	59,807	58,279	56,742	−0.26	−0.27

Source : Auteurs, adapté de FAO, 2011.

pour le carbone et représentent plus de 90 % des stocks totaux de carbone (aérien et souterrain). Dans cette catégorie, les forêts marécageuses représentent moins de 6 % des stocks totaux de carbone du bassin du Congo ; les forêts sub-alpines et montagneuses ne représentent que 2,6 % et 0,4 % respectivement (Nasi et coll., 2009).

Les forêts jouent un rôle important dans le cycle des émissions de gaz à effet de serre, agissant à la fois comme un piège et une source de dioxyde de carbone[2], de méthane et d'oxyde d'azote. Le rôle des écosystèmes forestiers dans le cycle mondial du carbone a pris de l'importance depuis que le monde se préoccupe davantage du changement climatique. Les écosystèmes forestiers, en particulier tropicaux, influencent le climat mondial en tant que principaux contributeurs de la séquestration du carbone terrestre, absorbant environ 30 % de l'ensemble des émissions annuelles de CO_2. De plus, les forêts constituent aussi de vastes réservoirs de carbone (Canadell et coll., 2008). À l'opposé, la déforestation et la dégradation des forêts constituent une source majeure d'émission du carbone (voir encadré 1.1 ci-dessous). On estime que 10 à 25 % des émissions anthropiques mondiales résultent de la perte des forêts naturelles, soit plus que l'ensemble des émissions dues au secteur mondial des transports (De Fries et coll., 2002, Hansen et coll., 2008 et Harris et coll., 2012). Dans le cadre de la REDD+ et des négociations sur le climat, la déforestation et la dégradation ne sont généralement considérées qu'en termes de stocks de carbone, alors qu'elles ont de toute évidence un impact important sur la biodiversité ainsi que sur les autres fonctions de la forêt.

Encadré 1.1 Fluctuation des stocks de carbone forestier : Concepts clés

La **déforestation** est la conversion à long terme ou permanente de terres forestières à d'autres usages non forestiers. La CCNUCC définit la déforestation comme « la conversion anthropique directe de terres forestières en terres non forestières »[3]. Elle peut résulter d'un événement brutal (déforestation = forêt → non forêt), au cours duquel le changement dans la couverture et l'utilisation des terres se produit de manière immédiate et simultanée, ou d'un processus de dégradation progressive (déforestation = forêt → forêt dégradée → non forêt). La déforestation a lieu quand au moins un des paramètres passe en dessous du seuil qui caractérise le statut de « forêts » pendant une période qui excède la période utilisée pour qualifier un « déstockage temporaire ».

La **dégradation de la forêt** est un processus au cours duquel une terre forestière reste de la terre forestière et continue de satisfaire les critères nationaux de base relatifs à la superficie forestière minimale, à la hauteur des arbres et à la dimension du couvert arboré, mais qui perd progressivement des stocks de carbone à la suite de l'intervention directe de l'homme (par exemple, l'exploitation forestière, la collecte du bois de chauffage, le feu, les pâturages, etc.) La dégradation est donc la conversion d'une classe de forêt ayant une densité moyenne du stock de carbone plus élevée en une autre d'une densité moyenne plus faible.

Encadré 1.1 Fluctuation des stocks de carbone forestier : Concepts clés *(continued)*

Diagramme E1.1.1 Déforestation et dégradation forestière: Variations des stocks de carbone dans la biomasse aérienne

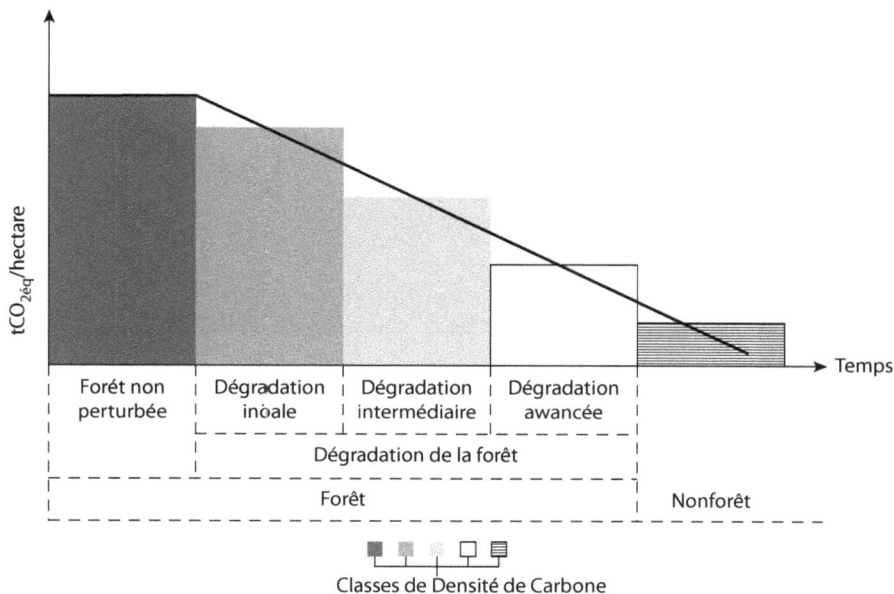

Note: tCO_{2eq}/hectare = équivalent tonnes de dioxyde de carbone par hectare.

Suivant les définitions ci-dessus, les zones soumises à une **gestion durable des forêts** (avec des activités d'exploitation forestière) constituent une classe particulière de « forêts dégradées ». Une forêt naturelle non perturbée soumise à une gestion durable perdra une partie de son carbone, mais cette perte sera partiellement reconstituée avec le temps. À long terme, un cycle durable de récolte et de reboisement peut maintenir une densité moyenne constante du stock de carbone dans la forêt. Cette densité étant plus faible que celle de la forêt d'origine, les forêts gérées de façon durable sont considérées comme un cas spécial de « forêts dégradées ».

La **régénération des forêts** correspond à une transition d'une classe de forêt perturbée vers une classe de forêt ayant une densité du stock de carbone plus élevée. Les forêts dégradées ou jeunes (plantées ou régénérées de façon naturelle) peuvent accroître leurs stocks de carbone si elles sont convenablement gérées, ou lorsque l'exploitation forestière et autres activités y sont suspendues ou réduites de manière permanente[4]. Le processus peut être considéré comme l'inverse de la dégradation des forêts.

Le **reboisement/boisement** constitue un cas particulier de régénération de la forêt lorsque les terres sont initialement non forestières. Selon que la terre était une forêt avant ou après 1990, les mécanismes de régénération sont appelés respectivement boisement ou reboisement.

encadré continues next page

Encadré 1.1 Fluctuation des stocks de carbone forestier : Concepts clés (continued)

Diagramme E1.1.2 Gestion durable des forêts: Variations des stocks de carbone dans la biomasse aérienne

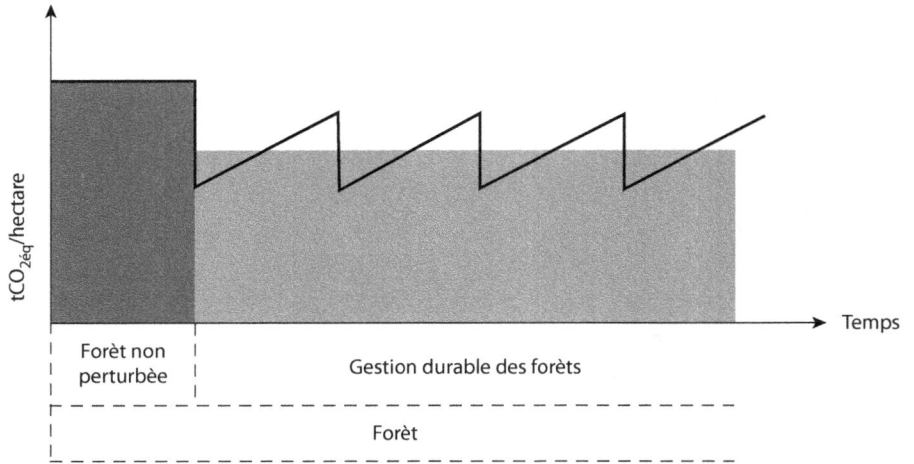

Note: tCO_{2eq}/hectare = équivalent tonnes de dioxyde de carbone par hectare.

Diagramme E1.1.3 Régénération forestière: Variations des stocks de carbone dans la biomasse aérienne

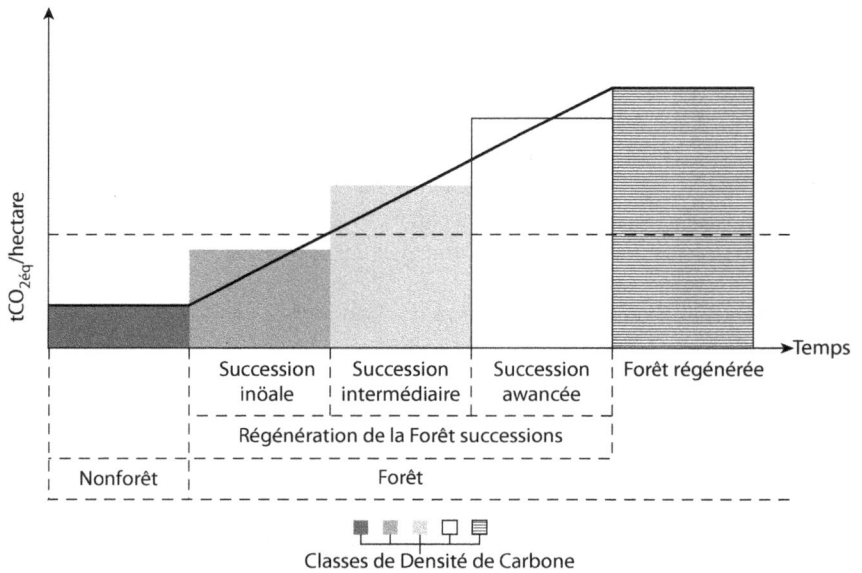

Classes de Densité de Carbone

Source : Auteurs.
Note: tCO_{2eq}/hectare = équivalent tonnes de dioxyde de carbone par hectare.

Contribution aux moyens de subsistance

Les forêts du bassin du Congo abritent plus de 30 millions de personnes et soutiennent les moyens de subsistance de plus de 75 millions de personnes appartenant à plus de 150 groupes ethniques, qui dépendent des ressources naturelles locales pour leur nourriture, leur santé et leurs moyens d'existence (Secrétariat Convention sur la diversité biologique, 2009). Les hommes occupent et utilisent la forêt du bassin du Congo depuis au moins 50 000 ans. Les preuves de la culture pygmée, qui est particulièrement bien adaptée à la forêt, remontent à 20 000 à 25 000 ans. La majorité de la population vivant dans la forêt du bassin du Congo est toujours autochtone. En plus de celles vivant dans la forêt, beaucoup d'autres populations dépendent directement ou indirectement des produits forestiers pour le chauffage, la nourriture, les médicaments et autres produits forestiers non ligneux.

La forêt constitue une source majeure d'alimentation pour les populations du bassin du Congo. La contribution des forêts à la sécurité alimentaire est très souvent négligée : les communautés rurales du bassin du Congo tirent une part importante des protéines et des graisses de leur régime alimentaire de la chasse des espèces sauvages des forêts et des lisières des forêts (Nasi et coll., 2011). De même, de nombreuses communautés dépendent des écosystèmes boisés des bassins versants et des mangroves pour les activités de pêche en eau douce et côtières dont ils tirent leurs protéines. Une enquête sur le revenu menée par le CIFOR en 2011 auprès de 6 000 ménages dans le bassin du Congo confirme qu'en moyenne, les familles vivant dans et autour des forêts tirent entre un cinquième et un quart de leurs revenus de sources basées sur la forêt : les forêts constituent une source de revenus monétaires permettant d'acheter de la nourriture (Wollenberg et coll., 2011). Les chasseurs-cueilleurs traditionnels entretiennent également, de génération en génération, des relations complexes avec les agriculteurs, échangeant des produits forestiers contre des aliments riches en amidon et un accès aux produits manufacturés (PFBC, 2005).

Les produits forestiers non ligneux (PFNL) fournissent de la nourriture, de l'énergie et des produits culturels. Les produits forestiers non ligneux comprennent les produits de la ruche (miel, cire, propolis), la mangue sauvage, le pygeum, la gomme arabique, des noix, des fruits, des larves, des champignons, le raphia et le bambou. L'utilisation de ceux-ci et d'autres produits forestiers non ligneux varie largement en fonction de la culture, du statut socioéconomique, de l'accès à la forêt, des marchés et des prix et, dans une certaine mesure (en particulier pour la viande de brousse), de la légalité de la récolte. Leur vente sur les marchés locaux et d'exportation contribue de façon importante aux revenus des habitants de la forêt (Ruiz Pérez et coll., 2000 ; Shackleton et coll., 2007 et Ingram et coll., 2012).

Secteur de l'exploitation forestière : un important contributeur aux économies nationales

L'exploitation forestière industrielle est devenue l'utilisation des terres la plus extensive en Afrique centrale avec près de 450 000 kilomètres carrés de forêt actuellement en concession (environ un quart des forêts tropicales de basse altitude), tandis que 12 % de la surface des terres sont protégés. Les concessions d'exploitation forestière industrielle devraient continuer à s'accroître. La superficie forestière assignée à l'exploitation forestière est particulièrement grande en République du Congo (74 %) et en République centrafricaine (44 %). Voir diagramme 1.1 ci-dessous.

En Afrique centrale, le secteur formel de l'exploitation forestière produit en moyenne 8 millions de mètres cubes de bois chaque année, exportés en majorité vers l'Europe et l'Asie. Le Gabon est le plus grand producteur, suivi du Cameroun et de la République du Congo (de Wasseige et coll., 2009). Malgré les vastes ressources forestières de la République démocratique du Congo qui représentent plus de 60 % de la surface forestière totale du bassin du Congo, le pays est le plus petit producteur du bassin avec tout juste 310 000 mètres cubes de production formelle de bois (voir tableau 1.3). À cause du conflit prolongé qui a perturbé la République démocratique du Congo au cours de la dernière décennie, il n'y a eu que quelques investissements dans les activités d'exploitation forestière industrielle et dans les infrastructures les facilitant.

Après une période de lente croissance au cours des 15 dernières années, la production de bois d'Afrique centrale a diminué d'environ 2 à 3 millions de mètres cubes en 2008 à cause de la crise financière internationale qui a affecté le

Diagramme 1.1 Surface totale des terres, superficie totale de la forêt dense et surface en concession d'exploitation forestière industrielle dans le bassin du Congo en 2010

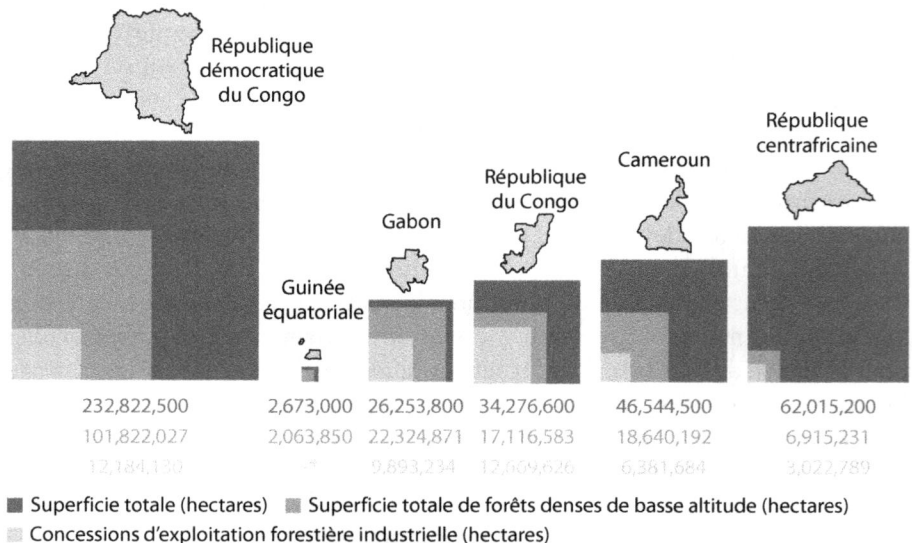

232,822,500	2,673,000	26,253,800	34,276,600	46,544,500	62,015,200
101,822,027	2,063,850	22,324,871	17,116,583	18,640,192	6,915,231
12,184,130		9,893,234	12,669,626	6,361,684	3,022,789

■ Superficie totale (hectares)   ■ Superficie totale de forêts denses de basse altitude (hectares)
▪ Concessions d'exploitation forestière industrielle (hectares)

Source : Auteurs, préparé à partir de données tirées de Wasseige et coll. (2012).
Note : En Guinée équatoriale, toutes les concessions d'exploitation forestière ont été annulées en 2008.

Tableau 1.3 Volume de bois récolté et principales espèces exploitées par pays en 2006

Pays	Production (mètres cubes)	Principales espèces exploitées
Cameroun	2,296,254	Ayous, sapelli, tali, azobé, iroko
République centrafricaine	537,998	Ayous, sapelli, aniegré, iroko, sipo
République démocratique du Congo	310,000	Sapelli, wengué, sipo, afromosia, iroko
République du Congo	1,330,980	Sapelli, sipo, bossé, iroko, wengué
Guinée équatoriale	524,799	Okoumé, tali, azobé, ilomba
Gabon	3,350,670	Okoumé, azobé, okan, movingui, ozigo
Total	8,350,701	

Source : de Wasseige et coll., 2009.

marché du bois tropical (OFAC, 2011). Cette baisse a été particulièrement importante dans les pays ayant de grands volumes d'exportation, tels que le Cameroun et le Gabon (voir diagramme 1.2). Depuis, la production s'est redressée – en partie grâce à la forte augmentation de la production de bois rond du Gabon vers la fin de 2009.

Le secteur de l'exploitation forestière industrielle reste l'un des principaux contributeurs au PIB dans la plupart des pays du bassin du Congo. Historiquement, le secteur forestier a joué un rôle encore plus important dans le bassin du Congo. Toutefois, avec le développement spectaculaire du secteur pétrolier dans plusieurs pays du bassin du Congo au cours de la dernière décennie, la contribution relative du secteur forestier à l'ensemble du PIB[5] a diminué. Toutefois, des signes indiquent qu'au Gabon, les baisses de la production de pétrole prévues au cours de la prochaine décennie peuvent conduire à une reprise de la croissance de l'exploitation forestière d'exportation. En valeur absolue, les revenus fiscaux tirés du secteur forestier sont actuellement les plus élevés au Cameroun et au Gabon, deux pays dont les secteurs forestiers commerciaux sont bien développés (voir tableau 1.4).

Le secteur de l'exploitation forestière industrielle est également un important pourvoyeur d'emplois, en particulier dans les zones forestières rurales (FAO, 2011). Le secteur formel fournit environ 50 000 emplois à plein temps dans les six pays (voir tableau 1.5). L'emploi créé dans le secteur forestier formel par les opérateurs du secteur privé est particulièrement important au Gabon, où le secteur du bois est le plus grand pourvoyeur d'emplois après l'État. Toujours au Gabon, le secteur fournit également des emplois indirects à 5 000 autres personnes, et les services publics forestiers emploient quant à lui 600 fonctionnaires et agents d'appui. Au Cameroun, on estime qu'en 2006, le secteur formel offrait pratiquement 20 000 emplois à plein temps ; des statistiques récentes de l'État camerounais indiquent que l'emploi indirect dans le secteur dépasserait 150 000 postes (MINFOF-MINEP, 2012).

Le secteur informel du bois a longtemps été négligé, mais est maintenant reconnu comme une composante majeure de l'industrie du bois. Le redressement

Diagramme 1.2 Production annuelle de bois rond (mètres cubes) dans les pays du bassin du Congo

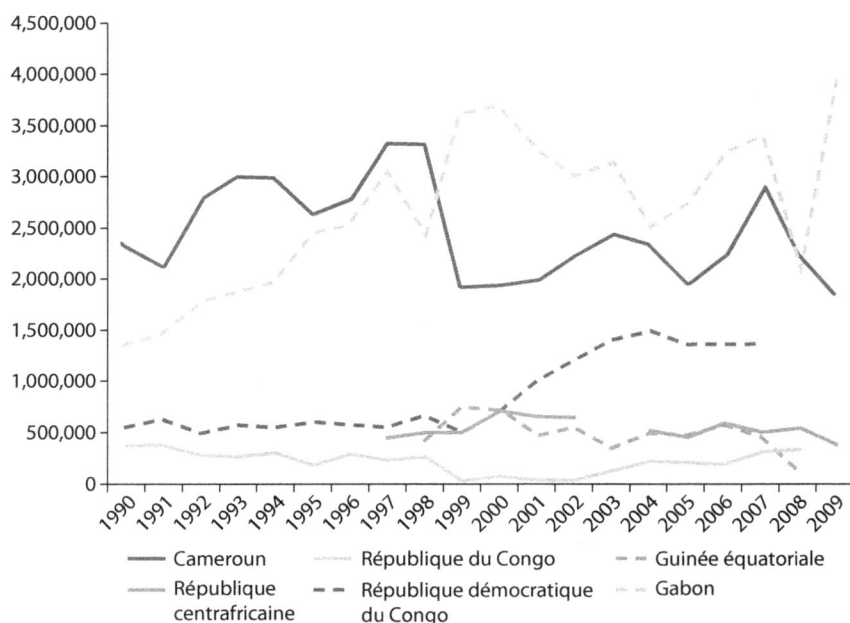

Source : de Wasseige et coll., 2012.

Tableau 1.4 Contribution du secteur forestier au PIB et valeur ajoutée brute, 2009

Pays	Contribution au PIB		Valeur ajoutée brute (millions d'USD)			
	%	année	Production bois rond	Transformation du bois	Pâte et papier	Total secteur foresterie
Cameroun	6	2004	236	74	13	324
République centrafricaine	6.3	2009	133	10	1	144
République démocratique du Congo	1	2003	185	2	—	186
République du Congo	5.6	2006	45	27	—	72
Guinée équatoriale	0.2	2007	86	2	—	87
Gabon	4.3	2009	171	118	—	290
Total			856	233	14	1,103

Source : Auteurs, élaboré à partir des données sur le PIB tirées de Wasseige et coll., 2009 et des données sur la valeur ajoutée brute tirées de Situation des forêts du monde 2011, FAO.

et l'expansion du marché intérieur au cours des dernières années constituent un revirement abrupt après la contraction qui a suivi la dévaluation de la monnaie régionale (franc CFA) en 1994, qui avait dynamisé les exportations formelles du bois aux dépens des marchés locaux. La demande de bois a considérablement augmenté sur les marchés locaux pour satisfaire les besoins croissants de bois de construction et de bois de chauffage/charbon de bois des populations urbaines.

Tableau 1.5 Emplois directs dans la production et la transformation forestière commerciale, 2006

Pays	Emploi (1 000 ETP*)				Total secteur foresterie (% de la population active)
	Production bois rond	Transformation du bois	Pâte et papier	Total secteur foresterie	
Cameroun	12	8	1	20	0.3
République centrafricaine	2	2	—	4	0.2
République démocratique du Congo	6	—	—	6	—
République du Congo	4	3	—	7	0.5
Guinée équatoriale	1	—	—	1	0.5
Gabon	8	4	—	12	1.9
Total	33	17	1	50	

Source : Auteurs, élaboré à partir des données tirées de Situation des forêts du monde 2001, FAO.
Note : *ETP (équivalent temps plein).

Il a également été récemment rapporté que des réseaux transnationaux bien établis d'approvisionnement en bois, allant de l'Afrique centrale jusqu'à des pays aussi éloignés que le Niger, le Tchad, le Soudan, l'Égypte, la Libye et l'Algérie ont stimulé la croissance de la demande urbaine de matériaux de construction (Langbour et coll., 2010).

L'économie domestique et régionale du bois est tout aussi importante que le secteur formel : dans certains pays, l'importance économique potentielle de l'économie forestière domestique semble dépasser l'économie formelle. Au Cameroun par exemple, la production domestique de bois surpasse déjà sa production formelle, et en République démocratique du Congo et en République du Congo, on l'estime à plus de 30 % de la production totale de bois. Tout récemment, des recherches sur le secteur informel ont montré l'importance de celui-ci en ce qui concerne tant les volumes de bois estimés que le nombre des emplois associés aux activités informelles (de la production à la commercialisation) (Cerutti et coll., 2011, Lescuyer et coll., 2011). Le secteur informel est particulièrement important pour le développement local parce qu'il procure un nombre d'emplois locaux directs et indirects nettement plus grand que le secteur formel, avec des avantages plus équitablement répartis au niveau local que ceux obtenus à travers les activités du secteur formel (Lescuyer et coll., 2012).

Progrès dans la gestion durable des forêts

Au cours des deux dernières décennies, les pays du bassin du Congo se sont engagés dans des politiques de gestion et de conservation durables des forêts. Après le Sommet de la Terre de Rio de Janeiro en 1992, tous les pays du bassin du Congo ont entamé une révision de leurs lois forestières afin de les mettre en conformité avec les pratiques de gestion durable des forêts. La Commission des forêts d'Afrique centrale (COMIFAC[6]) a été créée pour fournir une orientation politique et technique, une coordination, harmonisation et prise de décision dans la conservation et la gestion durable des écosystèmes forestiers et des savanes de la région. En février 2005, au cours du Deuxième sommet des chefs d'État organisé à Brazzaville, la COMIFAC a adopté un plan pour une meilleure gestion et conservation des forêts d'Afrique centrale, le « Plan de convergence » (voir encadré 1.2). Au cours du Sommet mondial sur le développement durable tenu en septembre 2002 à Johannesburg (Afrique du Sud), les pays du bassin du Congo se sont joints à des partenaires issus des pays développés pour créer le Partenariat pour les forêts du bassin du Congo (PFBC). Le financement du PFBC est utilisé pour créer de nouveaux parcs nationaux, renforcer les autorités forestières étatiques, et proposer des possibilités de développement durable.

L'engagement politique des pays du bassin du Congo en faveur de la gestion durable des forêts, avec le soutien de la communauté internationale, s'est traduit par d'importants progrès dans les domaines suivants :

• **Zones protégées**[7] : Des progrès importants ont été réalisés dans le domaine de la création de zones protégées. La principale fonction de ces forêts est souvent la conservation de la diversité biologique, la protection des sols et des ressources en eau, ou la conservation de l'héritage culturel. Le renforcement des capacités de gestion des zones protégées et des zones de conservation des forêts a aidé à réduire la pression sur la biodiversité. À la date de 2011, il existe 341 zones protégées[8] dans les six pays du bassin du Congo : elles couvrent pratiquement 60 millions d'hectares, soit 14 % du territoire des six pays. Le nombre le plus élevé de zones protégées et la plus grande portion de territoire national couverte se trouvent au Cameroun et en République centrafricaine.

Encadré 1.2 Le « Plan de convergence » de la COMIFAC

En 2005, la COMIFAC a adopté un plan qui définit des stratégies communes d'intervention pour les États et les partenaires au développement dans la conservation et la gestion durable des écosystèmes forestiers et des savanes d'Afrique centrale. Il est structuré autour de dix activités stratégiques :

1. Harmonisation des politiques forestières et fiscales
2. Connaissance des ressources
3. Développement des écosystèmes forestiers et reboisement
4. Conservation de la diversité biologique
5. Développement durable des ressources forestières
6. Développement d'activités alternatives et réduction de la pauvreté
7. Renforcement des capacités, participation des parties prenantes, information, formation
8. Recherche et développement
9. Élaboration de mécanismes de financement
10. Coopération et partenariats

Source : http://www.comifac.org/plan-de-convergence.

En dehors des zones protégées de catégorie VI (zones de chasse récréative et réserves de chasse), la gestion de la biodiversité en Afrique centrale est dominée par 46 parcs nationaux couvrant environ 18,8 millions d'hectares. Les parcs nationaux constituent l'essentiel des zones protégées dans des pays comme le Gabon qui possède 13 parcs nationaux sur 17 zones protégées, couvrant une superficie de 2,2 millions d'hectares sur un total de 2,4 millions d'hectares (de Wasseige et coll., 2009).

Bien qu'encore insuffisantes, les capacités de gestion des zones protégées se sont améliorées au cours des quelques dernières années, et des partenariats avec les ONG internationales et locales ont été établis dans la plupart des pays et ont préservé avec succès la biodiversité.

- **La gestion durable des forêts (GDF) dans les concessions d'exploitation forestière :** L'adoption des plans de gestion a, de manière générale, augmenté dans les trois grandes régions forestières tropicales (Amérique latine, Asie et Pacifique, Afrique), mais c'est en Afrique qu'elle a connu un accroissement relatif particulièrement important, surtout dans le bassin du Congo. La tendance à l'élaboration de plans de gestion a été considérable, passant de zéro hectare géré en 2000 à la remarquable progression suivante : en 2005, la sous-région comptait plus de 7,1 millions d'hectares de concessions forestières gérés conformément à des plans approuvés par les États ; en 2008, ce chiffre atteignait 11,3 millions d'hectares ; et en 2010, il était de 25,6 millions d'hectares (voir tableau 1.6). Les progrès les plus remarquables ont été observés au Cameroun, avec 5,34 millions d'hectares de forêts naturelles actuellement couverts par des plans de gestion (en 2011), par rapport à 1,76 million d'hectares en 2005. Des plans de gestion sont actuellement en

Tableau 1.6 Gestion des forêts dans les pays du bassin du Congo, 2005–2010

Pays	Total ('000 hectares)		Disponible pour l'exploitation ('000 hectares)		Avec plan de gestion ('000 hectares)		Certifié ('000 hectares)		Gestion durable ('000 hectares)	
	2005	2010	2005	2010	2005	2010	2005	2010	2005	2010
Cameroun	8,840	7,600	4,950	6,100	1,760	5,000	—	705	500	1,255
République centrafricaine	3,500	5,200	2,920	3,100	650	2,320	—	—	186	—
République démocratique du Congo	20,500	22,500	15,500	9,100	1,080	6,590	—	—	284	—
République du Congo	18,400	15,200	8,440	11,980	1,300	8,270	—	1,908	1,300	2,494
Guinée équatoriale										
Gabon	10,600	10,600	6,923	10,300	2,310	3,450	1,480	1,870	1,480	2,420
Total	61,840	61,100	38,733	40,580	7,100	25,630	1,480	4,483	3,750	6,169

Source : Auteurs, sur base des données tirées de Situation de la gestion des forêts tropicales, 2011, Organisation internationale des bois tropicaux (OIBT).

place pour près de 3,45 millions d'hectares de forêts naturelles au Gabon. Le nombre des concessions d'exploitation forestière couvertes par des plans de gestion approuvés devrait encore augmenter au cours des cinq prochaines années, dans la mesure où une grande partie des concessions restantes sont actuellement en train de préparer leurs plans de gestion. De même, la zone de production forestière naturelle certifiée dans le domaine forestier permanent d'Afrique centrale a augmenté de tout juste 1,5 million d'hectares en 2005 (au Gabon) à 4,5 millions d'hectares (au Gabon, au Cameroun et en République du Congo) (Blaser et coll., 2011).

- **Exploitation forestière illégale et gouvernance forestière :** On soupçonne l'exploitation forestière illégale d'être très répandue dans la région, mais il existe peu de données pour en quantifier correctement l'ampleur. Les pertes annuelles de revenus et d'actifs dues à l'exploitation forestière illégale sur les terres publiques sont estimées à environ 10 à 18 milliards de dollars EU dans le monde entier, les pertes affectant principalement les pays en développement. Elles sont estimées annuellement à 5,3 millions de dollars EU au Cameroun, à 4,2 millions de dollars EU en République du Congo, et à 10,1 millions de dollars EU au Gabon. Ce revenu est perdu chaque année à cause de la mauvaise application de la réglementation, et les chiffres ne prennent pas en compte les estimations de l'exploitation forestière « informelle » par les petits opérateurs qui fonctionnent essentiellement de manière illégale. Des chiffres fiables sur le volume de l'exploitation forestière illégale sont rarement disponibles et varient considérablement. La surface forestière effectivement affectée est difficile à déterminer et à délimiter avec les techniques actuelles de détection à distance, dans la mesure où l'exploitation forestière illégale dans le bassin du Congo est généralement associée à la dégradation de la forêt plutôt qu'à la déforestation.

  La plupart des pays du bassin du Congo ont adhéré au plan d'action de l'Union européenne relatif à l'application des réglementations forestières, à la gouvernance et aux échanges commerciaux (FLEGT – *Forest Law Enforcement, Governance and Trade Action Plan*), mis sur pied pour renforcer la gouvernance forestière et combattre l'exploitation forestière illégale. Le Cameroun (2010), la République du Congo (2010) et la République centrafricaine (2011) ont signé les Accords de partenariat volontaire (APV) négociés dans le cadre du processus FLEGT. Celui-ci cherche à interdire le commerce illégal du bois sur le marché européen. L'un de ses éléments fondamentaux est d'apporter un appui aux pays producteurs de bois afin d'améliorer leur gouvernance forestière et de mettre en place des méthodes efficaces pour combattre l'exploitation forestière illégale (voir encadré 1.3). En avril 2012, six pays étaient en train d'élaborer les systèmes convenus dans le cadre des Accords de partenariat volontaire. Il s'agit notamment du Cameroun, de la République du Congo et de la République centrafricaine ; deux pays supplémentaires (République démocratique du Congo et Gabon) ont entamé des négociations avec l'UE.

Encadré 1.3 Le Programme pour l'application des réglementations forestières, la gouvernance et les échanges commerciaux de l'Union européenne

Le plan d'action relatif à l'application des réglementations forestières, à la gouvernance et aux échanges commerciaux (FLEGT) de l'Union européenne constitue une tentative d'utilisation du pouvoir des pays consommateurs de bois pour réduire l'ampleur de l'exploitation forestière illégale. Le rôle des pays consommateurs dans l'incitation de la demande de bois et de produits en bois, et donc leur contribution à l'exploitation forestière illégale, a été au centre des débats au cours des dernières années. La question se posait particulièrement pour l'UE qui est un grand importateur de bois et de produits en bois à l'échelle mondiale. Plusieurs des pays à partir desquels les États membres de l'UE importent ces produits souffrent du nombre de leurs activités illégales. Encouragée par les discussions menées au cours de la conférence FLEGT de l'Asie de l'Est organisée en septembre 2001, la Commission européenne a publié son Plan d'action relatif à l'application des réglementations forestières, à la gouvernance et aux échanges commerciaux (FLEGT) en mai 2003. Approuvé par le Conseil de l'UE en octobre 2003, il comportait les propositions suivantes :

- Soutien aux pays exportateurs de bois, y compris par des actions encourageant la recherche de solutions équitables au problème de l'exploitation forestière illégale.
- Activités visant à promouvoir le commerce légal du bois, notamment une action pour élaborer et mettre en œuvre des Accords de partenariat volontaire entre l'UE et les pays exportateurs de bois.
- Promotion des politiques de passation des marchés publics, notamment une action visant à fournir aux autorités contractantes des orientations sur la façon de gérer la légalité lors de la spécification du bois dans les procédures de passation des marchés publics.
- Appui à des initiatives du secteur privé, y compris une action visant à encourager les initiatives du secteur privé en faveur des bonnes pratiques dans le secteur forestier, notamment l'utilisation par les entreprises privées de codes de conduite volontaires lors de la recherche de bois légal.
- Sauvegardes pour le financement et l'investissement, notamment une action encourageant les banques et les institutions financières investissant dans le secteur forestier à introduire des procédures de soin diligent dans leurs accords de crédit.
- Utilisation des instruments juridiques existants ou adaptation d'une nouvelle législation pour soutenir le Plan, par exemple la Réglementation de l'UE sur le bois illégal.
- Résolution du problème du « bois de la guerre ».

Pour plus d'information, voir : http://www.euflegt.efi.int/portal/home/flegt_intro/flegt_action_plan/

Déforestation et dégradation forestière

Faibles taux de déforestation et de dégradation des forêts

Les changements de couverture forestière dans le bassin du Congo sont parmi les plus faibles de la ceinture de forêts tropicales humides mondiales. Les taux nets de déforestation sont plus de deux fois plus élevés en Amérique du Sud et quatre fois supérieurs en Asie du Sud-Est. On estime que le Brésil a perdu 0,5 % de ses forêts par an (c'est-à-dire près de 28 000 kilomètres carrés par an) au cours des 30 dernières années, et l'Indonésie 1,0 % par an (12 000 kilomètres carrés par an) (FAO, 2011). En d'autres termes, le Brésil et l'Indonésie perdent actuellement plus de forêt en respectivement deux et quatre ans, que tous les pays du bassin du Congo réunis au cours des 15 dernières années. Le diagramme 1.3 ci-dessous présente la contribution des principaux blocs à la perte mondiale de la couverture de forêts tropicales humides au cours de la période 2000–2005. La contribution de l'Afrique n'a été que de 5,4 % à la perte mondiale estimée, contre 13,8 % pour l'Indonésie et 47,8 % pour le Brésil à lui tout seul.

Les taux de déforestation dans les pays d'Afrique centrale[9] sont les plus faibles d'Afrique subsaharienne. Le tableau 1.7[10] présente les résultats d'une analyse réalisée au niveau mondial, qui considère toutes les régions forestières de la planète. Les chiffres globaux indiquent que les taux de déforestation en Afrique centrale sont non seulement nettement inférieurs à ceux des autres régions forestières dans le monde mais aussi de la plupart des autres régions d'Afrique (voir diagramme 1.4). En termes de superficie, l'Afrique centrale perd annuellement environ 40 % de forêts en moins que l'Afrique australe, 25 % en moins que l'Afrique de l'Ouest, et 15 % en moins que l'Afrique de l'Est, et représente moins d'un cinquième de la superficie forestière totale perdue chaque année sur le continent.

Diagramme 1.3 Contribution à la perte des forêts humides par région

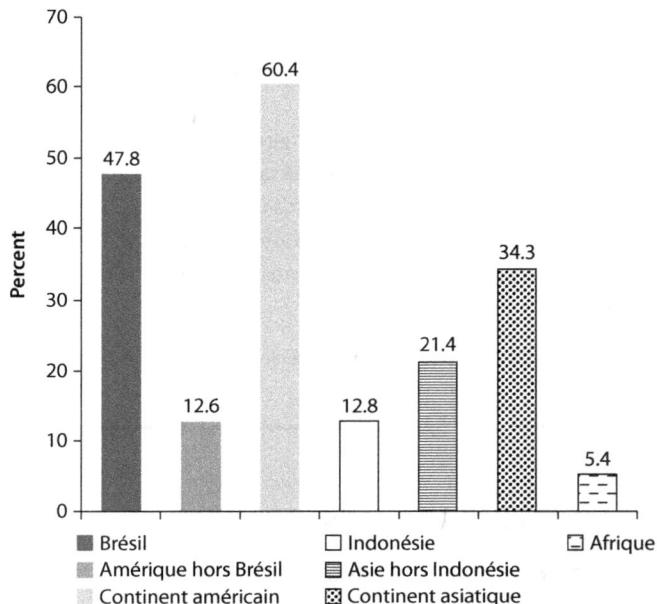

Source : Auteurs, tiré de Hansen et coll., 2008.

Tableau 1.7 Évolution de la superficie des forêts en Afrique et dans d'autres régions forestières[11], 1990–2010

Sous-région	Superficie des forêts ('000 hectares)			Changement annuel ('000 hectares)		Taux annuel de changement %	
	1990	2000	2010	1990–2000	2000–2010	1990–2000	2000–2010
Afrique centrale	268,214	261,455	254,854	–676	–660	–0.25	–0.26
Afrique de l'Est	88,865	81,027	73,197	–784	–783	–0.92	–1.01
Afrique du Nord	85,123	79,224	78,814	–590	–41	–0.72	–0.05
Afrique australe	215,447	204,879	194,320	–1,057	–1,056	–0.50	–0.53
Afrique de l'Ouest	91,589	81,979	73,234	–961	–875	–1.10	–1.12
Ensemble de l'Afrique	749,238	708,564	674,419	–4,067	–3,414	–0.56	–0.49
Asie du Sud-Est	247,260	223,045	214,064	–2,422	–898	–1.03	–0.41
Océanie	198,744	198,381	191,384	–36	–700	–0.02	–0.36
Amérique centrale	96,008	88,731	84,301	–728	–443	–0.79	–0.51
Amérique du Sud	946,454	904,322	864,351	–4,213	–3,997	–0.45	–0.45
Monde	4,168,399	4,085,063	4,032,905	–8,334	–5,216	–0.20	–0.13

Source : FAO 2011.
Note : Pour les besoins de cette analyse, les régions sont composées comme suit :
Afrique centrale : Burundi, Cameroun, Guinée équatoriale, Gabon, Île de l'Ascension et Tristan da Cunha, République centrafricaine, République démocratique du Congo, République du Congo, Rwanda, Sainte-Hélène, Sao Tomé-et-Principe, Tchad ;
Afrique de l'Est : Comores, Djibouti, Érythrée, Éthiopie, Kenya, Madagascar, Maurice, Mayotte, Ouganda, République-Unie de Tanzanie, la Réunion, les Seychelles, Somalie ;
Afrique du Nord : Algérie, Égypte, Libye, Maroc, Mauritanie, Sahara occidental, Soudan, Tunisie ;
Afrique australe : Angola, Botswana, Lesotho, Malawi, Mozambique, Namibie, Afrique du Sud, Swaziland, Zambie, Zimbabwe ;
Afrique de l'Ouest : Bénin, Burkina Faso, Cap-Vert, Côte d'Ivoire, Gambie, Ghana, Guinée, Guinée-Bissau, Libéria, Mali, Niger, Nigeria, Sénégal, Sierra Leone, Togo ;
Asie du Sud-Est : Brunei, Cambodge, Indonésie, Laos, Malaisie, Myanmar, Philippines, Singapour, Thaïlande, Timor-Leste, Vietnam ;
Océanie : Samoa américaines, Australie, États fédérés de Micronésie, Fidji, Guam, Îles Cook, Îles Marianne du Nord, Îles Marshall, Île Norfolk, Îles Salomon, Kiribati, Nauru, Niue, Nouvelle-Calédonie, Nouvelle-Zélande, Palaos, Papouasie-Nouvelle-Guinée, Pitcairn, Polynésie française, Samoa, Tokelau, Tonga, Tuvalu, Vanuatu, Wallis et Futuna ;
Amérique centrale : Belize, Costa Rica, El Salvador, Guatemala, Honduras, Mexique, Nicaragua, Panama ;
Amérique du Sud : Argentine, Bolivie, Brésil, Chili, Colombie, Équateur, Guyane française, Guyana, Îles Falkland (Malouines), Paraguay, Pérou, Suriname, Uruguay, Venezuela.

Les tendances de la déforestation sont encore plus faibles pour les pays du bassin du Congo les plus boisés. Le taux global net de déforestation annuelle dans la forêt ombrophile du bassin du Congo était estimé à 0,09 % pour la période 1990–2000. Au cours de la période 2000–2005, ce taux a pratiquement doublé, correspondant à une perte nette d'environ 300 000 kilomètres carrés par an. Comme le montre le tableau 1.8, si le taux de déforestation s'est stabilisé en République centrafricaine et a même baissé au Gabon, en Guinée équatoriale et au Cameroun, il a sensiblement augmenté en République du Congo et en République démocratique du Congo (Ernst et coll., 2010).

Bien que plus difficile à quantifier, la dégradation des forêts entraine également d'importants changements dans les forêts du bassin du Congo. Comme pour la déforestation, la dégradation globale des forêts dans le bassin du Congo a augmenté au cours des dernières années. Cette tendance est essentiellement induite par la République démocratique du Congo dans la mesure où les taux de

Diagramme 1.4 Variation de la couverture forestière dans les différentes régions d'Afrique (en million hectares)

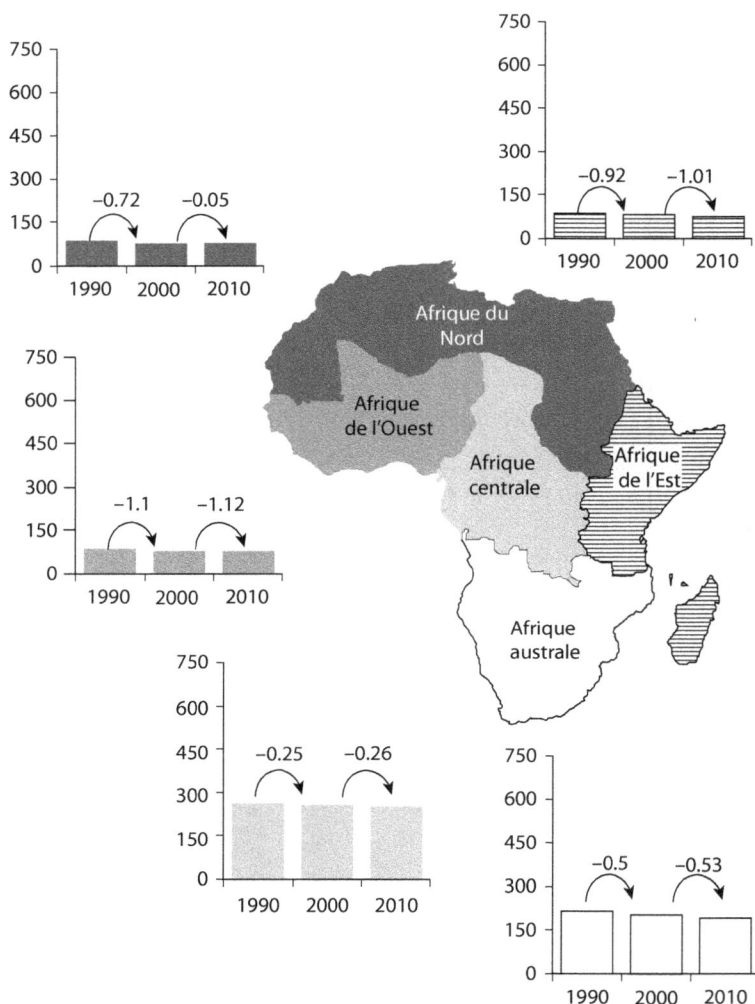

Source : Authors, derived from FAO, 2011.

dégradation se sont globalement stabilisés dans les autres pays ; le Gabon présente même un taux de dégradation négatif indiquant une augmentation globale de la densité des forêts (voir tableau 1.9). Le taux de dégradation nette dans les forêts denses est le résultat d'un calcul entre la dégradation brute et la régénération forestière. Il est toutefois utile de noter que la dégradation n'est quantifiée que sur la base d'un changement significatif détecté dans la couverture forestière et non en termes qualitatifs tels que le changement dans la composition des espèces.

Tableau 1.8 Taux annuels nets de déforestation dans les forêts denses des pays du bassin du Congo au cours des périodes 1990–2000 et 2000–2005 (%)

	Déforestation annuelle nette %	Déforestation annuelle nette %
	1990–2000	2000–2005
Cameroun	0.08	0.03
République centrafricaine	0.06	0.06
République démocratique du Congo	0.11	0.22
République du Congo	0.03	0.07
Guinée équatoriale	0.02	—
Gabon	0.05	0
Ensemble du bassin du Congo	0.09	0.17

Source : de Wasseige et coll., 2012.

Tableau 1.9 Taux annuels nets de dégradation dans les forêts denses des pays du bassin du Congo au cours des périodes 1990–2000 et 2000–2005 (%)

	Dégradation annuelle nette (%)	Dégradation annuelle nette (%)
	1990–2000	2000–2005
Cameroun	0.06	0.07
République centrafricaine	0.03	0.03
République démocratique du Congo	0.06	0.12
République du Congo	0.03	0.03
Guinée équatoriale	0.03	—
Gabon	0.04	–0.01
Ensemble du bassin du Congo	0.05	0.09

Source : de Wasseige et coll., 2012.

La déforestation dans le bassin du Congo est corrélée à la densité de la population et aux activités de subsistance associées (agriculture et énergie) qui ont habituellement lieu au détriment de la forêt. Cette situation est complètement différente de celle que connaissent l'Indonésie, le Brésil et d'autres pays, où les activités agricoles à grande échelle (conversion en pâturages et en plantations) sont de loin les principaux moteurs de la déforestation[12] (Kissinger, 2011). Les centres urbains du bassin du Congo[13] croissent rapidement à raison de 3 à 5 % par an et même davantage (5 à 8 %) pour les villes déjà grandes telles que Kinshasa et Kisangani, Brazzaville et Pointe-Noire, Libreville, Franceville et Port-Gentil, Douala et Yaoundé, et Bata. À l'heure actuelle, la déforestation et la dégradation des forêts sont en conséquence principalement concentrées autour des centres urbains et dans les zones les plus densément peuplées.

Les activités d'exploitation forestière entraînent une dégradation des forêts plutôt qu'une déforestation. Contrairement à ce qui se passe dans les autres régions tropicales, où elles impliquent souvent une transition vers une utilisation différente des terres, les activités d'exploitation forestière dans le bassin du Congo sont hautement sélectives et extensives, et les forêts de production demeurent en permanence boisées. Dans les concessions industrielles, l'extraction du bois est très faible, avec un taux moyen de moins de 0,5 mètre cube par hectare. C'est le résultat de la méthode hautement sélective appliquée dans le bassin du Congo (voir encadré 1.4).

Une protection essentiellement « passive »

La déforestation et la dégradation ont été limitées dans le bassin du Congo à cause d'une combinaison de facteurs divers : faibles densités de la population, instabilité politique, infrastructures médiocres, et environnement des affaires peu propice à l'investissement privé. Ces facteurs ont conduit à une sorte de « protection passive » de la forêt. De plus, les booms pétroliers (ou d'autres ressources naturelles) et les effets du syndrome hollandais[14] dans certains pays du bassin du Congo ont fait grimper les salaires et créé des emplois dans les zones urbaines, stimulant la migration depuis les zones rurales vers les zones urbaines.

• **La densité moyenne de la population est très faible :** Bien que la population totale des six pays soit estimée à 96 millions de personnes en 2010 (Banque mondiale, 2012), le bassin du Congo lui-même est peu peuplé avec une population estimée à 30 millions d'habitants, dont plus de la moitié vivent en milieu urbain, Kinshasa accueillant à elle seule 9 millions de personnes. La densité moyenne de la population rurale est très faible, estimée à 6,5 habitants par kilomètre carré, avec des densités aussi faibles que 1 à 3 habitants

---

Encadré 1.4 Activités d'exploitation forestière hautement sélectives dans le bassin du Congo

Sur la grosse centaine d'espèces généralement disponibles dans les forêts tropicales humides d'Afrique centrale, moins de 13 sont habituellement exploitées. Les trois espèces les plus récoltées sont l'okoumé, le sapelli et l'ayous. Ensemble, elles représentent environ 59 % de la production de bois en Afrique centrale. Même si les pays aimeraient voir plus d'espèces secondaires exploitées dans les forêts du bassin du Congo, les marchés d'exportation sont conservateurs et lents à accepter des espèces secondaires inhabituelles, quelle que soit l'adéquation de leurs caractéristiques techniques. En général, la sélectivité dans l'exploitation forestière augmente lorsque les coûts de récolte sont élevés, parce que les entreprises du bois ont tendance à ne se concentrent que sur les espèces les plus économiquement rentables. Néanmoins, les espèces abattues se diversifient progressivement, bien que jusqu'ici uniquement dans les forêts proches des ports d'exportation et dans d'autres zones présentant de faibles coûts de production (par exemple le Cameroun, les régions côtières du Gabon, le Sud du Congo, et la province du Bas-Congo en République démocratique du Congo) (de Wasseige et coll., 2012).

---

par kilomètre carré dans la cuvette centrale du fleuve Congo. Certaines régions du centre et du nord-est du Gabon, du nord du Congo, et du centre de la République démocratique du Congo feraient partie des 10 % de zones les plus sauvages de la planète[15]. Malgré des taux de croissance démographique élevés, les densités de population dans les zones forestières sont restées faibles à cause de la migration régulière des zones rurales vers les zones urbaines.

- **L'instabilité politique dans la région au cours des 20 dernières années a paralysé le développement économique** : La République centrafricaine, par exemple, a connu de nombreuses rébellions et des conflits sporadiques qui ont entraîné le déplacement de près de 300 000 personnes vers les pays voisins. La République du Congo a vécu une situation similaire. Entre 1997 et 2003, le pays a souffert d'un conflit armé, qui a appauvri le pays et causé des dommages considérables aux infrastructures et à l'économie nationale. En République démocratique du Congo, la mauvaise gestion des ressources par l'État pendant plus de 30 ans, les pillages sporadiques et deux périodes de conflit armé ont détruit une bonne partie des infrastructures et provoqué l'effondrement des institutions.

- **Le mauvais état des infrastructures dans le bassin du Congo a entravé le développement des économies nationales et régionales :** Le secteur agricole a eu particulièrement difficile de passer de l'agriculture de subsistance à un modèle de production plus orienté vers le marché. L'accès extrêmement limité aux marchés dans l'ensemble de la région a rendu pratiquement impossible toute transition vers une forme d'agriculture plus intensive. Les routes de desserte dans les forêts humides sont difficiles à entretenir dans des conditions d'humidité et, dans beaucoup de cas, elles sont impraticables pendant la saison des pluies. En République démocratique du Congo, le transport fluvial s'avère l'un des moyens de transport les plus efficaces ; mais il n'est cependant utilisé que de manière intermittente, en fonction du niveau de l'eau. De plus, la capacité limitée de stockage et de transformation empêche les agriculteurs d'attendre la saison sèche pour accéder aux marchés et y vendre leurs produits. La plupart d'entre eux sont par conséquent complètement isolés des marchés potentiels où ils pourraient vendre leurs récoltes et se procurer des intrants. Cela les empêche de participer à l'économie locale qui pourrait promouvoir la compétition et la croissance. Associées aux difficultés administratives (prolifération des barrages routiers en particulier), les mauvaises infrastructures routières ont également été un obstacle majeur au développement du commerce régional.

Il en est de même pour le secteur minier où la présence d'infrastructures adéquates a été considérée comme une condition préalable à tout nouvel investissement dans les opérations minières. Toutefois, la forte demande de minéraux ainsi que leurs cours élevés ont augmenté l'incitation à développer de nouveaux gisements avec une nouvelle génération d'accords. En fait, ces dernières années, les investisseurs ont de plus en plus eu tendance à offrir de construire les infrastructures associées. Celles-ci peuvent être substantielles et comprendre des routes, des voies ferrées, des centrales électriques (y compris des barrages), des ports, etc. Ces nouveaux accords soulagent d'un grand poids les pays hôtes, qui n'ont généralement pas les capacités financières nécessaires pour couvrir les besoins d'investissement. Ils pourraient permettre de contourner l'une des principales faiblesses du développement des opérations minières dans les pays du bassin du Congo pour.

- **Enfin, la mauvaise gouvernance et le manque de cadres réglementaires clairs ont découragé les investissements privés :** Dans le bassin du Congo, des règles fiscales complexes et souvent arbitraires (Banque mondiale, 2010), associées à un climat d'instabilité et à une faible gouvernance, n'ont pas permis d'attirer les investissement étrangers. De plus, la forte dépendance de certaines de ces économies vis-à-vis du pétrole n'a pas encouragé les États à diversifier leurs économies.

La région du bassin du Congo n'a pas connu l'extension des plantations à grande échelle qu'ont vécue d'autres régions tropicales. Elle présente pourtant un important potentiel agroécologique pour le développement de plusieurs denrées majeures, telles que le soja, la canne à sucre, et le palmier à huile. La médiocrité du réseau de transport, les antécédents de faible productivité des terres et le piteux environnement des affaires constituent dans l'ensemble les principales faiblesses qui réduisent l'attractivité de la région pour les investisseurs. Des terres convenant à l'expansion agricole étant disponibles dans d'autres pays présentant de meilleures conditions d'infrastructures, de productivité, et d'environnement des affaires, le bassin du Congo n'a jusqu'ici pas attiré des investissements notables dans l'agriculture à grande échelle.

Un « profil CEFD » pour les pays du bassin du Congo

La transition forestière est utilisée pour décrire une séquence dans la couverture forestière. La courbe de transition, un concept introduit par Mather (1992), fournit des indications sur les modèles qui pourraient s'appliquer à un pays forestier lorsqu'il progresse le long de sa courbe de développement. Des éléments probants indiquent que la couverture forestière d'un pays diminue lorsque le pays se développe et que les pressions sur les ressources naturelles augmentent. D'après la théorie de la transition forestière (TF) (voir encadré 1.5), dans les premières étapes de leur développement économique, les pays sont caractérisés par une couverture forestière élevée et une faible déforestation (CEFD). La déforestation tend ensuite à augmenter avec le temps et le développement économique jusqu'à ce qu'une couverture forestière minimale soit atteinte. Finalement, toujours selon la théorie de la TF, les pays ralentissent la déforestation et la couverture forestière recommence à s'étendre, normalement en même temps que l'économie se diversifie et que le bien-être et l'emploi dépendent moins des forêts, des terres et d'autres ressources naturelles. La théorie de la TF ne se livre à aucune prédiction particulière, mais met en évidence la corrélation entre le développement et la couverture forestière dans un pays ou une région.

Encadré 1.5 Théorie de la transition forestière. Où se situent les pays du bassin du Congo ?

Les pays du bassin du Congo en sont toujours à la première étape de la transition forestière, avec un profil CEFD (couverture forestière élevée-faible déforestation). Les pays arrivés à la deuxième étape, tels que certaines parties du Brésil, de l'Indonésie et du Ghana, ont de vastes tranches de forêt présentant, aux frontières de la forêt, de forts taux de déforestation dus principalement à l'expansion des terres arables et des pâturages associée à la colonisation. Les pays qui en sont à la troisième étape ont une faible déforestation et une faible couverture forestière caractérisée par des mosaïques forestières et des zones forestières stables. Dans ces pays, tels que l'Inde, même s'ils étaient forts au départ, les taux de déforestation se sont stabilisés parce que les forêts ont été largement déboisées et que des politiques de protection ont été mises en place. D'autres pays, comme le Vietnam et la Chine, ont atteint l'étape quatre, où leur couverture forestière augmente grâce au boisement et au reboisement.

Diagramme E1.5.1 La théorie de la transition forestière: Où se situent les pays du bassin du Congo?

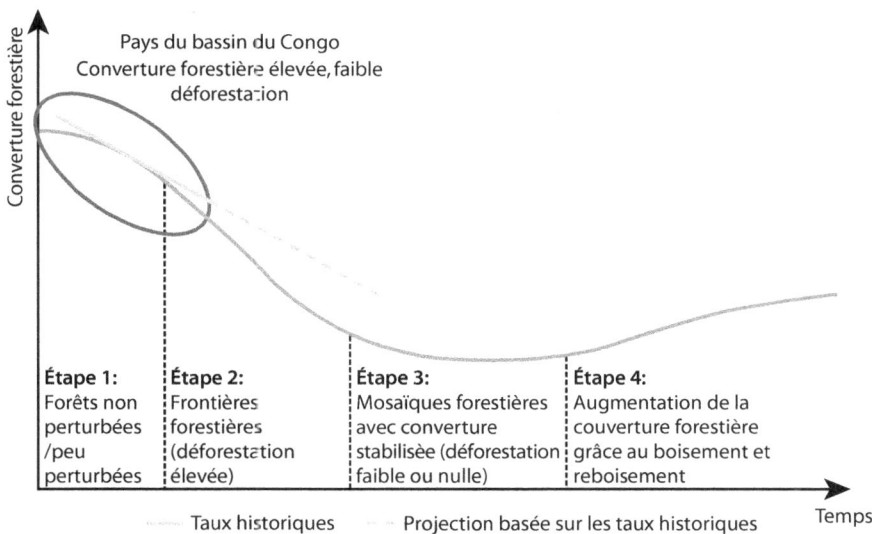

Source : diagramme adapté d'Angelsen et coll., 2008.

La plupart des pays du bassin du Congo en sont encore à la première étape (faible perturbation) de la transition forestière, mais il existe des signes qui tendent à indiquer que la forêt du bassin du Congo subit une pression accrue de diverses forces, telles que l'extraction pétrolière et minérale, la construction des routes, l'agro-industrie, les biocarburants, en plus de l'expansion de l'agriculture de subsistance et de la croissance démographique. De tels facteurs qui pourraient amplifier de manière significative le taux de déforestation et de dégradation des forêts et engager les pays sur une transition vers les étapes ultérieures de la transition forestière au cours des prochaines décennies.

La courbe de la transition forestière n'est en aucun cas inexorable et un saut de phase est possible. Dans le cadre des stratégies de développement à faibles émissions de carbone et des instruments financiers qui y sont associés, en particulier le mécanisme REDD+[16], les pays du bassin du Congo cherchent à élaborer des stratégies de développement qui leur permettraient de sauter la phase de « diminution sévère de la couverture forestière » pour passer directement à un système de développement qui limiterait les impacts négatifs sur les forêts naturelles. Pour y parvenir, il faut une compréhension approfondie des pressions actuelles et futures exercées sur les forêts ainsi qu'un ensemble ambitieux de réformes politiques capables d'ouvrir un chemin de développement plus « respectueux des forêts ».

Notes

1. Selon certains scientifiques, ce système de classification n'est pas satisfaisant parce que les frontières entre certaines écorégions ne correspondent pas à la réalité sur le terrain (PFBC, 2006). Toutefois, de nombreuses ONG de conservation utilisent le concept d'écorégions, entre autres, comme outil de planification de la recherche nécessaire.

2. Les plantes absorbent le dioxyde de carbone à travers la photosynthèse, en libèrent une partie à travers leur respiration et leur décomposition, tandis que le reste est stocké dans la biomasse, la nécromasse et le sol.

3. Les pertes de superficie forestière et de stock de carbone dues à des perturbations naturelles (glissements de terrains, conséquences d'éruptions volcaniques et élévation du niveau de la mer, entre autres) ne sont pas considérées comme de la « déforestation ».

4. Les unités de terres forestières soumises à ce processus de « régénération » sont successivement attribuées à des classes de forêts ayant une densité moyenne du stock de carbone plus élevée. Comme dans le cas de la dégradation, la différence de densité moyenne du stock de carbone entre deux classes contiguës doit être d'au moins 10 %.

5. La contribution au PIB du secteur de la foresterie a progressivement et systématiquement diminué, notamment dans les pays ayant un secteur pétrolier en pleine croissance, tels que la République du Congo, le Gabon et la Guinée équatoriale. En Guinée équatoriale en particulier, la contribution au PIB du secteur forestier a chuté de 17,9 % en 1990 à 0,9 % en 2006 (FAO, 2011).

6. Mise en place en mars 1999, la COMIFAC est une plateforme de travail pour dix pays d'Afrique centrale (Burundi, Cameroun, République du Congo, Gabon, Guinée équatoriale, République centrafricaine, République démocratique du Congo, Rwanda, Sao Tomé-et-Principe, Tchad).

7. Cette section fait référence à toutes les zones protégées dans les pays du bassin du Congo et ne fait pas de distinction entre les zones protégées forestières et non forestières.

8. Selon les catégories I à VI de l'UICN. La distribution exacte des zones protégées entre les différentes catégories de l'UICN est difficile à établir, étant donné les différences de conception entre les parties prenantes et les lois des différents pays.

9. Il faut noter que l'Afrique subsaharienne compte plus de pays que les six fortement boisés couverts par la présente étude.

10. Les données présentées dans ce tableau ont été extraites de la dernière publication de la FAO, « Situation des forêts du monde » (publiée en 2011). Il faut souligner que les données de la FAO diffèrent des données spécifiques au bassin du Congo rassemblées par l'OFAC et présentées dans les rapports « Situation des forêts du bassin du Congo » (éditions 2008 et 2009). Les auteurs se sont basés sur les statistiques de la FAO pour les données mondiales sur les forêts, mais ont utilisé celles de l'OFAC pour les données spécifiques au bassin du Congo.

11. Le tableau ne prend en compte que les principaux contributeurs positifs : l'Asie de l'Est (en particulier la Chine), l'Europe, l'Amérique du Nord (en particulier les États-Unis) et l'Asie du Sud (en particulier l'Inde).

12. « La culture industrielle du soja est à 70 % responsable de la déforestation en Argentine, tandis qu'au Vietnam, les denrées d'exportation, telles que le café, les noix de cajou, les piments, les crevettes (ces dernières affectant les mangroves côtières), le riz, le caoutchouc, sont les moteurs de la déforestation. Les autres pays dont les forêts subissent des impacts commerciaux et industriels importants sont : La RDP du Laos (plantations alimentées par les investissements étrangers directs), le Costa Rica (exportations de viande vers les États-Unis encouragées par les politiques de prêts de l'État), le Mexique (82 % de déforestation dus à l'agriculture et au pâturage), et la Tanzanie (augmentation de la production de biocarburants) » – extrait de la *Policy Brief 3* du CGIAR (Kissinger, 2011).

13. Dans le bassin du Congo, la population totale devrait augmenter d'environ 70 % d'ici 2030

14. Ce concept économique illustre la relation entre l'accroissement de l'exploitation des ressources naturelles dans un pays et le déclin correspondant du secteur manufacturier. L'L'augmentation de l'afflux des revenus issus de l'exportation des ressources naturelles entraîne une appréciation de la monnaie du pays, rendant ses produits manufacturés plus chers pour les autres pays. Le secteur manufacturier devient moins compétitif que les autres pays ayant une monnaie plus faible. Ce phénomène était commun dans les États africains postcoloniaux des années 1990.

15. Suivant l'approche de l'« empreinte humaine » définie par Sanderson et coll. 2002. Source : de Wasseige et coll. 2009.

16. Le concept de la REDD+, tel qu'il est actuellement défini, recouvre « la réduction des émissions dues à la déforestation et à la dégradation des forêts, et le rôle de la conservation, de la gestion durable des forêts, et l'amélioration de la séquestration du carbone dans les forêts ». La portée et la conception du mécanisme de financement associé à la REDD+ sont encore en cours de négociation sous les auspices du CCNUCC (voir chapitre 3).

Références

Angelsen, A., ed. 2008. *Moving Ahead with REDD+: Issues, options and implications*. Bogor, Indonésie : Centre pour la recherche forestière internationale.

Banque mondiale. 2010. *Doing Business 2010*. Disponible en ligne sur: http://www.doing-business.org/, Banque mondiale, Washington, D.C.

Banque mondiale, 2012. *World Development Indicators*, World dataBank on Health Nutrition and Population Statistics HNPS. Accessible au http://databank.worldbank.org/ddp/home.do. Banque mondiale, Washington, DC.

Billand, A. 2012. Biodiversité dans les forêts d'Afrique Centrale : panorama des connais-sances, principaux enjeux et mesures de conservation, in: de Wasseige et coll., 2012. Les forêts du bassin du Congo – État des forêts 2010, Luxembourg : Office des publications de l'Union européenne.

Blaser, J., Sarre, A., Poore, D. et Johnson, S. 2011. Status of Tropical Forest Management 2011. Série technique n° 38. Organisation internationale des bois tropicaux, Yokohama, Japon.

Canadel, J., M. Raupach. 2008. Managing forests for climate change mitigation. *Science*. 320(5882):1456–57.

Cerutti, P.O, Lescuyer, G. 2011. The domestic market for small-scale chainsaw milling in Cameroon: Present situation, opportunities and challenges. Occasional Paper 61. CIFOR, Bogor, Indonésie.

Chapin, F.S., J. Randerson, A.D. McGuire, J. Foley, C. Field. 2008. Changing feedbacks in the climate-biosphere system. *Frontiers in Ecology and the Environment* 6: 313–320.

Chevalier, J.M., Nguema Magnagna, V. et Assoumou, S. 2009 Les forêts du Gabon en 2008. In : de Wasseige et coll., 2012. *Les forêts du bassin du Congo – État des forêts 2010*. Luxembourg : Office des publications de l'Union européenne.

Convention sur la diversité biologique. 2009. Biodiversité et gestion forestière durable dans le bassin du Congo : 10 bonnes pratiques d'aménagement et d'exploitation for-estière combinant biodiversité, réduction de la pauvreté et développement. Montréal, Canada.

DeFries R., Houghton R., Hansen M. 2002. Carbon emissions from tropical deforestation and regrowth based on satellite observations for the 1980s and 90s. PNAS Volume 99, Issue 22:14256–14261. Disponible sur www.pnas.org_cgi_doi_10.1073_pnas .182560099

de Wasseige C., Devers, D. de Marcken, P., Eba'a Atyi, R., Nasi, R., Mayaux, P., 2009. Les forêts du bassin du Congo – État des forêts 2008, Office des publications de l'Union européenne.

de Wasseige, C., de Marcken, P., Hiol-Hiol, F., Mayaux, P., Desclee, B., Nasi, R., Billand, A., Defourny, P., Eba'a Atyi, R. 2012. *Les forêts du bassin du Congo – État des forêts 2010*. Luxembourg : Office des publications de l'Union européenne.

Duveiller G., P. Defourny, B. Desclée, P. Mayaux. 2008. Deforestation in Central Africa: Estimates at regional, national and landscape levels by advanced processing of systematically-distributed Landsat extracts. *Remote Sensing of Environment*, 112 (5), 1969–1981.

Eba'a Atyi, R., D. Devers, C. de Wasseige, F. Maisels. 2008. État des forêts d'Afrique centrale : Synthèse sous-régionale in de Wasseige et coll., *Les forêts du bassin du Congo – État des forêts 2008*. Luxembourg : Office des publications de l'Union européenne.

Ernst, C., A. Verheggen, P. Mayaux, M. Hansen, P. Defourny. 2012. Cartographie du cou-vert forestier et des changements du couvert forestier en Afrique centrale, in: de Wasseige et coll., 2012. *Les forêts du bassin du Congo – État des forêts 2010*. Luxembourg : Office des publications de l'Union européenne.

Ernst, C., A. Verhegghen, C. Bodart, P. Mayaux , C. de Wasseige, A. Bararwandika, G. Begoto, F. Esono Mba, M. Ibara, A. Kondjo Shoko, H. Koy Kondjo, J. S. Makak,

J. D. Menomo Biang, C. Musampa, R. Ncogo Motogo, G. Neba Shu, B. Nkoumakali, C. B. Ouissika, P. Defourny. 2010. Estimate of Forest Cover and Forest Cover Change in the Congo Basin for 1990, 2000 and 2005 by Landsat interpretation using an auto-mated object-based processing chain. The International Archives of the Photogrammetry, remote sensing and spatial Information sciences, XXXVIII-4/C7.

Ervin, J., N. Sekhran, A. Dinu, S. Gidda, M. Vergeichik M, J. Mee. 2010. Protected areas for the 21st century: Lessons from UNDP/GEF's Portfolio, United Nations Development Programme and Convention on Biological Diversity, ISBN 92-9225-247-7, New York and Montreal.

FAO. 2010. Annuaire statistique 2010. http://www.fao.org/docrep/015/am081m/am081m00.htm FAO Rome.

FAO. 2011. *Situation des forêts du monde 2011*. Rome: FAO.

FAOSTAT. 2011. http://faostat.fao.org/, FAO, Rome (consulté en janvier-février 2011).

Hansen, M., S. Stehman, P. Potapov, T. Loveland, J. Townshend, R. Defries, K. Pittman, B. Arunarwati, F. Stolle, M. Steininger, M. Carroll, C. DiMiceli. 2008. Humid tropical forest clearing from 2000 to 2005 quantified by using multitem-poral and multiresolution remotely sensed data. *PNAS*, 105(27): 9439–44.

Harris, N. Brown, S., Hagen, S., Saatchi, S., Petrova, S., Salas, W., Hansen, M., Potapov, P. Lotsch, A., 2012. Baseline Map of Carbon Emissions from Deforestation in Tropical Regions. *Science* 336:1573–76. DOI: 10.1126/science.1217962.

Houghton, J.T., Y. Ding, D.J. Griggs, M. Noguer, P.J. van der Linden, X. Dai, K. Maskell, and C.A. Johnson, eds. 2001. *Climate Change 2001: The Scientific Basis. Contribution of Working Group I to the Third Assessment Report of the Intergovernmental Panel on Climate Change*. Cambridge, UK, and New York: Cambridge University Press.

Ingram, V., Ndoye, O., Iponga, D., Tieguhong, J., Nasi, R. 2012. Les produits forestiers non ligneux : contribution aux économies nationales et stratégies pour une gestion durable. In : de Wasseige et coll., 2012. *Les forêts du bassin du Congo – État des forêts 2010*. Luxembourg : Office des publications de l'Union européenne.

Organisation internationale des bois tropicaux (OIBT), 2011. Situation de la gestion des forêts tropicales. Série technique n° 38. Organisation internationale des bois tropi-caux, Yokohama, Japon.

Kissinger, G., 2011. Linking forests and food production in the REDD+ context. CCAFS Policy Brief no. 3. CGIAR Research Program on Climate Change, Agriculture and Food Security (CCAFS). Copenhague, Danemark.

Langbour, P., Roda, J-M., Koff, Y.A., 2010. Chainsaw Milling in Cameroon: The Northern Trail. *European Tropical Forest Research Network News* 52:129–137.

Lescuyer, G., P. O. Cerutti, E. Essiane Mendoula, R. Eba'a Atyi, R. Nasi. 2012. An Appraisal of Chainsaw Milling in the Congo Basin, in: de Wasseige et coll., 2012. *Les forêts du bassin du Congo – État des forêts 2010*. Luxembourg : Office des publications de l'Union européenne.

Lescuyer, G., Cerutti, P.O., Manguiengha, S.N. and bi Ndong, L.B. 2011. The domestic market for small-scale chainsaw milling in Gabon: Present situation, opportunities and challenges. Occasional Paper 65. CIFOR, Bogor, Indonésie.

Mather, A., 1992. The forest transition. Area Volume 24, Issue 4: 367–379. The Royal Geographical Society. Londres, Royaume-Uni.

Ministère des Forêts et Ministère de l'Environnement (MINFOF-MINEP), 2012. Emplois dans le secteur forestier en 2004 (consulté en ligne sur: http://data.cameroun-foret. com/livelihoods/employees-forestry-sector (MINEF).

Nasi, R., Mayaux, Ph., Devers, D., Bayol, N., Eba'a Atyi, R., Mugnier A., Cassagne, B., Billand, A., Sonwa, D. 2009. A first look at Carbon stock and their variation in Congo Basin forests. in: de Wasseige et coll., 2009. *Les forêts du bassin du Congo – État des forêts 2008*. Luxembourg : Office des publications de l'Union européenne.

Nasi, R., Taber, A. Van Vliet, N. 2011. Empty forests, empty stomachs? Bushmeat and livelihoods in the Congo and Amazon Basins. International Forestry Review. Volume 13, Issue 3:355–368. 2011. Disponible en ligne sur: http://dx.doi.org/10.1505/ 146554811798293872.

Oates, J. F. 1996. African Primates: Status Survey and Conservation Action Plan, revised ed. IUCN, Gland, Suisse.

Olson, D., Dinerstein, E., Wikramanayake, E., Burgess, N., Powell, G., Underwood, E., D'Amico, J., Itoua, I., Strand, H., Morrison, J., Loucks, C., Allnutt, T., Ricketts, T., Kura, Y., Lamoreux, J., Wettengel, W.,. Hedao, P., Kassem, K. 2001. Terrestrial Ecoregions of the World: A New Map of Life on Earth, BioScience, Volume 51, Issue 11:933–938.

OFAC. National Indicators. 2011. www.observatoire-comifac.net, Kinshasa (Consulté en mars 2012).

Olson, D., E. Dinerstein. 2002. The Global 200: Priority Ecoregions for Global Conservation, *Annals of Missouri Botanical Garden*. 89: 199–224.

PFBC-Partenariat pour les forêts du bassin du Congo. 2005. Les forêts du bassin du Congo : Évaluation préliminaire.

PFBC-Partenariat pour les forêts du bassin du Congo. 2006. Les forêts du bassin du Congo : État des forêts 2006. Disponible sur : http://www.giz.de/Themen/de/SID-E1A6CC9F-7E770AE7/dokumente/en-state-of-forests-congo-basin-2006.pdf)

Ruiz Perez, M., O. Ndoye, A. Eyebe et A. Puntodewo. 2000. Spatial Characteristics of Non-timber Forest Products Markets in the Humid Forest Zone of Cameroon. *International Forestry Review* 2(2).

Sanderson, E., M. Jaiteh, M. Levy, K. Redford, A. Wannebo and G. Woolmer, 2002. "The Human Footprint and the Last of the Wild." *BioScience*, 52(10):891–904.

Secrétariat de la Convention sur la diversité biologique et Commission des forêts d'Afrique centrale. 2009. *Biodiversité et gestion forestière durable dans le bassin du Congo*. Montréal : Secrétariat de la Convention sur la diversité biologique.

Shackleton, S., P. Shanley, et O. Ndoye. 2007. Invisible but Viable: Recognising Local markets for Non-timber Forest Products. *International Forestry Review* 9(3):697–712. Disponible en ligne sur : doi: http://dx.doi.org/10.1505/ifor.9.3.697.

Verheggen & Deforny. 2010. A. Verhegghen, C. Ernst, P. Defourny, R. Beuchle, Automated Land Cover Mapping and Independent Change Detection in Tropical Forests Using Multi-Temporal High Resolution Data Set. *The International Archives of the Photogrammetry*, remote sensing and spatial Information sciences, XXXVIII-4/ C7.

West, P.C., G. Narisma, C. Barford, C. Kucharik, J. Foley. 2011. An alternative approach for quantifying climate regulation by ecosystems. *Frontiers in Ecology and the Environment* 9: 126–133. Disponible en ligne sur: http://dx.doi.org/10.1890/090015.

Wollenberg, E., Campbell, B.M., Holmgren, P., Seymour, F., Sibanda, L. and Braun, J. von. 2011. Actions needed to halt deforestation and promote climate-smart agriculture. CCAFS Policy Brief 4. Climate Change Agriculture and Food Security CCAFS. Copenhague, Danemark:.

WWF. 2012. World Wildlife Fund for Nature, Forests of the Green Heart of Africa. Disponible en ligne sur: http://wwf.panda.org/what_we_do/where_we_work/congo_ basin_forests/the_area/ecosystems_congo/forests/

Quels seront les facteurs de déforestation dans le bassin du Congo ? Une analyse multisectorielle

Comme le souligne la dernière section du Chapitre 1, en dépit de leurs faibles taux historiques de déforestation, les pays du bassin du Congo pourraient entrer dans une nouvelle phase de développement économique susceptible d'accroître les pressions sur les forêts. En 2008, les pays du bassin du Congo, les bailleurs de fonds et les organisations partenaires ont convenu d'unir leurs efforts pour conduire une étude scientifique sérieuse visant à analyser de façon approfondie, les principaux facteurs de déforestation et de dégradation des forêts dans le bassin du Congo. L'objectif global était une analyse approfondie des principaux facteurs de déforestation et de dégradation forestière. L'objectif spécifique était l'élaboration d'un modèle économique régional permettant de construire différents scénarios pour les impacts potentiels des activités économiques sur le couvert forestier au cours des 20 à 30 prochaines années.

Ce Chapitre 2 présente les principaux résultats de cet exercice de recherche, réalisé au cours des deux dernières années en étroite collaboration avec les pays du bassin du Congo et la COMIFAC (Commission des Forêts d'Afrique Centrale). L'exercice combinait de sérieuses analyses sectorielles des principaux secteurs de l'économie (transport, agriculture, exploitation forestière, énergie et exploitation minière), un exercice de modélisation et des consultations régulières et itératives avec des experts techniques de la région. Le Chapitre 2 est structuré comme suit : une première section présente le principe sous-tendant la dynamique de la déforestation ainsi que l'approche de modélisation adoptée pour l'exercice proposé dans le bassin du Congo ; et une deuxième section résume ensuite les changements dans certains secteurs économiques clés du bassin du Congo ainsi que leurs éventuels impacts futurs sur les forêts du bassin du Congo.

Dynamique de la déforestation et de la dégradation des forêts dans le bassin du Congo

Causes immédiates et sous-jacentes de la déforestation

La détermination des forces déterminant des changements dans l'utilisation/la couverture des terres est un exercice complexe. La pression humaine sur les forêts est définie par un ensemble réunissant leur accès au marché, leur potentiel pour l'agriculture et la sécurité foncière (Chomitz et coll., 2007). Selon les travaux de Geist et Lambin (2001), la déforestation tropicale résulte d'une combinaison de facteurs économiques, institutions, politiques nationales et causes distantes (voir diagramme 2.1).

- **Les causes immédiates** de la déforestation sont les activités humaines, généralement menées au niveau local, qui affectent l'utilisation des terres et l'impact sur le couvert forestier. Elles font habituellement partie de l'expansion agricole – comme, notamment, l'agriculture itinérante ou l'élevage extensif de bétail, l'extraction du bois (à travers l'exploitation forestière ou la production de charbon de bois) – et de l'extension des infrastructures – notamment l'expansion des installations humaines, les infrastructures de transport ou les infrastructures de marché.

- Sous-tendant ces causes immédiates, les **causes sous-jacentes** constituent un ensemble de facteurs économiques, liés aux politiques et institutionnels, technologiques, culturels ou sociopolitiques et démographiques. Les autres facteurs associés à la déforestation comprennent les caractéristiques des terrains (ex.: inclinaison et topographie), celles de l'environnement biophysique (compactage du sol, conditions de sécheresse), et des événements sociaux déclencheurs, tels que les troubles sociaux ou les déplacements des réfugiés.

Les causes et les moteurs de la déforestation tropicale ne peuvent toutefois pas être réduits à quelques variables. L'interaction de plusieurs facteurs tant immédiats que sous-jacents a un effet synergétique sur la déforestation. D'importants facteurs institutionnels et liés aux politiques sous-jacents, tels que les politiques officielles de l'État, le climat politique et les systèmes de droits de propriété, ont le plus fort impact sur les causes immédiates, tandis que les facteurs économiques dominent le modèle global de la fréquence d'apparition des causes (Geist et coll, 2002).

Principales causes de la déforestation dans le bassin du Congo

En Afrique centrale, l'expansion des terres agricoles est la cause immédiate la plus communément citée de la déforestation tropicale. À l'aide d'une évaluation basée sur un SIG, Zhang et coll. (2002) ont déterminé que l'agriculture de subsistance à petite échelle était le principal facteur de déforestation en Afrique centrale, en particulier à la limite entre les forêts humides et les terres non boisées exploitées, où les forêts sont plus accessibles. Une interprétation détaillée des

Diagramme 2.1 Causes immédiates et sous-jacentes de la déforestation et de la dégradation des forêts

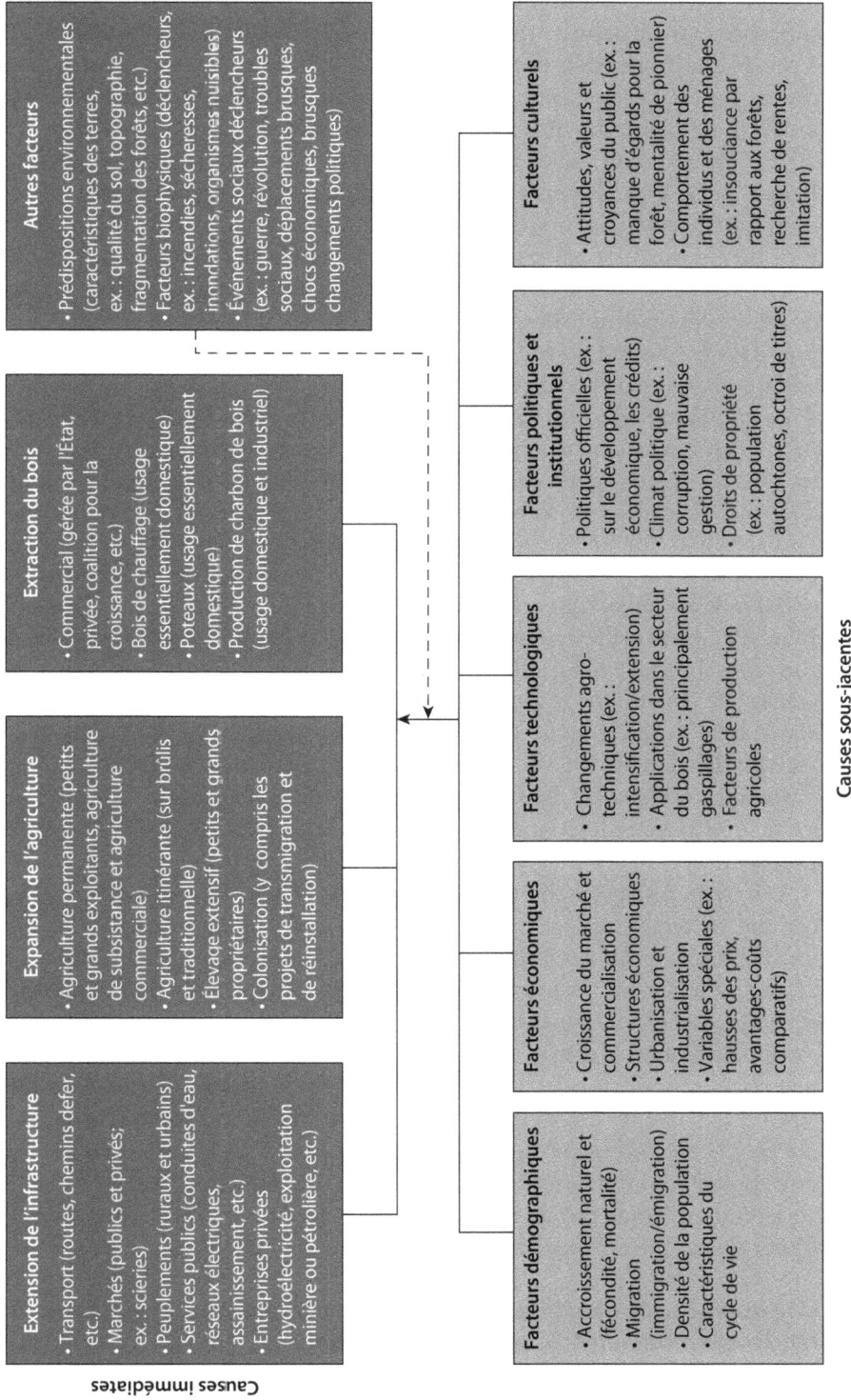

Causes immédiates

Extension de l'infrastructure
- Transport (routes, chemins defer, etc.)
- Marchés (publics et privés; ex.: scieries)
- Peuplements (ruraux et urbains)
- Services publics (conduites d'eau, réseaux électriques, assainissement, etc.)
- Entreprises privées (hydroélectricité, exploitation minière ou pétrolière, etc.)

Expansion de l'agriculture
- Agriculture permanente (petits et grands exploitants, agriculture de subsistance et agriculture commerciale)
- Agriculture itinérante (sur brûlis et traditionnelle)
- Élevage extensif (petits et grands propriétaires)
- Colonisation (y compris les projets de transmigration et de réinstallation)

Extraction du bois
- Commercial (gérée par l'État, privée, coalition pour la croissance, etc.)
- Bois de chauffage (usage essentiellement domestique)
- Poteaux (usage essentiellement domestique)
- Production de charbon de bois (usage domestique et industriel)

Autres facteurs
- Prédispositions environnementales (caractéristiques des terres, ex.: qualité du sol, topographie, fragmentation des forêts, etc.)
- Facteurs biophysiques (déclencheurs, ex.: incendies, sécheresses, inondations, organismes nuisibles)
- Événements sociaux déclencheurs (ex.: guerre, révolution, troubles sociaux, déplacements brusques, chocs économiques, brusques changements politiques)

Causes sous-jacentes

Facteurs démographiques
- Accroissement naturel et (fécondité, mortalité)
- Migration (immigration/émigration)
- Densité de la population
- Caractéristiques du cycle de vie

Facteurs économiques
- Croissance du marché et commercialisation
- Structures économiques
- Urbanisation et industrialisation
- Variables spéciales (ex.: hausses des prix, avantages-coûts comparatifs)

Facteurs technologiques
- Changements agro-techniques (ex.: intensification/extension)
- Applications dans le secteur du bois (ex.: principalement gaspillages)
- Facteurs de production agricoles

Facteurs politiques et institutionnels
- Politiques officielles (ex.: sur le développement économique, les crédits)
- Climat politique (ex.: corruption, mauvaise gestion)
- Droits de propriété (ex.: population autochtones, octroi de titres)

Facteurs culturels
- Attitudes, valeurs et croyances du public (ex.: manque d'égards pour la forêt, mentalité de pionnier)
- Comportement des individus et des ménages (ex.: insouciance par rapport aux forêts, recherche de rentes, imitation)

Source: Geist et Lambin (2001).

67

images système d'information géographique a également confirmé la relation supposée entre la déforestation et l'accessibilité des forêts (Zhang et coll., 2005), à savoir que l'extension des infrastructures, principalement la construction des routes, apparaît également comme une importante cause immédiate de déforestation et de dégradation des forêts dans le bassin du Congo (Duveiller et coll., 2008). Par exemple, la construction, achevée en 2003, de la route Douala-Bangui reliant le Cameroun à la République centrafricaine sur 1 400 kilomètres à travers le nord-ouest du bassin du Congo a encouragé une exploitation forestière massive, le braconnage et la perte des forêts (Laurance et coll., 2009).

Les tendances démographiques constituent une cause sous-jacente majeure de déforestation dans le bassin du Congo. Les tendances actuelles de la déforestation dans le bassin du Congo sont largement liées à l'expansion des activités de subsistance (agriculture et énergie) et sont donc fortement corrélées aux modèles démographiques. À ce titre, la déforestation et la dégradation des forêts ont été jusqu'ici principalement concentrées autour des centres urbains et dans les zones les plus densément peuplées. Même si les pays du bassin du Congo ont encore des taux globalement faibles de densité de population, les tendances de l'urbanisation sont en hausse: les centres urbains du bassin du Congo se développent rapidement, à un taux de 3 à 5 % par an, voire plus (5 à 8 %) dans les déjà grandes villes telles que Kinshasa et Kisangani, Brazzaville et Pointe-Noire, Libreville, Franceville et Port-Gentil, Douala et Yaoundé et Bata. À elle seule, Kinshasa abrite 9 millions d'habitants. Ces centres urbains en pleine croissance créent une dynamique et des besoins nouveaux en matière d'approvisionnement alimentaire et énergétique (principalement le charbon de bois), qui ne seront vraisemblablement satisfaits qu'en accroissant la pression sur les zones forestières. Le tableau 2.1 illustre la dynamique de la population dans les pays du bassin du Congo et le diagramme 2.2 ci-dessous montre les tendances passées de l'urbanisation.

Les zones rurales de forêt tropicale sont de plus en plus densément peuplées comme en témoigne la multiplication des centres urbains de plus de 100 000 habitants (cf. territoires proches des grands centres urbains). En milieu rural, Zhang et coll. ont également montré à travers par système d'information géographique (SIG), que le taux annuel de défrichement en forêt dense est fortement corrélé avec la densité de la population rurale. Ils ont aussi mis en évidence une relation positive entre la forêt dense dégradée au cours des années 1980 et 1990 et la zone de forêt dégradée antérieure aux années 1980 (Zhang et coll., 2006). Les zones de transition entre la forêt tropicale et la savane, où les densités de population sont habituellement beaucoup plus élevées (jusqu'à 150 habitants au kilomètre carré) ont aussi des taux de déforestation ou de dégradation des forêts généralement importants.

Une approche de modélisation pour mieux comprendre l'impact des tendances mondiales sur le bassin du Congo

La nature et l'ampleur de la déforestation sont susceptibles de subir des changements majeurs dans le bassin du Congo au cours des vingt prochaines

Tableau 2.1 Population rurale/urbaine et tendances de l'urbanisation dans les pays du bassin du Congo

	1995	2000	2005	2010
Cameroun				
Population totale	13,940,337	15,678,269	17,553,589	19,598,889
Croissance de la population (%)	2.55	2.29	2.24	2.19
Population urbaine (% du total)	45.3	49.9	54.3	58.4
Croissance de la population urbaine (%)	4.6	4.15	3.87	3.6
République centrafricaine				
Population totale	3,327,710	3,701,607	4,017,880	4,401,051
Croissance de la population (%)	2.44	1.89	1.65	1.9
Population urbaine (% du total)	37.2	37.6	38.1	38.9
Croissance de la population urbaine (%)	2.66	2.1	1.91	2.31
République démocratique du Congo				
Population totale	44,067,369	49,626,200	57,420,522	65,965,795
Croissance de la population (%)	3.27	2.44	2.94	2.71
Population urbaine (% du total)	28.4	29.8	32.1	35.2
Croissance de la population urbaine (%)	3.69	3.38	4.39	4.48
République du Congo				
Population totale	2,732,706	3,135,773	3,533,177	4,042,899
Croissance de la population (%)	2.74	2.6	2.51	2.54
Population urbaine (% du total)	56.4	58.3	60.2	62.1
Croissance de la population urbaine (%)	3.48	3.25	3.14	3.16
Guinée équatoriale				
Population totale	442,527	520,380	607,739	700,401
Croissance de la population (%)	3.34	3.2	3	2.79
Population urbaine (% du total)	38.8	38.8	38.9	39.7
Croissance de la population urbaine (%)	5.47	3.2	3.05	3.2
Gabon				
Population totale	1,087,327	1,235,274	1,370,729	1,505,463
Croissance de la population (%)	2.95	2.33	1.96	1.87
Population urbaine (% du total)	75.4	80.1	83.6	86
Croissance de la population urbaine (%)	4.64	3.51	2.8	2.43

Source : Auteurs, à partir de la base de données des indicateurs de la Banque mondiale (base de données mondiale des statistiques en matière de santé, de nutrition et de population, consultée en mars 2012).

années. La déforestation et la dégradation des forêts ont, dans l'ensemble, été faibles par rapport aux autres blocs de forêts tropicales. En Afrique centrale, elles ont traditionnellement eu pour causes principales, l'agriculture itinérante et la récolte du bois de chauffage. Certains signes montrent toutefois que la forêt du bassin du Congo subit une pression croissante et indiquent que l'ampleur de la déforestation pourrait s'accroître dans un futur proche sous l'effet combiné de l'amplification des facteurs déjà existants et de l'émergence de nouveaux moteurs.

Diagramme 2.2 Population urbaine dans les pays du bassin du Congo de 1995 à 2010

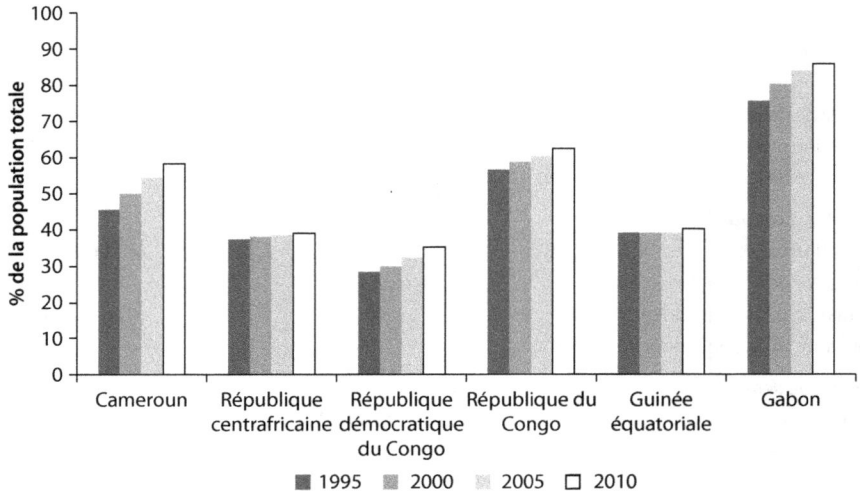

Source : Auteurs, à partir de la base de données des indicateurs de la Banque mondiale (base de données mondiale des statistiques en matière de santé, de nutrition et de population, consultée en mars 2012).

• Les facteurs de déforestation existants (essentiellement endogènes) devraient s'amplifier. Les facteurs démographiques (croissance et profil rural/urbain de la population) sont les causes déterminantes de la déforestation et de la dégradation des forêts dans le bassin du Congo (Zhang et coll., 2006). Si les taux actuels de croissance démographique restent constants, la population du bassin du Congo doublera d'ici 2035–2040. Dans la plupart des pays du bassin du Congo, la population est encore largement engagée dans les activités agricoles de de subsistance et dépend essentiellement du bois de chauffage en tant que source d'énergie domestique.

• De nouveaux facteurs, exogènes par nature, sont en train d'émerger dans le contexte actuel de mondialisation croissante de l'économie. Les pays du bassin du Congo sont médiocrement connectés aux marchés mondiaux et les facteurs de déforestation ont par conséquent été jusqu'ici essentiellement endogènes (essentiellement induits par la population). Toutefois, certains signes montrent que le bassin du Congo pourrait ne plus être épargné par la demande mondiale de matières premières (directement ou indirectement), avec la pression croissante de diverses forces, notamment l'extraction pétrolière et minière, le développement des routes, l'agro-industrie et les biocarburants.

Un modèle a été élaboré pour étudier les impacts des facteurs endogènes et exogènes sur les dynamiques de déforestation et de changement d'utilisation des terres dans le bassin du Congo, ainsi que les émissions de gaz à effet de serre (GES) résultantes, d'ici 2030. En effet, le profil CEFD des pays du bassin du

Congo justifiait l'utilisation d'une analyse prospective pour prévoir la déforestation, dans la mesure où les tendances historiques étaient considérées comme inappropriées pour déterminer correctement la nature future et l'amplitude des facteurs de déforestation. En conséquence, une approche de modélisation macro-économique, basée sur le modèle GLOBIOM (*Global Biomass Optimization Model* – modèle mondial d'optimisation de la biomasse), a été adoptée afin de prendre en compte les paramètres mondiaux de manière appropriée.

GLOBIOM est un modèle d'équilibre partiel qui ne prend en compte que certains secteurs de l'économie. Comme tous les modèles, GLOBIOM simplifie une réalité complexe en ne mettant en évidence que certaines variables et relations causales pour expliquer le changement d'utilisation des terres sur la base d'un ensemble d'hypothèses relatives au comportement de l'agent et au fonctionnement des marchés (voir encadré 2.1). GLOBIOM ne prend en compte que les principaux secteurs impliqués dans l'utilisation des terres, à savoir l'agriculture, la foresterie et la bioénergie. Il s'agit d'un modèle d'optimisation qui recherche les plus hauts niveaux possible de production et de consommation, pour une ressource et des contraintes technologiques et politiques dans l'économie données (McCarl et Spreen, 1980). Dans le modèle GLOBIOM, la demande est induite de manière exogène. Certaines projections sont calculées par d'autres équipes d'experts sur des sujets tels que la croissance démographique, la croissance du PIB. L'utilisation des bioénergies et la structure de consommation alimentaire sont utilisées pour définir le point de départ de la consommation à chaque période et dans chaque région. La procédure d'optimisation s'assure ensuite que la répartition spatiale de la production minimise le coût des ressources, de la technologie, de la transformation et des échanges commerciaux. Les quantités finales à l'équilibre résultent d'une procédure itérative entre l'offre

---

Encadré 2.1 Le modèle GLOBIOM : les hypothèses sous-jacentes

GLOBIOM repose principalement sur des hypothèses économiques néo-classiques. Les agents sont rationnels : les consommateurs souhaitent maximiser leur utilité et les producteurs maximiser leurs profits. Les marchés sont parfaitement concurrentiels, sans coût ni d'entrée ni de sortie et avec des biens homogènes qui impliquent que les agents n'ont aucun pouvoir de marché et qu'à l'équilibre, les profits sont égaux à zéro. Les prix à l'équilibre veillent à l'égalité entre l'offre et la demande. Les agents ont une connaissance parfaite, c'est-à-dire qu'aucune incertitude n'est prise en compte. Nous supposons que les acheteurs sont distincts des vendeurs, de sorte que les décisions de consommation et de production sont prises séparément. De plus, les marchés sont définis au niveau régional, ce qui signifie que les consommateurs sont supposés payer le même prix dans toute la région. Les prix de vente pourraient toutefois être différents à travers la région, parce que les coûts de production et de transport intérieur sont définis au niveau pixel.

---

et la demande, où les prix convergent finalement vers un prix unique du marché. L'Annexe 1 donne une description détaillée du modèle GLOBIOM.

GLOBIOM est conçu pour analyser les changements dans l'utilisation des terres à travers le monde[1]. Les processus biophysiques ont modélisé la production agricole et forestière. Le calcul repose sur un ensemble de données spatialement explicites, qui intègre des facteurs liés au sol, au climat/aux conditions météorologiques, à la topographie, à la couverture/utilisation des terres et à la gestion des cultures. La carte de la couverture des terres pour l'année 2000 est tirée de GLC2000. Les potentiels de récolte sur les terres cultivées sont calculés avec le modèle EPIC (William, 1995), qui détermine le rendement des cultures et les besoins d'intrants sur la base des relations entre les types de sol, le climat, l'hydrologie, etc. Le potentiel de récolte durable du bois dans les forêts gérées est calculé sur la base des équations de croissance des forêts du modèle G4M. Le modèle GLOBIOM s'appuie sur des bases de données détaillées pour le calibrage initial de l'année de référence, les paramètres techniques et les projections. Afin de reproduire les quantités observées pour l'année de référence (2000), le modèle GLOBIOM est calibré à l'aide de la programmation mathématique positive (Howitt, 1995), qui consiste à ajuster le coût de production en utilisant les doublons sur les contraintes de calibrage. Ce processus est censé corriger les problèmes de spécification du modèle et l'omission d'autres contraintes non observables auxquelles est confrontée la production. Il est utilisé pour calibrer les cultures, le bois débité, la pâte de bois et la production de calories animales.

GLOBIOM est un modèle mondial de simulation qui divise le monde en 28 régions. L'une de celles-ci est le bassin du Congo (les six pays très boisés couverts par l'étude). Il est important de regarder le reste du monde lorsqu'on étudie les changements dans l'utilisation des terres d'une région parce que les chocs locaux affectent les marchés internationaux et *vice versa*. En outre, il existe d'importants effets de fuite. Les flux commerciaux bilatéraux sont calculés de manière endogène entre chaque paire de régions, en fonction des coûts nationaux de production et de transaction (tarifs et coûts de transport).

Le modèle CongoBIOM est une adaptation du GLOBIOM[2]. La région du bassin du Congo a été spécialement créée dans le modèle GLOBIOM, avec des détails et une résolution supplémentaires pour les six pays du bassin du Congo. Les activités basées sur les terres et les changements dans l'utilisation des terres ont été modélisés au niveau de l'unité de simulation dont la taille varie entre 10 × 10 kilomètres et 50 × 50 kilomètres. Les coûts de transport intérieurs ont été calculés sur la base du réseau d'infrastructure existant et planifié, les zones protégées et les concessions forestières ont été délimitées, et les statistiques nationales disponibles ont été collectées pour alimenter le modèle (IIASA, 2011 et Mosnier, 2012). Le calibrage du modèle CongoBIOM a été effectué à l'aide des données recueillies dans les six différents pays par une équipe d'experts nationaux et internationaux.

Le modèle CongoBIOM a été utilisé pour évaluer les impacts d'une série de « chocs politiques » identifiés par les experts des pays du bassin du Congo lors des ateliers de consultations. L'approche méthodologique a d'abord consisté à rechercher quel pouvait être le niveau de référence (ligne de base) des émissions dues à la déforestation dans le bassin du Congo en absence de mesures supplémentaires pour prévenir ou limiter la déforestation. Des scénarios « chocs » ont été testés en plus de la ligne de base, avec différentes hypothèses relatives à la demande mondiale de viande et de biocarburants, aux coûts de transport intérieur et à la croissance du rendement des cultures (tableau 2.2). La sélection des chocs politiques a été basée sur une étude documentaire et a ensuite été validée au cours de deux ateliers régionaux réunissant des experts locaux. Les chocs politiques ont été choisis pour décrire les impacts de facteurs tant intérieurs qu'extérieurs: extérieurs : S1 : augmentation de la demande mondiale de viande ; S2 : augmentation de la demande mondiale de biocarburants et ; intérieurs : S3 : amélioration des infrastructures de transport ; S4 : réduction de la consommation de bois de chauffage ; et S5 : amélioration des technologies agricoles. Le tableau 2.2 décrit les scénarios utilisés au cours de l'exercice de modélisation dans le bassin du Congo (ainsi que les principaux résultats). Les objectifs étaient de : i) mettre en évidence les mécanismes à travers lesquels la déforestation pourrait apparaître dans le bassin du Congo (induits par des facteurs intérieurs et extérieurs) et ii) tester la sensibilité de la zone déboisée ainsi que les émissions de GES dues à la déforestation par rapport à différents facteurs. Le diagramme 2.3 et l'encadré 2.2 ci-dessous présentent et analysent les résultats des différents chocs sur la couverture forestière dans le bassin du Congo à horizon de 2030.

La disponibilité et la qualité des données ont été un défi majeur au cours de l'approche de modélisation. Les paramètres d'entrée spatialement explicites sont essentiellement liés à la disponibilité des ressources, aux coûts de production et aux potentiels de production. Les zones cultivées récoltées ainsi que les stocks de carbone forestier ont été déterminés au niveau pixel par des méthodes de réduction d'échelle également sujettes à des erreurs. L'incertitude liée à la couverture des terres est particulièrement grande dans le bassin du Congo à cause de la permanence des nuages et du nombre limité des images anciennes. Malgré l'effort important pour améliorer tant la disponibilité que la qualité des données utilisées dans le modèle (grâce à une campagne de collecte des données dans l'ensemble des six pays), il y avait encore des limites, et il a donc été décidé que l'exercice de modélisation devrait essentiellement être utilisé pour renforcer la compréhension de la dynamique et des chaînes causales (facteurs intérieurs/extérieurs) de la déforestation dans le bassin du Congo. Les résultats quantitatifs du modèle présentés par le diagramme 3 et l'encadré 2 doivent être pris avec une extrême prudence et être plutôt utilisés comme une base de comparaison entre les différents scénarios. La validation des données d'entrée nécessiterait des statistiques supplémentaires à un niveau de résolution plus fin, sur plusieurs années.

Le modèle CongoBIOM donne de précieuses indications sur l'interaction entre l'évolution macroéconomique et l'exposition des forêts du bassin du Congo aux chocs et menaces exogènes. Les résultats du modèle CongoBIOM, lorsqu'ils existent, seront présentés tout au long de la section suivante du présent rapport. Les principaux résultats de l'exercice de modélisation sont les suivants et seront présentés plus en détail dans les sections sectorielles ci-après.

Tableau 2.2 Chocs politiques testés avec CongoBIOM et principaux résultats (IIASA, 2011)

Scénarios	Description	Principaux résultats
Situation de référence	Statut quo en utilisant les projections standard des principaux facteurs du modèle.	Le taux de déforestation est proche du taux historique de déforestation de la période 2020–2030 (0,4 million d'hectares par an). Les gains de productivité permettent d'éviter une expansion de près de 7 millions d'hectares de terres agricoles (l'équivalent de l'expansion prévue pour les terres agricoles).
S1 : Viande	Statut quo avec une plus forte demande mondiale de viande. Dans ce scénario, la demande de calories animales augmente de 15 % par rapport aux prévisions de la FAO pour 2030.	Les pays du bassin du Congo restent des producteurs marginaux de viande. La superficie moyenne déboisée au cours de la période 2020–2030 augmente encore de 20 % au Congo par rapport au scénario de base. Avec l'augmentation des cours mondiaux de la viande et des aliments pour le bétail, les importations des denrées alimentaires et aliments pour le bétail diminuent et la production locale augmente, entraînant une déforestation.
S2 : Biocarburants	Statut quo avec une plus forte demande mondiale de biocarburants de première génération. Ce scénario prévoit un doublement de la demande de biocarburants de première génération par rapport aux projections du modèle POLES pour 2030.	Les pays du bassin du Congo restent des producteurs mondiaux marginaux de matières premières destinées aux biocarburants. La superficie moyenne déboisée au cours de la période 2020–2030 augmente encore de 36 % au Congo par rapport à la situation de base. Avec l'augmentation des cours mondiaux de l'huile de palme et des produits agricoles, les importations de denrées alimentaires diminuent et la production locale d'huile de palme et de denrées alimentaires augmente, entraînant une déforestation.
S3 : Infrastructures	Statut quo avec prise en compte des infrastructures de transport prévues. Le retour de la stabilité politique, la bonne gouvernance et de nouveaux projets favorisent une multiplication des projets de restauration des systèmes de transport existants et contribuent à la mise en place d'un nouveau système de transport. Le modèle a pris en compte tous les projets pour lesquels le financement est certain.	L'apport en calories par habitant augmente de 3 % par rapport au scénario de base. Le bassin du Congo améliore sa balance commerciale agricole avec une augmentation des exportations et une réduction des importations de produits alimentaires. La superficie totale déboisée est multipliée par 3 (+ 234 %) et les émissions dues à la déforestation, par plus de 4.
S4 : Bois de chauffage	Statut quo avec une réduction de la consommation de bois de chauffage par habitant de 1 mètre cube à 0,8 mètre cube par an.	Sur les 0,4 million d'hectares déboisés par an dans la situation de référence, 30 % sont imputables au bois de chauffage. Une réduction de 20 % de la consommation de bois de chauffage entraîne donc une baisse de 6 % de la déforestation totale par rapport au scénario de maintien du statu quo.
S5 : Changement technologique – Augmentation de la productivité agricole	Statut quo avec une augmentation de la productivité agricole. Le modèle suppose que l'augmentation de productivité est proportionnelle dans tous les systèmes de gestion et n'implique pas des coûts de production plus élevés pour les agriculteurs (modélisation, par exemple, de la mécanisation agricole ou subventions pour des semences de meilleure qualité). Les rendements ont doublé pour les cultures vivrières et augmenté de 25 % pour les cultures de rente.	L'apport en calories par habitant augmente de 30 % et les importations diminuent. Augmentation des émissions dues à la déforestation de 51 % sur la période 2020–2030 parce que la consommation augmente plus vite que la productivité agricole.

Encadré 2.2 Résultats du modèle CongoBIOM

La moyenne annuelle des superficies déboisées varie entre 0,4 et 1,3 million d'hectares au cours de la période 2020–2030 suivant les différents scénarios ; les émissions de CO_2 dues à la déforestation varient entre 5 et 20 % des émissions mondiales de CO_2 dues à la déforestation. Le scénario ayant l'impact le plus négatif sur la couverture forestière du bassin du Congo est clairement celui portant sur l'amélioration des infrastructures de transport (voir diagramme E.2.2.1.) Cela indique que le futur niveau de la déforestation dépend d'abord des politiques nationales qui seront mises en oeuvre dans le bassin du Congo en accompagnement de la réalisation des infrastructures de transport.

Diagramme E2.2.1 Résultats des chocs politiques en termes de superficies déboisées annuellement dans le cadre des différents scénarios, pour la période 2020–2030

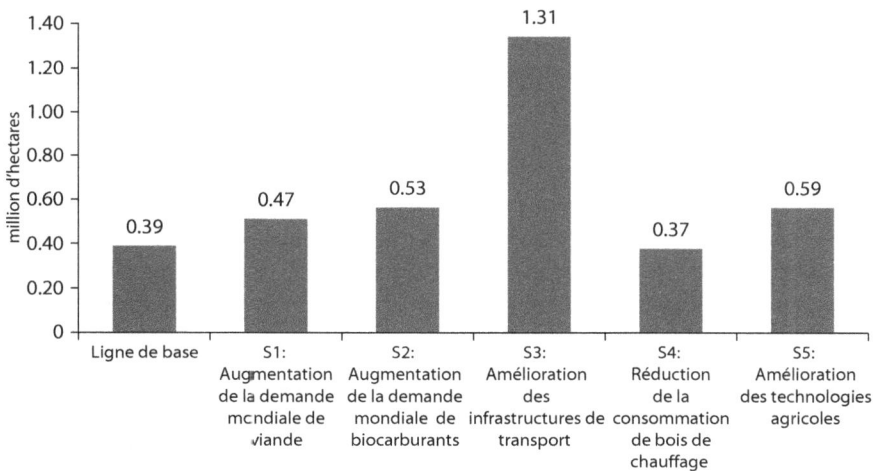

Source : IIASA, 2011.

- Le modèle confirme que les pressions sur les forêts du bassin du Congo pourraient augmenter dans les prochaines décennies. Il souligne que le bassin du Congo a jusqu'ici été passablement isolé des marchés internationaux en raison de gros handicaps internes. C'est l'une des raisons du faible taux de déforestation qu'a connu la région par rapport à d'autres régions tropicales qui sont devenues de grands exportateurs de commodités agricoles au cours des dernières décennies. Cependant, en raison de l'exposition croissante des pays du bassin du Congo aux marchés internationaux et de la forte croissance démographique, cette situation risque fort de changer, et la déforestation pourrait y croître dans un proche avenir.

- La déforestation future dans le bassin du Congo dépend énormément des stratégies nationales qui seront mises en œuvre dans les prochaines années et des investissements locaux. Les scénarios ayant le plus fort impact négatif sur le couvert forestier du bassin du Congo sont l'amélioration des infrastructures de transport (Scénario S3) et le changement technologique (Scénario S5), à savoir les facteurs endogènes de déforestation.

- Les facteurs internationaux (Scénarios S1 et S2) sont susceptibles de provoquer une déforestation supplémentaire dans le bassin du Congo. Toutefois, leur impact devrait être limité et essentiellement indirect du fait d'une plus grande substitution des importations par la production locale. CongoBIOM montre que, dans le scénario S2, le bassin du Congo serait beaucoup moins touché que les forêts tropicales de l'Asie du Sud-Est et amazoniennes. De plus, les impacts devraient être plutôt indirects. En fait, les coûts de la pratique des affaires dans la région restent très élevés, et les risques associés à la mauvaise gouvernance constituent un énorme fardeau financier pour les investisseurs tandis que la législation foncière imprécise est peu propice aux investissements agro-industriels. Jusqu'ici, d'autres régions tropicales offrent aux investisseurs un climat d'investissement plus favorable (ex. : Asie du Sud-est et Amérique latine). En résumé, la déforestation dans la région du bassin du Congo pourrait augmenter si : 1) les prix à l'importation augmentaient plus que les prix intérieurs, amenant ainsi les consommateurs locaux à remplacer une partie de leur consommation de produits importés par la production locale ; 2) la baisse des prix intérieurs stimulait la demande de produits locaux ; 3) les pays du bassin du Congo amélioraient leur compétitivité sur les marchés internationaux et augmentaient leurs exportations.

Toutefois, alors qu'ils s'engagent dans la préparation de leur stratégie REDD+, les pays du bassin du Congo doivent garder à l'esprit les limites du modèle CongoBIOM, notamment en tant qu'outil d'aide à la décision en matière de REDD+ (voir encadré 2.3).

Secteur agricole

Un secteur vital mais négligé

Les moyens de subsistance de la plupart des ménages ruraux de la région du bassin du Congo dépendent essentiellement des activités agricoles. L'agriculture demeure de loin le plus grand pourvoyeur d'emploi de la région. Au Cameroun, en République démocratique du Congo, en République centrafricaine et en Guinée équatoriale, plus de la moitié de la population économiquement active est toujours engagée dans des activités agricoles en dépit d'une tendance à la baisse de la part de l'emploi dans ce secteur dans tous les pays (voir diagramme 2.3).

L'agriculture continue de contribuer de façon importante au PIB, notamment en République centrafricaine, en République démocratique du Congo et au Cameroun. La contribution de l'agriculture au PIB reste élevée, avoisinant 40 à 50 % en République centrafricaine et en République démocratique du Congo

Encadré 2.3 Limites du modèle CongoBIOM et perspectives par rapport à la REDD+

- La disponibilité limitée ainsi que la médiocre qualité des données n'a pas permis d'analyser les éventuels compromis entre les différents scénarios et la REDD +. Il n'y a pas non plus de signes évidents du niveau des avantages qui pourraient découler du mécanisme REDD+. L'évaluation de ces compromis a donc été jugée prématurée. D'autres travaux d'analyse devraient être réalisés pour mieux évaluer et quantifier les compromis entre la croissance économique et la préservation de la forêt.
- Le modèle CongoBIOM est un modèle spatial, mais les hypothèses et le calibrage des variantes sont faits au niveau régional et non au niveau pays. La construction d'un modèle national exigerait une augmentation spectaculaire des données puisqu'il faudrait identifier les échanges au sein du bassin. De plus, les variables qui ont été homogénéisées au niveau régional (comme les prix) devraient être définies pour chaque pays. La réduction d'échelle du modèle au niveau pays pourrait être une étape ultérieure dépendant de l'intérêt des pays.
- À ce stade du processus, le modèle CongoBIOM ne peut être utilisé comme un scénario de référence précis. L'objectif du modèle étant de décrire les grandes tendances, il fournir un ordre de grandeur pour la déforestation. Des chiffres précis pour les niveaux de référence exigeraient des données plus détaillées sur les développements et les investissements planifiés des pays.
- L'utilisation de CongoBIOM en tant qu'outil d'aide à la décision nécessiterait plusieurs itérations de calcul du modèle suivant différentes hypothèses. Il faudrait, pour cela, beaucoup de données et un modèle plus élaboré avant de pouvoir pleinement l'utiliser pour orienter les politiques. Un travail avec les institutions universitaires dans chaque pays aiderait à diffuser les connaissances et à renforcer les capacités.

Diagramme 2.3 Part de la population économiquement active dans le secteur agricole, pour les pays du bassin du Congo

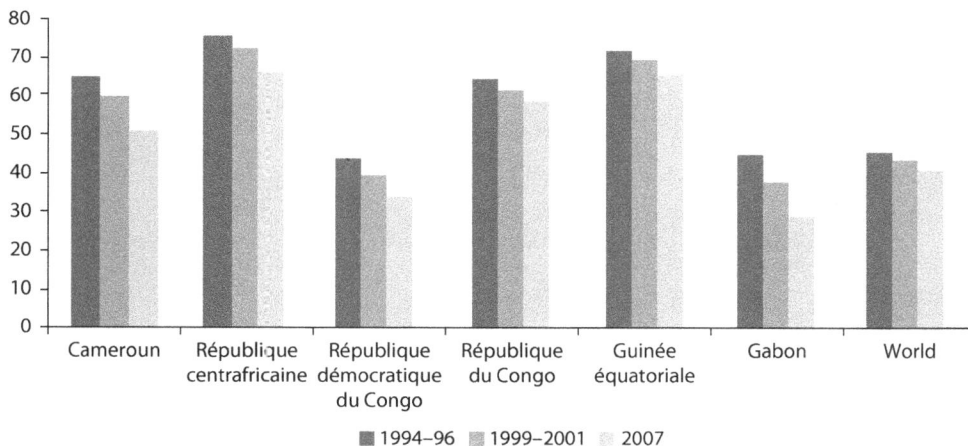

Source : FAO, Annuaire statistique 2009a.

(voir diagramme 2.4). En République démocratique du Congo, l'instabilité politique a entraîné une très forte variabilité de la contribution de l'agriculture au PIB au cours des vingt dernières années (voir la note sous le diagramme 2.4). La contribution de l'agriculture au PIB est logiquement moindre dans les quatre autres pays producteurs de pétrole, même si elle tourne encore autour de 20 % au Cameroun, qui dispose d'une base agricole beaucoup plus solide que la Guinée équatoriale, le Gabon et la République du Congo. La contribution de l'agriculture au PIB a considérablement chuté en Guinée équatoriale dans la moitié des années 1990 à cause de la hausse vertigineuse des recettes pétrolières (le PIB total a été multiplié par 60).

Le secteur agricole a jusqu'ici été négligé et sous-financé pendant une bonne partie des dernières décennies. Dans les six pays, les dépenses publiques dans l'agriculture sont très inférieures à l'objectif de 10 % du budget national total, fixé par l'initiative PDDAA[3]. Cette situation affecte principalement les services de vulgarisation, l'infrastructure de base (routes de desserte) et la R&D (voir encadré 2.4 et tableau 2.3). La malédiction des ressources naturelles (Collier, 2007), également connue sous le nom de « paradoxe de l'abondance (ou *resource curse*)», est vraisemblablement une raison majeure du peu d'intérêt reçu par le secteur agricole au cours des dernières décennies. Parce qu'ils sont riches en ressources naturelles, en particulier non renouvelables, y compris le pétrole et les minéraux, les pays du bassin du Congo ont tendance à négliger leur agriculture

Diagramme 2.4 Évolution de la contribution de l'agriculture au PIB des pays du bassin du Congo, de 1988 à 2008

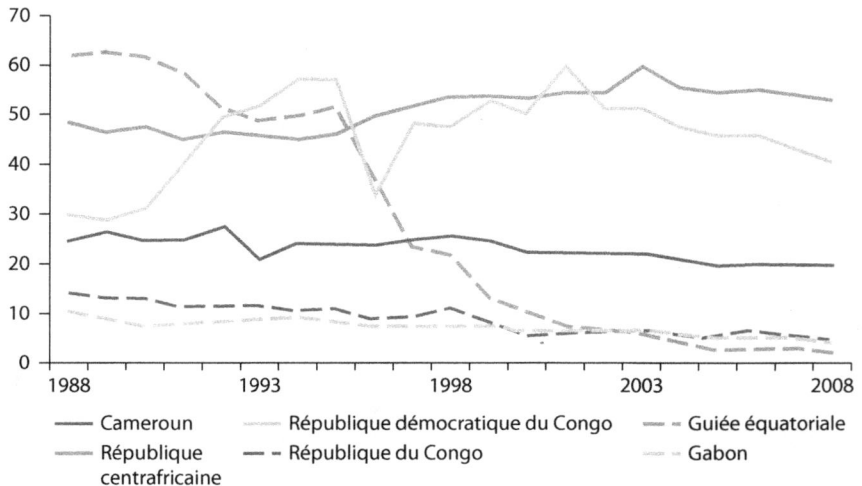

Source : Auteurs, sur base des données tirées des Indicateurs du développement dans le monde, Banque mondiale (dernière consultation en mars 2012).
Note : Entre la fin des années 1980 et le début des années 1990, le brusque déclin de l'économie de la République Démocratique du Congo a amené l'agriculture à représenter une part croissante du PIB. L'agriculture a ensuite été sérieusement perturbée par la guerre civile de 1996. Après la guerre, le redressement de la contribution de l'agriculture au PIB a été plus le reflet de la mauvaise situation économique globale qu'une indication de la croissance de la production agricole au cours de cette période.

Encadré 2.4 Agriculture : Évolution des politiques publiques dans le bassin du Congo

Jusqu'à la fin des années 1980, comme dans presque tous les pays d'Afrique subsaharienne, l'impact négatif de la limitation des ressources publiques a été aggravé par des politiques fiscales et commerciales fortement défavorables à l'agriculture qui ont découragé l'investissement par les agriculteurs locaux et les opérateurs étrangers. À l'exception du Cameroun, où certaines politiques de soutien ont été mises en œuvre, les autres pays du bassin du Congo n'ont pas établi les conditions de base nécessaires à la réalisation de leur potentiel agricole.

Dans les années 1990, tous les pays sont passés par un processus d'ajustement structurel accompagné de coupes drastiques dans les dépenses publiques afin de réduire les importants déficits intérieurs et extérieurs de leurs économies. La taxation nette de l'agriculture a diminué, mais le secteur agricole a été l'un des plus touchés par les restrictions budgétaires : la subvention des engrais et des pesticides (allant de 60 à 100 % au Cameroun) a été supprimée ; les services de vulgarsation ont été considérablement réduits ; les infrastructures rurales négligées ; et la recherche et développement (R&D) quasiment abandonnée. En même temps, des réformes majeures ont eu lieu dans le secteur agricole axé sur l'exportation (tels que le café et le cacao) avec le désengagement de l'État et la liquidation des offices nationaux de commercialisation de ces cultures.

Plus récemment, la réaction tiède des pays du bassin du Congo à l'initiative continentale du NEPAD en faveur de l'agriculture, le Programme détaillé pour le développement de l'agriculture africaine (PDDAA), qui vise une croissance agricole annuelle de 6 % à travers, notamment, un plus grand soutien de l'État au secteur, montre que l'agriculture n'est pas encore perçue par ces pays comme une pierre angulaire essentielle pour le développement, la sécurité alimentaire et la réduction de la pauvreté. Alors que 22 pays ont déjà signé leurs pactes PDDAA et enregistré des progrès notables vers la réalisation de leurs engagements, aucun des pays du bassin du Congo ne l'a fait.

et à importer la plupart de leurs besoins alimentaires. En plus du manque d'intérêt des décideurs politiques, l'essor des industries extractives et les revenus associés créent des conditions discriminatoires vis-à-vis des autres secteurs économiques productifs, notamment une baisse de la compétitivité due à l'appréciation du taux de change réel résultant de l'entrée massive des ressources dans l'économie. Toutefois, au cours des dernières années, on a observé des signes d'un intérêt accru pour l'agriculture dans la plupart des pays du bassin du Congo. Il est perceptible dans les stratégies de développement à moyen et long terme élaborées par ces pays[4], où l'agriculture est identifiée comme l'un des piliers économiques du développement et de la croissance. Fait intéressant, ces stratégies considèrent l'agriculture commerciale et de subsistance comme des segments complémentaires du secteur.

La production agricole reste largement dominée par les systèmes de subsistance traditionnels. Dans le bassin du Congo, le secteur agricole est dominé par les petits exploitants[5] qui pratiquent la culture traditionnelle sur un maximum

Tableau 2.3 Part des dépenses agricoles dans les budgets nationaux des pays du bassin du Congo (en pourcentage)

	%	Année
Cameroun	4,5	2006
République centrafricaine	2,5	—
République démocratique du Congo	1,8	2005
République du Congo	0,9	2006
Guinée équatoriale	—	—
Gabon	0,8	2004

Source : ReSAKSS 2011, données non disponibles pour la Guinée équatoriale.
Note : Déterminer la dépense publique totale dans la R&D agricole des pays du bassin du Congo à partir de la base de données de l'ASTI IFPRI s'avère difficile parce que la plupart des pays du bassin du Congo ne transmettent pas de données contrairement aux pays de l'Afrique de l'Ouest ou de l'Est. Les seules données disponibles concernent le Gabon (2001) et la République du Congo (2001): respectivement 3,8 et 4,7 millions de dollars EU de 200. Ces montants figurent parmi les plus faibles budgets publics consacrés à la R&D en Afrique subsaharienne. On sait également que la République centrafricaine, la République démocratique du Congo et la Guinée équatoriale dépensent très peu pour la recherche agricole. En Afrique centrale, seul le Cameroun dispose d'un institut national de recherche agricole performant, l'IRAD (*Institut de recherche agricole pour le développement*), comptant près de 200 chercheurs dans 10 stations de recherche, avec toutefois des fonds de fonctionnement minimum.

de 2 à 3 hectares, avec un système de culture pendant 2 ans et de jachère pendant 7 à 10 ans.[6] Le maïs, l'arachide, le taro, l'igname, le manioc et la banane plantain sont essentiellement cultivés pour leur propre consommation, avec la vente de l'éventuel surplus sur le marché local.[7] Certaines petites exploitations pratiquant la culture sur brulis plantent du cacao, du café et de l'huile de palme. Le café et le cacao sont essentiellement produits sur des superficies de 0,5 à 3 hectares[8] (Tollens, 2010).

Il existe également quelques grandes entreprises commerciales, appartenant généralement à des multinationales actives dans la région, notamment dans la production d'huile de palme et de caoutchouc (et de banane dans le cas du Cameroun). Les grandes plantations peuvent être considérées comme des enclaves du secteur moderne dans le secteur traditionnel, avec très peu, voire pas de relations entre elles. Le palmier à huile est cultivé tant dans des plantations de petits exploitants (100 % de la production en République centrafricaine, en Guinée équatoriale, et en République du Congo ; 85 % en République démocratique du Congo) que dans de grandes exploitations appartenant à des multinationales (Gabon, Cameroun). La région du bassin du Congo n'a, toutefois, pas encore connu l'expansion des grandes plantations observée dans d'autres régions tropicales. Contrairement à d'autres régions du monde (Asie du Sud-est, Amazonie), elle a jusqu'ici été globalement épargnée par le phénomène d'acquisition de terres à grande échelle ("*land grabbing*") et de conversion en projet agro-industriels. Les quelques opérateurs déjà actifs au Cameroun, au Gabon et en République démocratique du Congo indiquent ne pas vouloir investir dans de nouvelles plantations, mais avoir plutôt l'intention d'étendre les concessions existantes et de réhabiliter les anciennes ou celles abandonnées (Tollens, 2010) (voir encadré 2.5).

Encadré 2.5 Récentes tendances de l'acquisition de terres à grande échelle et leurs effets en République démocratique du Congo

Suite à la flambée des prix des denrées alimentaires de 2007–2008 et des rendements relativement moins attractifs des autres actifs résultant de la crise financière, un certain nombre d'investisseurs ont récemment tourné leur attention vers la production agricole dans les pays en développement. Selon les rapports de la presse, la vague d'intérêt pour l'acquisition de terres qui a suivi a atteint quelques 57 millions d'hectares en moins d'un an, nettement plus que le taux annuel moyen d'expansion agricole de 1,9 million d'hectares de la période 1990–2007. Les pays disposant de relativement vastes superficies de terres non boisées, non cultivées et dotées d'un potentiel agricole, mais aussi les pays plus pauvres présentant de médiocres antécédents en matière de reconnaissance officielle des droits fonciers ont commencé à attirer l'attention des investisseurs, en particulier les pays d'Afrique subsaharienne riches en terres, qui, d'après les rapports des médias, ont représenté plus des deux tiers de l'intérêt exprimé (40 millions d'hectares).

En 2010–11, la Banque mondiale a réalisé une enquête sur les récents investissements en République démocratique du Congo afin de déterminer combien de terres avaient été demandées par les investisseurs et à quelles fins, ainsi que la mesure dans laquelle les terres concédées aux investisseurs avaient été exploitées. Les résultats indiquent qu'en termes de nombre de projets, la demande de terres agricoles en République démocratique du Congo était concentrée dans les régions de savane, et en termes de superficie, dans la zone forestière : sur les 42 projets ayant introduit une demande de titres fonciers pour des terres de plus de 500 hectares entre 2004 et 2009, seuls quatre étaient situés dans des régions très boisées (Provinces de Bandundu, de l'Équateur, Orientale) et concernaient les biocarburants, les cultures industrielles (caoutchouc) et le reboisement. Ces quatre projets représentaient globalement 420 000 hectares, soit près de 76 % de la superficie totale demandée par les investisseurs. Si ces projets devenaient opérationnels, ils pourraient avoir des répercussions importantes sur les forêts du bassin du Congo. Toutefois, l'écart considérable entre la demande de terres exprimée et la mise en œuvre effective des investissements en République démocratique du Congo indique que l'impact des investissements agricoles à grande échelle dans les pays du bassin du Congo pourrait mettre du temps à se concrétiser, à moins que les variables endogènes (environnement des affaires, infrastructure) et exogènes (demande et offre de denrées alimentaires et de biocarburant) ne changent considérablement à court terme.

Source : Deininger et coll., 2011.

La productivité de la plupart des denrées cultivées dans le bassin du Congo est très faible comparée à celle des autres pays tropicaux. La dépendance vis-à-vis des cultures principalement à multiplication végétative freine considérablement la diffusion des variétés améliorées. L'utilisation d'engrais et de pesticides est également parmi les plus faibles en Afrique, où, pour les engrais, elle est en moyenne inférieure à deux kilos par hectare, sauf au Cameroun et au Gabon, où elle atteint sept à dix kilos par hectare (FAOSTAT, 2011). Les rendements de la plupart des cultures, tant vivrières que de rente, sont en conséquence particulièrement faibles dans le bassin du Congo (comme la montre la série de diagrammes de la diagramme 2.5, où les pays du bassin du Congo sont représentés en orange et les autres pays des régions tropicales en bleu). La seule exception est la production d'huile de palme au Cameroun, dont les rendements observés sont parmi les plus élevés du monde et comparables à ceux des premiers pays.

Diagramme 2.5 Comparaison des rendements dans les pays du bassin du Congo et les principaux pays producteurs, 2009 (tonnes par hectare)

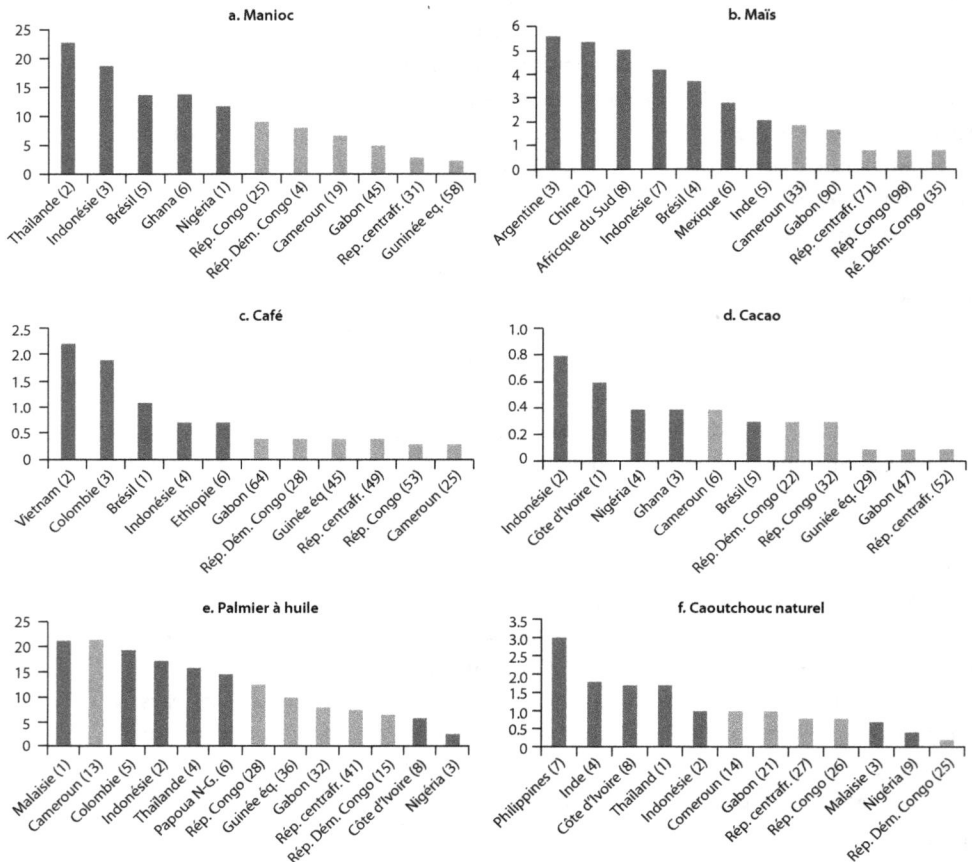

Source : FAOSTAT 2011.
Note : les chiffres entre parenthèses indiquent le rang mondial du pays en terme de production pour chacune des production.

Les balances commerciales agricoles se sont détériorées. A l'exception de République centrafricaine, où les valeurs des importations et exportations agricoles ont peu évolué autour de l'équilibre au cours des quinze dernières années, la balance commerciale agricole s'est gravement détériorée dans l'ensemble des pays du bassin du Congo (voir diagramme 2.6). Tous les pays du bassin du Congo, à l'exception de la République centrafricaine, sont des importateurs nets de

Diagramme 2.6 Évolution de la balance commerciale agricole des pays du bassin du Congo, 1994 à 2007 (en millions de dollars EU courants)

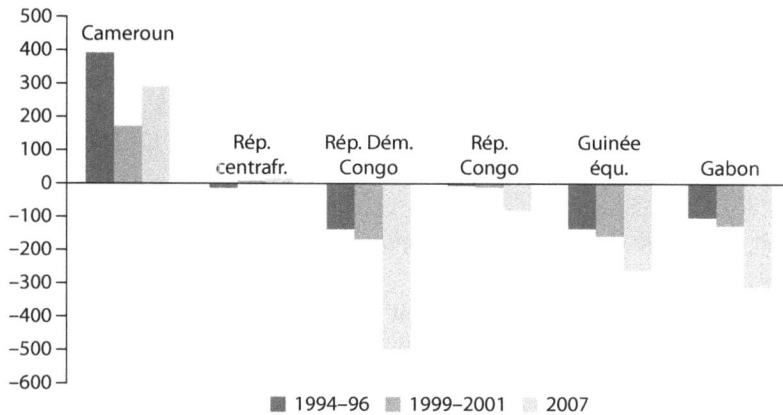

Source : FAO, 2009a.
Note : La balance commerciale de la République centrafricaine a oscillé autour de l'équilibre au cours de cette période (−4 en 1994–1996, +1 en 1999–2001 et +5 en 2007), tandis que celle de la Guinée équatoriale était légèrement déficitaire en 1994–1996 (−5) et 1999–2001 (−8).

denrées alimentaires[9], y compris le Cameroun (voir tableau 2.4). Des statistiques récentes de la FAO montrent que les importations de produits alimentaires augmentent rapidement et que ces pays en dépendent de plus en plus pour satisfaire leurs besoins alimentaires de base. Une grande partie de ces importations en forte hausse reflète l'évolution des habitudes urbaines de consommation, qui exigent aujourd'hui plus de céréales (blé et riz) et moins de racines, de tubercules et de céréales secondaires, plus de protéines animales (viande de poulet et œufs) et plus d'aliments prêts à servir ou faciles à préparer.

Tableau 2.4 Échanges nets des produits alimentaires dans les pays du bassin du Congo, 2006 (% du PIB)

	% du PIB
Cameroun	−0.7
République centrafricaine	−0.5
Rép. Dém. Congo	−4.9
République du Congo	−2.6
Guinée Equatoriale	—
Gabon	−2.3

Source : FAO, 2009b.

Un considérable potentiel de développement de l'agriculture dans le bassin du Congo

Le potentiel de développement agricole est énorme dans le bassin du Congo. La région est l'une des parties du monde présentant le plus grand potentiel à la fois d'expansion agricole et d'amélioration des rendements existants. Il reste cependant à déterminer si, et dans quelle mesure, ce potentiel peut se matérialiser au cours des prochaines décennies. Les forces du marché, régies par des facteurs tant endogènes (marchés nationaux et régionaux) qu'exogènes (demande internationale croissante de nourriture et d'énergie), laissent présager une expansion de l'agriculture à moyen et long terme. La section ci-après présente les principaux facteurs susceptibles d'influencer le développement agricole dans le bassin du Congo.

Marchés en expansion : nationaux, régionaux et internationaux

La rapide croissance de la population urbaine entraînera une augmentation de la demande intérieure de denrées alimentaires. Actuellement, les six pays du bassin du Congo sont tous des importateurs nets de produits agricoles. L'accroissement rapide de la population urbaine va amplifier l'augmentation de la demande en produits de base tels que le pain, le riz, les œufs, le poulet, le poisson et l'huile de palme. La substitution des importations par la production locale pourrait soutenir la croissance agricole dans ces pays : les produits pourraient être cultivés localement et certaines nouvelles denrées pourraient avantageusement remplacer celles qui sont importées (par exemple, la farine de manioc pourrait remplacer la farine de blé importée comme ce fut le cas en Afrique de l'Ouest).

Le marché régional reste à ouvrir. Les marchés agricoles d'Afrique centrale sont très segmentés. La détérioration des infrastructures ainsi que les coûts de transaction élevés freinent le développement du commerce et des échanges agricoles non seulement au niveau national, mais plus largement au niveau régional. L'ouverture de ces marchés et des échanges au niveau régional pourrait relancer l'agriculture dans la sous-région. À l'heure actuelle, la plupart des flux transfrontaliers, bien qu'assez actifs, sont informels ; ils couvrent tous les types de produits (aliments de base et cultures de plantation). Formaliser ces flux à travers des accords commerciaux régionaux et une meilleure intégration régionale pourrait devenir un facteur de croissance agricole en Afrique centrale.

Les perspectives d'exportation sont encourageantes au niveau international. Les perspectives sont favorables pour la plupart des cultures commerciales pratiquées dans la sous-région. L'huile de palme est aujourd'hui l'huile la plus largement utilisée au niveau mondial, et l'évolution de la demande de biocarburants pourrait amplifier la demande de plantation du palmier à huile. Le caoutchouc, bien que fortement affecté par la crise financière et la crise de l'industrie automobile qu'elle a induite, présente des tendances intéressantes dues à la demande croissante des marchés émergents de l'Inde et de la Chine. Le cacao est le seul produit agricole à n'avoir pas été affecté par la contraction des marchés pendant la crise financière et à avoir fait preuve de bonnes performances, susceptibles de se maintenir. Le prix du café est beaucoup plus volatile, mais pourrait encore offrir des possibilités.

Demande internationale de nourriture et d'énergie. Selon les experts, l'augmentation de 40 % prévue dans la population mondiale d'ici à 2050, combinée à un accroissement de la consommation alimentaire moyenne, nécessitera une augmentation de la production agricole de 70 % (100 % dans les pays en développement) (Bruinsma, 2009). Dans ce contexte, les projections de la FAO indiquent que l'accroissement des rendements (ainsi que celle de l'intensité culturale), bien que moindre que par le passé, contribuera encore pour 90 % (80 % dans les pays en développement) à l'augmentation de la production, le reste provenant de l'expansion des terres. Cela se traduirait par 47 millions d'hectares de terres à mettre en production dans le monde entre 2010 et 2030, soit une diminution de 27 millions d'hectares dans les pays développés et en transition, et une augmentation de 74 millions d'hectares dans les économies en développement. La demande de matières premières (blé, maïs, canne à sucre, oléagineux) non reprise dans les projections ci-dessus, sera également un facteur important dans l'évolution de l'agriculture mondiale, avec une conversion des terres à la production de biocarburants estimée à 18 à 44 millions d'hectares d'ici 2030.

Adéquation/disponibilité/accessibilité des terres dans le bassin du Congo

Adéquation des terres. Les pays du bassin du Congo sont généreusement dotés de terres convenant aux grandes cultures d'exportation (telles que le soja, la canne à sucre et l'huile de palme), juste derrière l'Amérique latine. En République démocratique du Congo, un exercice de cartographie de l'adéquation agricole mené en 2007 par le *Woods Hole Research Center* a estimé qu'environ 60 % de la forêt dense humide convenaient à la production d'huile de palme (environ 47 millions d'hectares) (Stickler et coll., 2007).

Disponibilité des terres. Une étude récente commanditée par la Banque mondiale[10] a modélisé la disponibilité potentielle des terres pour la production de cultures pluviales dans le monde (Deininger et coll., 2011). Ensemble, les pays du bassin du Congo représentent près de 40 % des terres non cultivées, non protégées, à faible densité de population, qui conviennent à l'agriculture en Afrique subsaharienne et 12 % des terres disponibles au niveau mondial[11] (voir tableau 2.5). Le rapport entre les terres adéquates et les terres cultivées, particulièrement élevé dans les pays du bassin du Congo, illustre le grand potentiel de l'investissement dans l'expansion des terres agricoles (voir Section sur "Disponibilité des terres : terres boisées par rapport aux terres non boisées").

Accessibilité des terres. Les médiocres infrastructures routières du bassin du Congo ont longtemps été un obstacle majeur à la transition vers une agriculture plus performante, principalement parce que les zones potentiellement disponibles convenant à la production agricole sont trop éloignées des marchés. Un modèle de l'IIASA identifie les terres potentiellement adéquates et accessibles en calculant les coûts de production estimés afin de déterminer les bénéfices nets plutôt que les recettes ; les terres potentiellement adaptées ont ensuite été classées sur la base du temps de déplacement nécessaire pour atteindre le grand marché le plus proche (défini comme une ville d'au moins 50 000 habitants), avec une limite de six heures pour atteindre le marché. Comme indiqué dans le tableau 2.6 ci-dessous, l'Amérique latine présente clairement un grand avantage infrastructurel : plus de 75 % de ses terres non boisées adéquates sont situées à moins de 6 heures d'une ville marchande, contre moins de 50% en

Tableau 2.5 Disponibilité potentielle des terres par pays (millions d'hectares)

	Superficie totale	Superficie forestière	Superficie cultivée	Superficie adéquate, non cultivée, non protégée densité < 25p./km²	
				Boisée	Non boisée
Afrique subsaharienne	2 408,2	509,4	210,1	163,4	201,5
République démocratique du Congo	*232,8*	*147,9*	*14,7*	*75,8*	*22,5*
Soudan	249,9	9,9	16,3	3,9	46,0
Zambie	75,1	30,7	4,6	13,3	13,0
Mozambique	78,4	24,4	5,7	8,2	16,3
Angola	124,3	57,9	2,9	11,5	9,7
Madagascar	58,7	12,7	3,5	2,4	16,2
République du Congo	*34,1*	*23,1*	*0,5*	*12,4*	*3,5*
Tchad	127,1	2,3	7,7	0,7	14,8
Cameroun	*46,5*	*23,6*	*6,8*	*9,0*	*4,7*
Tanzanie	93,8	29,4	9,2	4,0	8,7
République centrafricaine	*62,0*	*23,5*	*1,9*	*4,4*	*7,9*
Gabon	*26,3*	*21,6*	*0,4*	*6,5*	*1,0*
Amérique latine et Caraïbes	2 032,4	934,0	162,3	290,6	123,3
Europe de l'Est et Asie centrale	2 469,5	885,5	251,8	140,0	52,4
Asie de l'Est et du Sud	1 932,9	493,8	445,0	46,3	14,3
Moyen-Orient et Afrique du Nord	1 166,1	18,3	74,2	0,2	3,0
Reste du monde	3 319,0	863,2	358,9	134,7	51,0
Total mondial	13 333,1	3 706,5	1 503,4	775,2	445,6

Source : Deininger et coll. 2011, sur la base des travaux de Fischer et Shah (IIASA), 2010.
Note : En Afrique subsaharienne, seuls les pays dotés de plus de terres non cultivées, non protégées adéquates (boisées ou non) que le Gabon sont présentés ici.

Tableau 2.6 Accessibilité des terres: terres non cultivées, non boisées, à faible densité de population potentielles* (million d'hectares)

	Superficie totale	Superficie < 6 heures du marché	% Superficie < 6 heures du marché
Afrique subsaharienne	201,5	94,9	47,1%
Amérique latine et Caraïbes	123,3	94	76,2%
Europe de l'Est et Asie centrale	52,4	43,7	83,4%
Asie de l'Est et du Sud	14,3	3,3	23,1%
Moyen-Orient et Afrique du Nord	3	2,6	86,7%
Reste du monde	51	24,6	48,2%
Total	445,6	263,1	59,0%

Source : Deininger et coll., 2011, sur la base des travaux de Fischer et Shah (IIASA), 2010.
Note : * : < 25 personnes au kilomètre carré.

Afrique subsaharienne. Par conséquent, bien que l'Amérique latine ait environ 40 % de terres disponibles en moins que l'Afrique subsaharienne, les deux régions ont à peu près la même quantité de terres non boisées adéquates (environ 94 millions d'hectares) lorsque le critère de l'accès au marché est pris en compte. La situation est encore pire dans les pays du bassin du Congo : en

République démocratique du Congo, on estime que seuls 33 % (7,6 sur 22,5 millions d'hectares) des terres non boisées adéquates sont situées à moins de 6 heures d'un grand marché ; une proportion qui descend jusqu'à 16 % en République centrafricaine (1,3 sur 7,9 millions d'hectares).

Potentiel d'amélioration de la productivité

Le bassin du Congo fait partie des zones dotées du plus grand potentiel d'accroissement des rendements actuels dans le monde. La Banque mondiale a appliqué la méthodologie élaborée par l'IIASA, en utilisant un zonage agroécologique à haute résolution pour déterminer l'adéquation, les rendements potentiels et la valeur brute de la production des terres pour cinq cultures : le blé (non pertinent dans le cas des pays du bassin du Congo), le maïs, l'huile de palme, le soja et la canne à sucre (Deininger et coll., 2011). Le modèle présente le bassin du Congo comme l'une des zones ayant la plus grande valeur potentielle de production de ces cultures dans le monde.

Disponibilité des ressources en eau

La disponibilité en eau dans le bassin du Congo ne devrait pas subir de contraintes et devrait donc constituer un atout pour le développement de l'agriculture. Beaucoup de régions du monde, en particulier dans les pays en développement, devraient au contraire connaître une pénurie d'eau et des stress hydriques à l'avenir. En Chine, en Asie du Sud, au Moyen-Orient et en Afrique du Nord, la pénurie d'eau et la compétition avec d'autres usages auront de profondes répercussions sur la production agricole, y compris des changements dans les modes de culture, une réduction des rendements, un accroissement de la fréquence des événements climatiques extrêmes entraînant une plus grande variabilité de la production et, dans certaines zones, la nécessité d'investir dans des infrastructures de stockage pour recueillir plus d'eau de pluie et minimiser l'érosion des sols. Dans ce contexte de changement climatique, les pays du bassin du Congo présentent un profil où les ressources en eau devraient augmenter ou au minimum, maintenir leurs niveaux actuels. De plus, en comparaison avec certains de leurs voisins, les zones forestières du bassin du Congo ont jusqu'ici été globalement épargnés par les catastrophes naturelles liées aux conditions météorologiques extrêmes. Cette résilience au changement climatique peut éventuellement offrir aux pays du bassin du Congo un avantage agricole comparatif au niveau mondial.

Impacts actuels et futurs sur les forêts

Les futurs développements agricoles pourraient se faire aux dépens des forêts. Les facteurs décrits dans la section « Un considérable potentiel de développement de l'agriculture dans le bassin du Congo » indiquent que le secteur agricole pourrait décoller au cours des prochaines décennies. La matérialisation de ce potentiel pourrait accroître la pression sur les forêts. En effet, au cours de la période 1980–2000, plus de 55 % des nouvelles terres agricoles ont été aménagées aux dépens de forêts intactes et 28 % supplémentaires au détriment des forêts dégradées (Gibbs, 2010).

Le modèle CongoBIOM a été utilisé pour identifier les impacts potentiels de changements spécifiques, tant endogènes (tels que la productivité agricole) qu'exogènes (demande internationale de viande ou d'huile de palme) sur les forêts du bassin du Congo. Il est entendu que le modèle présente des limitations évidentes et que les données recueillies dans le bassin du Congo pour les différents scénarios sont généralement de piètre qualité. Le modèle a néanmoins aidé à comprendre qualitativement (plutôt que quantitativement) la dynamique et les chaînes causales pouvant influencer les forêts du bassin du Congo dans un contexte mondialisé.

Disponibilité des terres : terres boisées par rapport aux terres non boisées

Même si les terres adéquates (non cultivées, non protégées) se trouvent actuellement en majorité en forêt, le potentiel de terres cultivables non boisées est considérable dans le bassin du Congo. Il est supérieur à la surface actuellement en production dans la plupart des pays : le ratio moyen des surfaces cultivées par rapport à celles des terres non boisées adéquates est de 0,61 dans les pays du bassin du Congo, allant de 1,45 au Cameroun à 0,14 en République du Congo, un taux nettement inférieur au même ratio au niveau mondial (3,37). Cela signifie que le bassin du Congo pourrait presque doubler sa superficie cultivable sans avoir à convertir une quelconque zone boisée (voir tableau 2.7 et encadré 2.6).

L'amélioration de la productivité des terres peut-elle réduire ou exacerber la pression exercée sur les forêts ?

Sans politiques ni mesures d'accompagnement en matière d'aménagement et de surveillance du territoire, l'amélioration de la productivité agricole pourrait accentuer la déforestation dans le bassin du Congo. L'amélioration de la productivité des terres est souvent considérée comme le moyen le plus prometteur de

Tableau 2.7 Ratio des surfaces actuellement cultivées par rapport à celles des terres non boisées adéquates dans le bassin du Congo

	Surface totale	Surface cultivée (A)	Surface non cultivée non protégée densité < 25p./km2		Ratio A/B
			forestée	non forestée (B)	
Cameroun	46.5	6.8	9	4.7	1.45
République centrafricaine	62	1.9	4.4	7.9	0.24
Republiqe démocratique du Congo	232.8	14.7	75.8	22.5	0.65
République du Congo	34.1	0.5	12.4	3.5	0.14
Gabon	26.3	0.4	6.5	1	0.40
Bassin du Congo (excepté Guinée Eq.)	401.70	24.30	108.10	39.60	0.61

Source : Auteurs, calculé à partir de Deininger et coll., 2011.

Encadré 2.6 Adéquation des terres dans les zones non boisées des pays du bassin du Congo

La République démocratique du Congo possède la plus grande réserve de terres non cultivées, non protégées et à faible densité de population, convenant à l'agriculture, de toute l'Afrique subsaharienne. Cette réserve est estimée à 98,3 millions d'hectares, dont les trois quarts sont situés en forêt, et elle représente près de sept fois la superficie des terres actuellement cultivées dans ce pays (plus de seize fois si on utilise les chiffres de la FAO pour les terres actuellement cultivées en République démocratique du Congo). Si l'on ne prend en compte que les terres adéquates non boisées, la République démocratique du Congo figure encore parmi les six pays disposant de la plus grande quantité de terres adéquates (mais non cultivées) dans le monde (dans l'ordre : le Soudan, le Brésil, la Russie, l'Argentine, l'Australie et la République démocratique du Congo), mais arrive en deuxième position après le Soudan, en Afrique subsaharienne. Les terres non boisées adéquates (non cultivées) de la République démocratique du Congo sont estimées à plus de 1,5 fois ses terres actuellement cultivées (et près de quatre fois ses terres actuellement cultivées si on utilise les chiffres de la FAO).

Le Cameroun a une réserve estimée à 13,6 millions d'hectares, dont environ les deux tiers sont actuellement situés en forêt. Elle représente environ le double de la superficie actuellement cultivée du pays et 70 % si l'on ne prend en compte que les terres adéquates non boisées.

La République du Congo dispose d'une réserve estimée à 15,8 millions d'hectares (de terres adéquates non cultivées), dont environ les trois quarts sont actuellement en forêt. Cette réserve représente plus de trente fois la superficie actuellement cultivée du pays, et encore sept fois cette superficie si on ne prend en compte que les terres adéquates non boisées.

La République centrafricaine possède une réserve estimée à 12,3 millions d'hectares, dont à peu près un tiers en forêt, qui représente plus de six fois sa superficie actuellement cultivée et encore plus du quadruple si seules les terres adéquates non boisées sont prises en compte.

Le Gabon aurait 7,4 millions d'hectares disponibles dont presque 90 % actuellement en forêt, soit près de 19 fois sa superficie actuellement cultivée. En ne prenant en compte que les terres adéquates non boisées, le potentiel de terres disponibles dans le pays représente encore 2,5 fois ses terres actuellement cultivées.

Source : Deininger et coll., 2011.

---

relever en même temps les défis de la production alimentaire et de l'atténuation des impacts. En effet, on suppose qu'en produisant plus sur la même superficie, on pourrait éviter de convertir de nouvelles terres à des fins agricoles, et que la terre ainsi épargnée séquestrerait plus de carbone ou émettrait moins de gaz à effet de serre que les terres agricoles. Cette logique est attrayante, mais les modèles montrent que sans la mise en place de mesures d'accompagnement, elle peut ne pas systématiquement se concrétiser.

Le modèle CongoBIOM montre en effet que, dans un contexte où la demande en produit agricole est croissante, où le potentiel de substitution des importations est significatif et où la main d'oeuvre est abondante (comme c'est le cas dans le bassin du Congo), l'intensification de la production agricole peut entraîner une expansion de des terres cultivées. Les coûts de production baissent et stimulent la consommation locale des produits agricoles, qui dépasse le niveau qui peut être atteint par la seule amélioration de la productivité. La diminution des coûts unitaires de production réduit la différence de coûts d'opportunité existant entre les utilisations agricoles et forestières et, en général, fait plus que compenser le coût de la conversion des forêts en terres agricoles. Les gains de productivité obtenus en rendant les activités agricoles plus rentables et plus attractives peuvent donc avoir tendance à accroître la pression sur les terres boisées qui sont généralement les « nouvelles terres les plus faciles d'accès » pour les agriculteurs. Sans une combinaison de politiques et de mesures d'accompagnement dans le domaine de l'aménagement et de la surveillance du territoire, la stimulation de la productivité agricole provoquera probablement une plus importante déforestation dans le bassin du Congo (voir chapitre 3 sur les recommandations).

Caractéristiques de la demande internationale – Impacts indirects sur les forêts du bassin du Congo

Le modèle CongoBIOM souligne que le bassin du Congo pourrait être affecté par les tendances mondiales du commerce des produits agricoles en dépit de sa contribution marginale aux marchés mondiaux. Le bassin du Congo n'est pas encore complètement intégré aux marchés agricoles mondiaux (à l'exception du café et du cacao), mais la demande internationale croissante de produits agricoles pourrait changer la donne. Le modèle illustre la façon dont les chocs exogènes pourraient indirectement affecter les forêts du bassin du Congo. Deux chocs ont été testés dans le cadre du modèle CongoBIOM, à travers deux scenarii: Scénario S1 : augmentation de 15 % de la demande mondiale de viande d'ici 2030 ; et Scénario S2 : doublement de la demande mondiale de biocarburants de première génération d'ici 2030.

- **Scénario S1 : Augmentation de la demande mondiale de viande.** L'amélioration du niveau de vie s'est accompagnée d'un changement des habitudes alimentaires, avec une augmentation de la consommation de calories animales, en particulier dans les économies émergentes comme la Chine, la Russie et l'Inde. Si l'on considère que la consommation annuelle moyenne de viande dans les pays développés est de 80 kilos par habitant et de l'ordre de 30 kilos par habitant dans le monde en développement, et que la consommation de viande dans le monde en développement s'accroît rapidement, la production animale pourrait considérablement augmenter au cours des prochaines décennies. Cette tendance engendre une double pression sur le changement climatique : la fermentation entérique des ruminants, qui est source d'émission de méthane ; et l'expansion des pâturages ou bien des terres agricoles pour la production d'aliments concentrés pour le bétail, qui exercent de fortes pressions sur les forêts. Au cours des dix dernières années, le Brésil est devenu un exportateur de viande ; la culture mécanisée du soja et le pâturage intensif ont été les principaux facteurs du défrichement dans la forêt amazonienne[12].

Le bassin du Congo n'a pas d'avantage comparatif en matière de production de viande, étant donné que ses conditions biophysiques et climatiques peu propices. L'augmentation de la demande internationale de viande pourrait néanmoins affecter son couvert forestier, comme l'a démontré le modèle CongoBIOM (voir diagramme 2.7) : les pays du bassin du Congo peuvent subir un impact indirect à travers la substitution des cultures et les signaux lancés par l'évolution des prix. Le modèle montre que le développement de l'élevage et de la production de matières premières en Amérique latine et en Asie pourrait réduire la production agricole dans ces pays, et que cette baisse de l'offre pourrait provoquer une hausse du prix des denrées. Les pays du bassin du Congo peuvent réagir en élargissant la superficie produisant des cultures traditionnellement importées (notamment le maïs).

Diagramme 2.7 Canaux de transmission de l'augmentation de la demande mondiale de viande et de l'accroissement de la déforestation dans le bassin du Congo

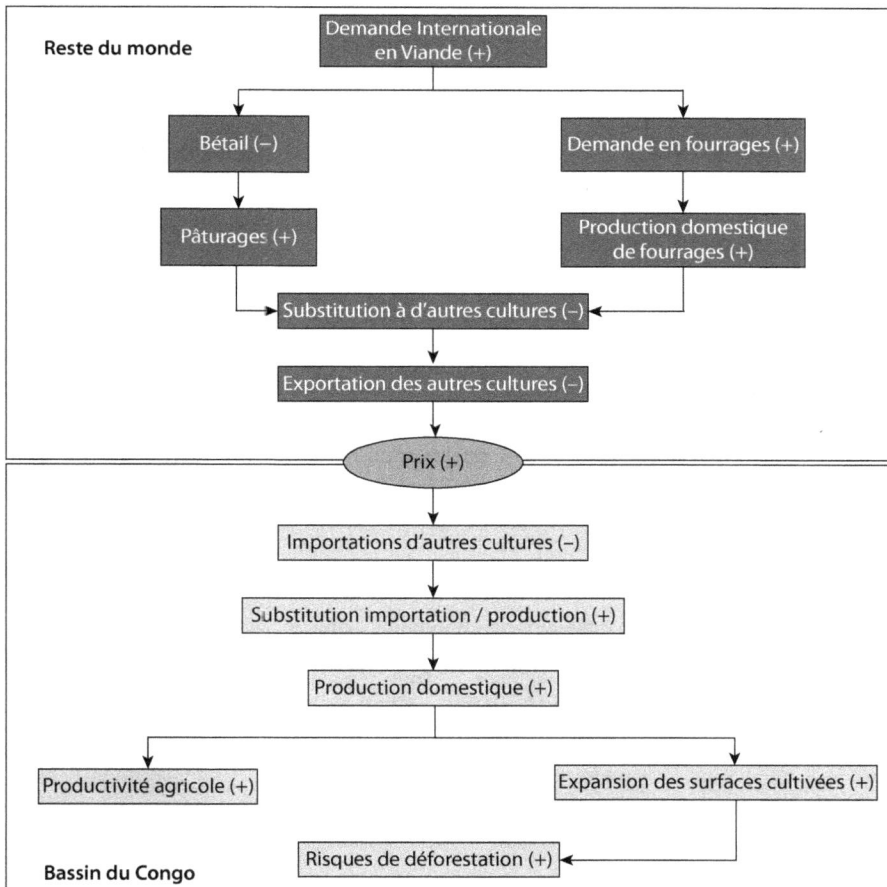

Source : Auteurs, adapté de l'IIASA, 2011.

- **Scénario S2 : Doublement de la production des biocarburants de première génération d'ici 2030.** La canne à sucre et l'huile de palme peuvent directement servir à la production de biocarburants de première génération et constituent actuellement les principales options en la matière.[13] Depuis 2000, on a assisté à une augmentation spectaculaire de la demande de biocarburants, essentiellement grâce à l'appui du secteur public. Cette tendance répond au déclin des réserves de combustibles fossiles connues et abordables ainsi qu'au besoin de diversification des sources d'énergie. Même si, à un certain moment, on a pu considérer que la substitution des combustibles fossiles par des biocarburants pourrait réduire les émissions globales de CO_2 dans l'atmosphère, cette vision des choses est maintenant sérieusement remise en question parce que le développement des biocarburants pourrait augmenter la déforestation dans les tropiques.

Dans les pays tropicaux, les conditions climatiques sont particulièrement favorables, et la culture destinée à ces biocarburants de première génération entre directement en concurrence avec les ressources forestières. Mais, comme indiqué ci-dessus (voir encadré 2.5), malgré la tendance générale à un « accaparement des terres » constaté ailleurs, les pays du bassin du Congo ne présentent toujours pas de signes importants d'une expansion des nouvelles plantations destinées aux biocarburants, surtout à cause du manque d'avantage comparatif par rapport à d'autres pays qui peuvent se prévaloir de vastes superficies de terres adaptées et de meilleures performances en termes d'infrastructures, de productivité et d'environnement des affaires. Les tendances actuelles dans le bassin du Congo sont plutôt à la réhabilitation des plantations abandonnées.

Le fait que le bassin du Congo ne produise pas d'énormes quantités de biocarburants aujourd'hui ne signifie pas qu'il ne sera pas affecté par l'expansion mondiale des biocarburants. L'exercice de modélisation réalisé à l'aide du CongoBIOM montre en effet que les impacts indirects de l'expansion des biocarburants dans d'autres régions du monde réduiront les exportations agricoles en provenance des principales régions exportatrices, ce qui pourrait entraîner un accroissement de la déforestation dans le bassin du Congo. Ces effets indirects sont comparables à ceux présentés dans le diagramme 2.8.

Diagramme 2.8 Efficacité de différentes technologies de fours

Fours traditionnels Efficacité : 8–12%	Fours améliorés Efficacité : 12–18%	Fours semi-industriels Efficacité: 18–24%	Fours industriels Efficacité: >24%

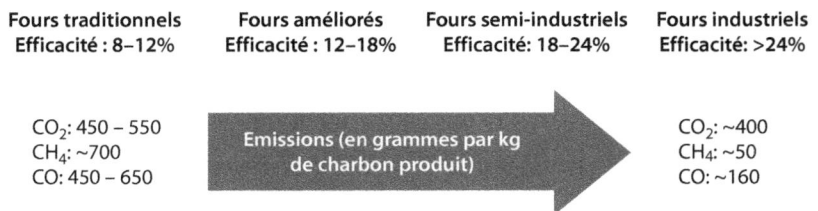

CO_2: 450 – 550
CH_4: ~700
CO: 450 – 650

Emissions (en grammes par kg de charbon produit)

CO_2: ~400
CH_4: ~50
CO: ~160

Source : Auteurs sur la base de Miranda et coll., 2010.
Note: CO = monoxyde de carbone; CO_2 = dioxyde de carbone; CH_4 = méthane; g = gramme; kg = kilogramme.

Secteur de l'énergie[14]

Énergie tirée de la biomasse ligneuse : la plus grande part du portefeuille énergétique

Dans la plupart des pays africains, l'énergie provient essentiellement de la biomasse. Les pays du bassin du Congo (comme la plupart des pays africains) dépendent beaucoup plus que les autres régions du monde, de l'énergie tirée de la biomasse ligneuse (bois de chauffage et charbon de bois). Selon les estimations, en 2006, le principal combustible utilisé pour la cuisine par 93 % de la population rurale d'Afrique subsaharienne provenait de la biomasse, et dans les villes, près de 60 % des gens y avaient également recours (AIE, 2006).

La demande[15] de bois-énergie, et en particulier de charbon de bois, continue à s'accroître dans les pays du bassin du Congo. Les profils énergétiques varient d'un pays à l'autre dans le bassin du Congo, en fonction de la richesse du pays, de l'accès à l'électricité ainsi que de la disponibilité et du coût des combustibles fossiles et ligneux. Le tableau 2.8 illustre le rôle de l'énergie tirée de la biomasse ligneuse dans différents pays du bassin du Congo. En République démocratique du Congo, les combustibles renouvelables et les déchets (essentiellement le bois de chauffage et le charbon de bois) représentaient 93 % de l'énergie totale consommée en 2008, dans un contexte où moins de 12 % de la population avait accès à l'électricité en 2009 et où les combustibles fossiles ne satisfaisaient que 4 % des besoins énergétiques du pays en 2008. Avec ses 8 à 10 millions d'habitants, la ville de Kinshasa consomme à elle seule, 5 millions de mètres cubes de bois de chauffage ou l'équivalent par an. Au Gabon, par contre, la dépendance vis-à-vis de l'énergie tirée de la biomasse est nettement moindre grâce à un vaste réseau électrique et au gaz subventionné pour la cuisine.

Tableau 2.8 Portefeuille de la consommation d'énergie et accès à l'électricité dans les pays du bassin du Congo, 2008 (et 2009)[16]

	Consommation énergétique (kt d'éq. pétrole)	Consommation énergétique (kt d'éq. pétrole) par pers.)	Combustibles renouvelables et déchets (% de l'énergie totale)	Consommation d'énergie fossile (% du total)	Consommation d'électricité (kWh par hab.)	Accès à l'électricité (% en 2009)
Cameroun	7,102	372.1	71	23.9	262.6	48.7
République centrafricaine	—	—	—	—	—	—
République démocratique du Congo	22,250	346.3	93.4	4	95.2	11.1
République du Congo	1,368	378.4	51.3	43.5	150.2	37.1
Guinée Equatoriale	—	—	—	—	—	—
Gabon	2,073	1,431.50	52.5	43.8	1,158	36.7

Source : Banque mondiale – Indicateurs du développement dans le monde, 2012; AIE, 2010: Base de données sur l'accès à l'électricité[17].

La production de charbon a plus que doublé dans le bassin du Congo entre 1990 et 2007. On estime à 2,4 millions de tonnes, la quantité de charbon de bois produite en 2007. Environ 75 % sont produits en République du Congo, suivie par le Cameroun, avec près de 10 %; le pays abrite plus de 20 % de la population régionale et la consommation de charbon de bois par habitant y est donc relativement faible par rapport aux autres pays de la région (voir tableau 2.9).

Habituellement, le déplacement vers les zones urbaines entraîne un passage du bois de chauffage au charbon de bois, ce dernier étant moins cher et plus facile à transporter et à stocker.[18] L'urbanisation est généralement associée à un mode de vie plus énergivore qui modifie la façon de consommer l'énergie. Les ménages urbains sont souvent plus petits qu'en milieu rural, rendant ainsi moins efficace la consommation par habitant de combustibles pour la cuisine. En plus d'être utilisé par les ménages, le charbon de bois est souvent le principal combustible utilisé pour la cuisine par beaucoup de petits restaurants des bords de route et les cuisines des institutions publiques telles que les écoles et les universités, les hôpitaux et les prisons. Le bois de chauffage étant lourd et encombrant, et donc difficile et coûteux à transporter sur de longues distances, il est souvent transformé en charbon de bois lorsqu'il doit être utilisé à une certaine distance de la forêt où il a été récolté.

Le charbon de bois est principalement produit à l'aide de techniques traditionnelles, peu efficaces (voir diagramme 2.8). Des fours à carboniser en terre prenant la forme de fosses ou de buttes (légèrement plus efficaces) sont traditionnellement utilisés pour la production de charbon de bois dans différentes parties du monde. Dans le premier cas, le bois est simplement empilé dans une fosse, tandis que dans le second, il est disposé de façon polygonale. Dans les deux cas, il est ensuite recouvert d'herbes scellées sous une couche de sable, avant d'allumer le four. Les deux types de fours produisent un charbon de bois de qualité inférieure.

Le secteur de l'énergie tirée de la biomasse contribue de manière importante aux économies des pays du bassin du Congo. La contribution du secteur de l'énergie tirée de la biomasse ligneuse à l'économie générale est estimée à

Tableau 2.9 Production de charbon de bois dans des unités de production (en milliers de tonnes)

Pays	1990	1995	2000	2005	2007
Cameroun	216	289	99	105	232
République centrafricaine	0	0	21	120	182
République démocratique du Congo	791	1,200	1,431	1,704	1,826
République du Congo	77	102	137	165	181
Guinée équatoriale	—	—	—	—	—
Gabon	10	13	15	18	19
Total bassin du Congo	1,094	1,604	1,704	2,112	2,440

Source : Division de statistique des Nations Unies, base de données sur les statistiques de l'énergie, http://data.un.org/.

plusieurs centaines de millions de dollars EU dans la plupart des pays d'Afrique subsaharienne. Il est souvent considéré comme le secteur informel le plus dynamique, avec la plus grande valeur ajoutée en Afrique subsaharienne. Il emploie une importante main-d'œuvre[19]. Dans la plupart des pays, les transporteurs et/ou les grossistes dominent cependant la chaîne d'approvisionnement du bois de chauffage et engrangent des profits disproportionnés, laissant aux producteurs un profit marginal (l'économie politique du réseau commercial du charbon de bois a été analysée par Trefon et coll. (2010) pour Kinshasa et Lubumbashi, avec une présentation détaillée des différents acteurs, y compris leurs stratégies, relations et pouvoirs comme illustré dans l'encadré 2.7). Toutefois, la contribution du secteur aux recettes publiques est limitée en raison de l'évasion généralisée des droits de licence et taxes de transport. On estime que les administrations nationales et locales perdent plusieurs dizaines voire des centaines de millions de dollars EU par an à cause de leur incapacité à gérer efficacement le secteur.

La réglementation mise en place pour le secteur du bois de chauffage a tendance à être exagérément compliquée, coûteuse et bureaucratique, et souvent inapplicable, compte tenu des moyens limités mis à la disposition des représentants des administrations locales pour exercer leurs fonctions. Le poids des réglementations retombe essentiellement sur les producteurs, les obligeant à appliquer des règles très strictes en termes de gestion de leurs forêts. La plupart des systèmes d'octroi de licences continuent de fonctionner comme un simple système de perception des recettes (un héritage de l'ère coloniale), sans que le nombre de licences ou les quantités de bois octroyées ne soient liés à un quelconque type de mesures de durabilité. La plupart du temps, ces exigences sont impossibles à satisfaire pour diverses raisons : incapacité de prouver la « propriété de la terre/des arbres », préparation et mise en œuvre onéreuses des plans de gestion durable des forêts, processus bureaucratiques pour l'obtention des documents administratifs auprès des administrations fiscales et/ou forestières, etc. Le processus déraisonnablement compliqué et coûteux qui empêche les producteurs de remplir les exigences réglementaires fait de l'informalité l'unique solution pour le secteur du bois de chauffage. Seul un petit nombre de vendeurs de bois de chauffage basé en ville arrive généralement à obtenir un permis d'exploitation, avec souvent pour résultat, la constitution d'une industrie oligopolistique du bois de chauffage. Le renforcement de la législation existante et de la gouvernance n'apportera pas de solution aux problèmes de la chaîne d'approvisionnement de l'énergie tirée de la biomasse. Une profonde réforme des cadres des politiques et réglementaires est indispensable pour « moderniser » le secteur (Miranda, 2010).

Les prix du bois-énergie sont largement sous-évalués. La structure des prix repose sur une prise en compte incomplète des différents coûts encourus le long de la chaîne de valeur. Elle envoie ainsi des signaux pervers, incompatibles avec les pratiques de gestion durable des forêts. Dans la plupart des cas, la ressource primaire (le bois) est considérée comme « gratuite » : un accès libre et incontrôlé aux forêts et aux arbres a tendance à considérablement amoindrir les coûts de

Encadré 2.7   Économie politique du réseau commercial du charbon de bois (Kinshasa et Lubumbashi)

La chaîne d'approvisionnement commence avec les producteurs de charbon de bois qui obtiennent (souvent temporairement) un accès aux arbres à travers un processus de négociation impliquant les chefs tribaux, les agriculteurs privés, et, dans une moindre mesure, les fonctionnaires de l'État. Les caractéristiques de cette obtention d'un accès aux ressources primaires dépendent du fait que le producteur appartienne ou non à la zone et qu'il travaille seul ou avec un groupe. Une fois que le producteur a obtenu le droit de couper quelques arbres, un four à charbon de bois est construit pour la production. La production du charbon de bois étant un moyen de gagner de l'argent avec relativement peu d'investissements initiaux (par rapport à l'agriculture), elle est devenue une profession de plus en plus populaire. Pendant la saison sèche, les producteurs de charbon de bois sont rejoints par des agriculteurs qui essaient de gagner un supplément d'argent.

Les producteurs de charbon de bois disposent de plusieurs options pour la vente de leurs produits. Dans certains cas, ils apportent leur charbon vers la ville sur un vélo, qu'ils doivent éventuellement louer. Sils opèrent en groupe, les producteurs de charbon de bois peuvent désigner un ou plusieurs membres du groupe pour vendre leurs produits en partageant les bénéfices. Le charbon de bois se vend également en bordure de route, aux conducteurs qui passent par là. Il peut s'agir de voyageurs revenant vers la ville ou de commerçants professionnels effectuant des allers-retours entre les faubourgs et le centre-ville pour acheter et vendre du charbon de bois (et d'autres produits). À Lubumbashi, ces commerçants utilisent fréquemment des vélos pour leurs opérations, tandis qu'à Kinshasa, les grandes distances à parcourir imposent généralement d'avoir recours à des camions. Dans les zones rurales, les intermédiaires collectent le charbon de bois produit dans leur région jusqu'à ce qu'ils en aient suffisamment pour remplir un camion et s'arrangent avec un commerçant pour qu'il vienne enlever leurs produits. Les camions sont aussi fréquemment utilisés pour le transport du charbon de bois à Lubumbashi. Les commerçants ont tendance à former des groupes pour partager un camion et vendre leur charbon de bois à des revendeurs opérant dans de grands dépôts ou aux propriétaires de ces dépôts, qui à leur tour, les vendent à de petits détaillants ou aux consommateurs qui ont les moyens de s'acheter du charbon de bois par sacs entiers. Les petits détaillants revendent le charbon de bois sur les marchés urbains ou au coin des rues, où les consommateurs s'approvisionnent quotidiennement.

Source : Trefon et coll., 2010.

---

production. Le prix est en grande partie composé des coûts de transport et de vente au détail, en aval de la chaîne d'approvisionnement. En conséquence, les signaux économiques ne suffisent pas à promouvoir l'adoption de pratiques durables.

Peu de perspectives de changements importants dans le profil énergétique

La biomasse ligneuse devrait rester la principale source d'énergie au cours des prochaines décennies. Contrairement à la Chine et à l'Inde, où elle a atteint son niveau maximum ou devrait l'atteindre dans un proche avenir, la consommation de l'énergie tirée de la biomasse ligneuse devrait rester à des niveaux très élevés en Afrique subsaharienne et même continuer à augmenter au cours des prochaines décennies (voir diagramme 2.9). Selon les estimations des Perspectives énergétiques mondiales 2010, d'ici 2030, plus de 900 millions de personnes pourraient avoir recours à l'énergie tirée de la biomasse ligneuse en Afrique subsaharienne.

La consommation de charbon de bois dans le bassin du Congo restera élevée ou pourrait même augmenter en valeur absolue au cours des prochaines décennies si on tient compte des perspectives de croissance démographique, d'augmentation de l'urbanisation et de changements relatifs dans les prix des sources alternatives d'énergie destinée à la cuisine. Des prix élevés pour le pétrole peuvent empêcher les pauvres de gravir « l'échelle de l'énergie » : on s'attendait à ce qu'avec l'augmentation des revenus et la stabilité des prix, les consommateurs soient capables de passer du bois de chauffage au charbon de bois, puis aux combustibles fossiles (gaz de pétrole liquéfié (GPL) ou autres). Cependant, dans différents pays, des exemples montrent que ce phénomène ne s'est pas systématiquement concrétisé (Leach, 1992). Une étude régionale réalisée pour l'Afrique du Sud-Est a estimé à près de 80 %, l'augmentation de la consommation de charbon de bois entre 1990 et 2000 aussi bien à Lusaka qu'à Dar es-Salaam (SEI, 2002). Entre 2001 et 2007, la part des ménages utilisant le charbon de bois

Diagramme 2.9 Nombre de personnes dépendant de l'utilisation traditionnelle de la biomasse

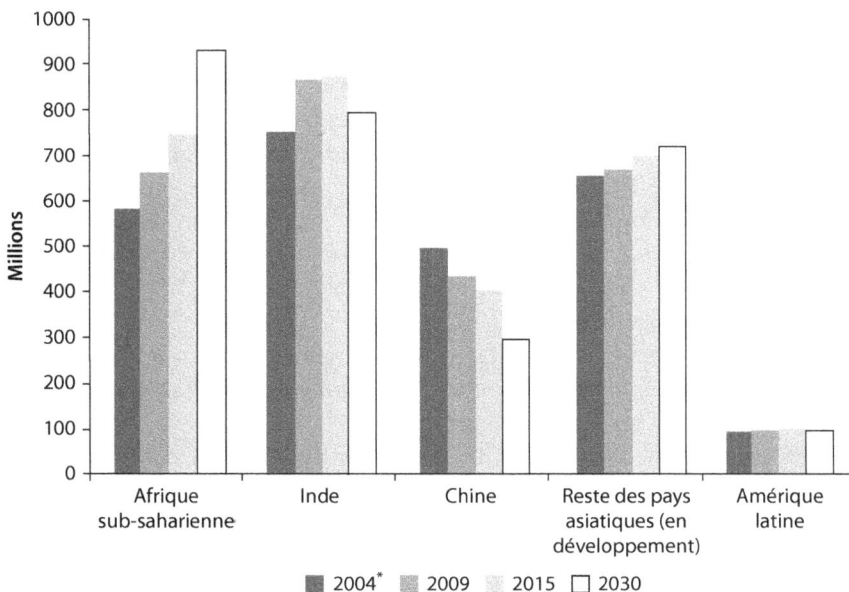

Source : AIE, Perspectives énergétiques mondiales 2010 (* = AIE, Perspectives énergétiques mondiales 2006).

pour la cuisine à Dar es Salam est passée de 47 à 71 % tandis que celle utilisant le gaz de pétrole liquéfié (GPL) chutait de 43 à 18 % (Banque mondiale, 2009). Au Sénégal, les consommateurs sont aussi massivement retournés à la biomasse ligneuse pour la cuisine après que la suppression des subventions ait entraîné une hausse significative des prix du GPL. Dans certains cas, l'augmentation des prix du carburant peut même contraindre les classes plus aisées de la société à revenir aux combustibles ligneux. À Madagascar, par exemple, la classe moyenne supérieure, de plus en plus incapable de s'offrir le GPL, a commencé à revenir au charbon de bois. La fiabilité de l'approvisionnement est un autre facteur qui maintient l'attachement des consommateurs à la biomasse ligneuse : non seulement la quantité achetée peut être ajustée à la quantité d'argent dont dispose le ménage, mais la biomasse ligneuse est disponible à travers un vaste réseau de détaillants, et ne connaît jamais de pénurie. En revanche, l'approvisionnement des autres types de combustibles, en particulier le GPL, est jugé non fiable par les consommateurs et, donc, peu attractif pour une utilisation régulière.

Impacts actuels et futurs sur les forêts

L'extraction du bois à des fins énergétiques constitue l'une des principales menaces pesant sur les forêts du bassin du Congo, avec une augmentation constante des coupes de bois au cours des dernières années. Selon les estimations, plus de 90 % du volume total de bois récolté dans le bassin du Congo serviraient de bois de chauffage (voir tableau 2.10) et une moyenne d'un mètre cube de bois de chauffage serait nécessaire par personne et par an.

En milieu rural, la consommation de bois de chauffage n'est plus considérée comme une cause directe majeure de la déforestation et de la dégradation des forêts. Le bois de chauffage était habituellement associé à la pauvreté énergétique et à l'épuisement des forêts, un vestige de l'ère de la « crise du bois de chauffage » des années 1970 et 1980 (Hiemstra-van der Horst et coll., 2009). Il est maintenant reconnu que la demande de bois de chauffage dans les zones rurales ne représente pas une menace pour les ressources naturelles. Des analyses ont montré qu'une grande partie de l'approvisionnement en bois de chauffage dans les zones rurales provient d'arbres extérieurs aux forêts, de branches mortes et de rondins, et même de résidus forestiers. Lorsque le bois de chauffage est récolté dans les forêts naturelles, la capacité de régénération compense largement les prélèvements de biomasse. Il est donc rarement une cause majeure de dégradation ou de perte des forêts.

La collecte du bois de chauffage devient une menace sérieuse pour les forêts dans les zones densément peuplées. Le bois de chauffage peut être une cause majeure de dégradation des forêts lorsqu'il est soumis à la demande de marchés concentrés, tels que celui des ménages urbains, des industries et d'autres entreprises. Dans les zones rurales densément peuplées, l'équilibre entre l'offre et la consommation est généralement défini par un déficit élevé de bois de chauffage, qui crée une énorme pression sur les zones boisées entourant les villes. Vu la faiblesse de la réglementation et du contrôle de la collecte du bois, les opérateurs sont susceptibles de récolter le bois aussi près

Tableau 2.10 Données de base sur le secteur des combustibles ligneux en Afrique centrale

Classification de la FAO	Quantité
Pays	
Superficie (en millions d'hectares)	529
Population (en millions d'habitants)	105
Forêts	
Superficie (en millions d'hectares)	236
Superficie (hectare/habitant)	2.2
Stock actuel	
Volume (m³/hectare)	194
Volume total (millions de m³)	46,760
Biomasse (m³/hectare)	315
Biomasse totale (millions de m³)	74,199
Carbone (t/ha)	157
Carbone total (millions de tonnes)	37,099
Production	
Combustible ligneux (x1, 000 m³)	103,673
Bois industriel	12,979
Bois débité	1,250
Quelques ratios calculés	
Consommation de combustibles ligneux (m³/habitant)	0.99
Consommation de combustibles ligneux/production totale de bois (%)	90

Source : Marien, 2009.
Note : Selon les estimations, la majorité du bois extrait est utilisé comme bois de chauffage, mais, comme la majorité du bois de chauffage est récoltée par l'économie informelle, les quantités de bois prélevées peuvent être sous-estimées. ha = hectare; m³ = mètre cube; t = tonne

que possible des marchés afin de maximiser leur profit, avec pour conséquence, une dégradation des zones boisées situées autour des marchés urbains (Angelsen et coll. 2009). De même, si elle n'est pas correctement réglementée, la demande de bois de chauffage émanant des industries et autres entreprises peut constituer une grave menace pour les ressources forestières locales, étant donné que la demande peut être élevée dans une petite zone géographique.

Les zones d'approvisionnement des villes pour satisfaire leur demande d'énergie s'étendent avec le temps, comme l'illustre le cas de Kinshasa. Kinshasa, une mégalopole de 8 à 10 millions d'habitants, est située dans une mosaïque de forêts et de savane, sur les plateaux Batéké, en République démocratique du Congo. L'approvisionnement de la ville en combustibles ligneux, d'environ 5 millions de mètres cubes par an est le plus souvent récolté de façon informelle dans des forêts-galeries dégradées situées dans un rayon de 200 kilomètres autour de Kinshasa. Les forêts-galeries sont les plus affectées par la dégradation causée par la récolte du bois, et même les forêts situées au-delà de ce rayon de 200 kilomètres sont progressivement touchées, tandis que la zone périurbaine s'étendant sur 50 kilomètres autour de la ville a subi une déforestation complète. Autour de Kinshasa, sur les plateaux Batéké, des plantations sont en cours de création pour diversifier les sources d'approvisionnement en bois de chauffage (voir encadré 2.8).

Si ses sources ne sont pas gérées de manière adéquate, le charbon de bois pourrait constituer la principale menace pour les forêts du bassin du Congo dans les prochaines décennies. Une diminution de la demande de charbon de bois est peu probable : le principal défi est donc la capacité des pays à mettre en place une chaîne d'approvisionnement durable pour le charbon de bois. La situation est particulièrement critique dans les zones densément peuplées. Les plantations pourraient fournir de la biomasse ligneuse pour l'énergie. Par exemple, Pointe-Noire, située à la limite d'une mosaïque de forêts et de savane, est une ville industrielle d'environ un million d'habitants. Dans un rayon de 20 à 40 kilomètres de la ville, des plantations d'eucalyptus (gérées par l'entreprise *Eucalyptus Fibers Congo* – EFC) fournissent la majeure partie du bois de chauffage consommé à Pointe-Noire, tandis que, pour des raisons de coûts et de transport, le bois récolté plus loin jusqu'à 80 kilomètres de Pointe-Noire, dans des forêts-galeries, est plutôt transformé en charbon de bois. L'approvisionnement en énergie domestique de Pointe-Noire est relative-ment durable, causant peu de déforestation et de dégradation (Marien, dans Wasseige et coll. 2009).

Il est urgent de moderniser le secteur. La corruption et la structure oligopo-listique de la commercialisation sont des obstacles majeurs à toute tentative

---

Encadré 2.8 Kinshasa, vers une diversification des sources d'approvisionnement en bois de chauffage

Des plantations ont été créées autour de la mégalopole pour soutenir un approvisionnement plus durable en combustibles ligneux. Entre la fin des années 1980 et le début des années 1990, quelque 8 000 hectares de plantations ont été aménagés à Mampu, sur des pâturages de savane dégradés situés à 140 kilomètres de Kinshasa, pour couvrir les besoins en charbon de bois de la ville. Aujourd'hui, la plantation, aménagée en parcelles de 25 hectares, est gérée par 300 familles, pratiquant une rotation des cultures qui tire avantage des propriétés de fixa-tion de l'azote des acacias et des résidus de la production de charbon de bois pour accroître les rendements agricoles.

Un autre périmètre, exploité par une entreprise privée congolaise du nom de Novacel, pratique la culture intercalaire du manioc et de l'acacia afin de produire des aliments, du charbon durable, et aussi des crédits carbone. À ce jour, sur les 4 200 hectares prévus, environ 1 500 ont été plantés. Les arbres ne sont pas encore suffisamment grands pour produire du charbon, mais le manioc est récolté, transformé et vendu depuis plusieurs années. La société a également bénéficié de quelques paiements initiaux pour le carbone. Le projet produit environ 45 tonnes de tubercules de manioc par semaine a créé 30 emplois à plein temps et 200 emplois saisonniers. Novacel réinvestit une partie des recettes issues de ses crédits car-bone dans des services sociaux locaux, notamment l'entretien d'une école élémentaire et d'un centre de santé.

---

de formalisation des chaînes de valeur du bois de chauffage. La réglementation existante a tendance à limiter les droits d'accès aux ressources locales, mais elle est largement insuffisante en ce qui concerne les niveaux en aval de la chaîne de valeur (transformation, transport et commercialisation). L'économie politique du secteur est très complexe, avec de grands intérêts en jeu. La plupart du temps, le renforcement de la législation et du système de gouvernance existants ne peut apporter de solution à la chaîne d'approvisionnement de l'énergie tirée de la biomasse, et une réforme en profondeur des cadres politiques et règlementaires s'impose pour « moderniser » le secteur (Miranda, 2010).

Secteur des infrastructures de transport[20]

Réseaux de transport : insuffisants et en mauvais état

Le bassin du Congo est l'une des régions du monde les moins bien dotées en infrastructures de transport. Il est confronté à un environnement difficile, où une forêt tropicale dense est traversée par de nombreux cours d'eau, qui nécessitent la construction de multiples ponts. Étant donné cette complexité environnementale, la construction d'infrastructures de transport ainsi que leur entretien constituent sans conteste un défi majeur pour les pays du bassin du Congo. Des études récentes indiquent que l'investissement nécessaire par kilomètre de nouvelle route est nettement supérieur à celui des autres régions d'Afrique subsaharienne, et qu'il en est de même pour l'entretien.

Les infrastructures de transport sont en mauvais état. Le capital physique des infrastructures de transport est très détérioré dans le bassin du Congo. Les trois principaux modes de transport de la sous-région, à savoir les routes, les voies navigables et les chemins de fer sont concernés par cette situation.

Un réseau de transport routier quasi inexistant et mal entretenu

La densité des routes est particulièrement faible dans les six pays du bassin du Congo (entre 17,3 kilomètres pour 1 000 kilomètres carrés en République démocratique du Congo et 71,7 kilomètres pour 1 000 kilomètres carrés au Cameroun), alors qu'elle est en moyenne de 149 kilomètres pour 1 000 kilomètres carrés pour l'Afrique subsaharienne. Toutefois, cette faible densité routière dans les pays du bassin du Congo semble en partie compensée par la faible densité de la population (notamment dans les zones rurales). (Voir diagramme 2.10 et diagramme 2.11).

Seule une partie très limitée du réseau routier est considérée comme de bonne qualité. Le ratio des routes classées dans un état bon ou acceptable varie entre 25 % en République du Congo et 68 % en République centrafricaine[21]. Ce ratio est dans l'ensemble inférieur à la moyenne des pays à faible revenu (PFR) et des pays riches en ressources (voir diagramme 2.12).

Le réseau routier se trouve dans un état de délabrement avancé dans la plupart des pays du bassin du Congo, en raison d'un mauvais entretien et d'une absence de maintenance au cours des dernières décennies (la situation a été

Diagramme 2.10 Réseau routier total par superficie (km / 1000 km^2)

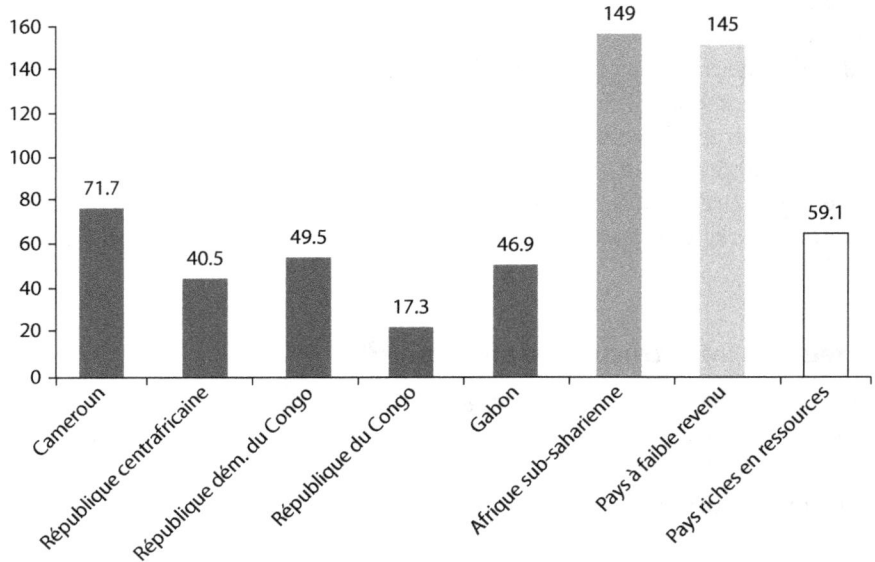

Source : Auteurs, préparé à partir de la base de données de l'AICD (consultée en mars 2012).

Diagramme 2.11 Réseau routier total par population (km / 1000 personnes)

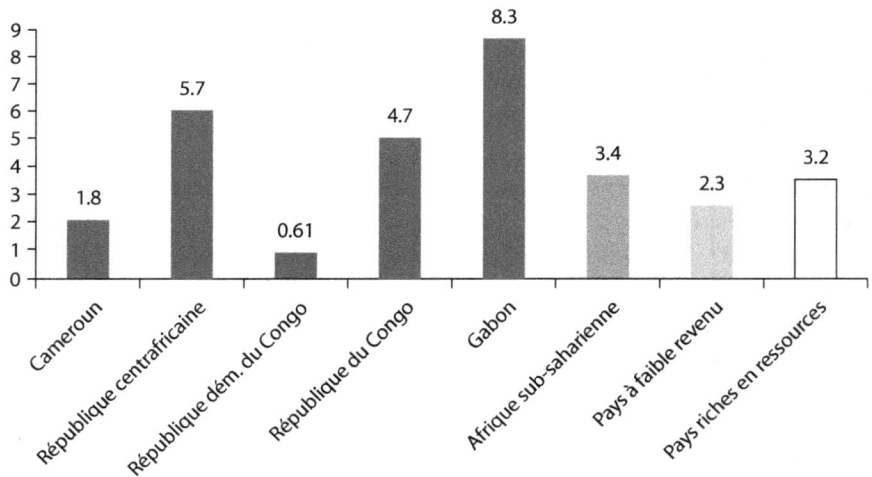

Source : Auteurs, préparé à partir de la base de données de l'AICD (consultée en mars 2012).

aggravée dans les pays ayant subi une guerre civile prolongée). Jusqu'à ces quelques dernières années, le budget alloué aux infrastructures routières a été excessivement réduit et les mécanismes financiers (*Fonds routiers*) censés appuyer la maintenance ont été tout sauf acceptables. C'est pourquoi le système de transport routier dans le bassin du Congo se caractérise par sa mauvaise

Diagramme 2.12 État des infrastructures de transport routier

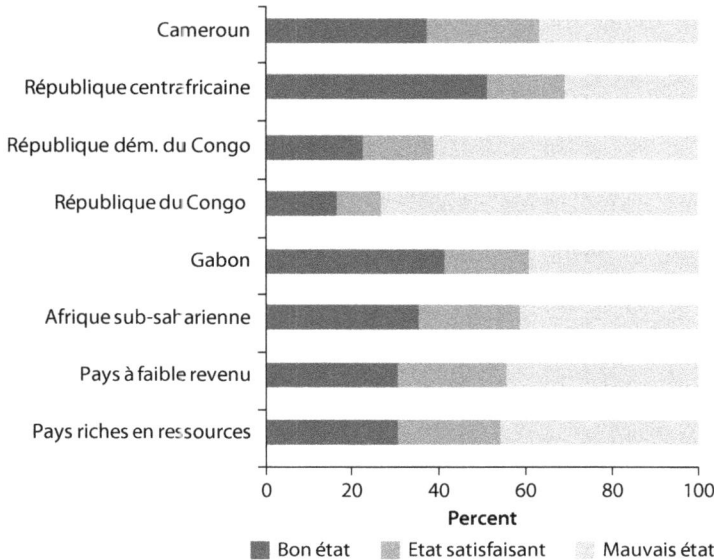

Source : Auteurs, préparé à partir de la base de données de l'AICD (consultée en mars 2012).

qualité, comme le montre l'indice de qualité du transport routier[22]. Celui-ci a été calculé pour l'ensemble des pays de l'Afrique subsaharienne et fixé à 100 pour le meilleur réseau de transport routier du continent (celui de l'Afrique du Sud) (voir diagramme 2.13).

Le réseau de transport fluvial

En dépit de son énorme potentiel, le système des voies navigables reste un mode de transport marginal dans le bassin du Congo. Le bassin du Congo dispose d'un réseau navigable de 12 000 kilomètres, couvrant près de 4 millions de kilomètres carrés dans neuf pays. Le volume des biens transportés par eau – essentiellement des produits agricoles, du bois, des minéraux et du carburant – est très modeste. En outre, ces voies ne sont pas praticables toute l'année. En théorie, vu leur faible coût de 0,05 dollar EU par tonne-kilomètre (contre 0,15 dollar par tonne-kilomètre pour les frets routier et ferroviaire) et malgré le fait qu'elles soient plus lentes, les voies navigables pourraient renforcer de manière significative le réseau de transport multimodal desservant la région. En pratique, le transport fluvial est toutefois encore loin de tenir ses promesses en termes de contribution au développement économique général. Il a au contraire décliné depuis les années 1950, en raison de la vétusté et de l'insuffisance de ses infrastructures, de l'inadéquation de sa maintenance, de la médiocrité de son cadre réglementaire et des nombreux obstacles non physiques entravant les déplacements, etc.

Diagramme 2.13 Indice de qualité du transport routier pour les pays de l'Afrique sub-saharienne

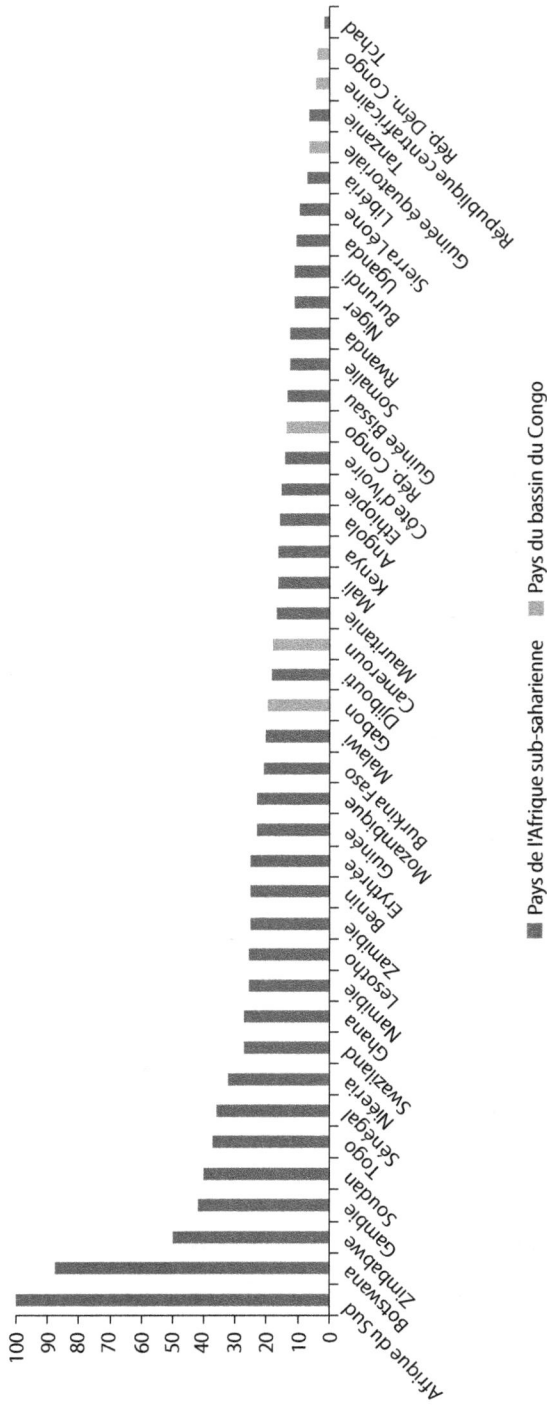

■ Pays de l'Afrique sub-saharienne ■ Pays du bassin du Congo

Source : Auteurs, préparé à partir de la base de données de l'AICD (http://www.infrastructureafrica.org/tools; consultée en mars 2012).

Le réseau ferroviaire

Hérité de l'ère coloniale le réseau ferroviaire a été mal entretenu et est largement non connecté. Le réseau ferroviaire des pays du bassin du Congo couvre un total de 7 580 kilomètres, dont plus d'un tiers n'est pas pleinement opérationnel. Il est principalement organisé pour les besoins de l'économie extractive (bois et minéraux) (voir tableau 2.11). Son développement reflète la faiblesse historique des échanges commerciaux entre les pays africains. Le réseau ferroviaire dans le bassin du Congo est très peu performant : il est toutefois comparativement plus développé en République du Congo et au Cameroun, et dans une moindre mesure au Gabon.

Tableau 2.11 Composition du fret en pourcentage du tonnage total

Pays	Société	Bois	Ciment et matériaux de construction	Engrais	Produits pétroliers	Minerais et minéraux	Produits agricoles	Autres	Total
Cameroun	Camrail	37	2	4	26	—	19	19	100
Rép. Dém. Congo	CFMK	11	6	—	4	24	—	55	100
Rép. Dém. Congo	SNCC	2	3	—	8	85	—	2	100
Rép. du Congo	CFCO	41	2	1	12	1	2	41	100
Gabon	SETRAG	30	—	—	—	60	—	10	100

Source : Document d'information 17 de l'AICD, 2010.

Les corridors régionaux

Les corridors régionaux sont eux aussi extrêmement détériorés. Seule la moitié des grands corridors commerciaux des pays du bassin du Congo est en bon état, ce qui entraîne des tarifs élevés pour le fret (de loin les plus élevés de l'Afrique subsaharienne) (voir tableau 2.12). La qualité de ces corridors routiers a un grand impact sur les économies de la région, en particulier celle de la République centrafricaine[23], le seul pays enclavé du bassin du Congo.

Les services de transport : chers et de mauvaise qualité

Les prix du transport en Afrique sont les plus élevés du monde. Les services de transport dans les pays de l'Afrique centrale sont parmi les moins performants au

Tableau 2.12 Principaux corridors de transport de l'Afrique pour le commerce international

Corridor	Longueur (km)	Routes en bon état (%)	Densité des échanges (millions d'USD/KM)	Vitesse implicite	Tarif du fret (USD/ tonne-km)
Occidental	2,050	72	8.2	6	0.08
Central	3,280	49	4.2	6.1	0.13
Oriental	2,845	82	5.7	8.1	0.07
Méridional	5,000	100	27.9	11.6	0.05

Source : AICD, 2010.

monde. Ils sont caractérisés par des coûts très élevés et une qualité médiocre (selon l'Indicateur de performance logistique ou IPL) (voir diagramme 2.14). La CEEAC[24] rapporte que le transport du fret entre Douala et Ndjamena coûte 6 000 dollars EU par tonne et prend 60 jours, contre seulement 1 000 dollars EU et une durée de 30 jours entre Shanghai et Douala. Le fret ferroviaire en République démocratique du Congo est près de trois fois plus cher qu'en Afrique australe.

Diagramme 2.14 Indicateur de performance logistique dans différentes régions du monde

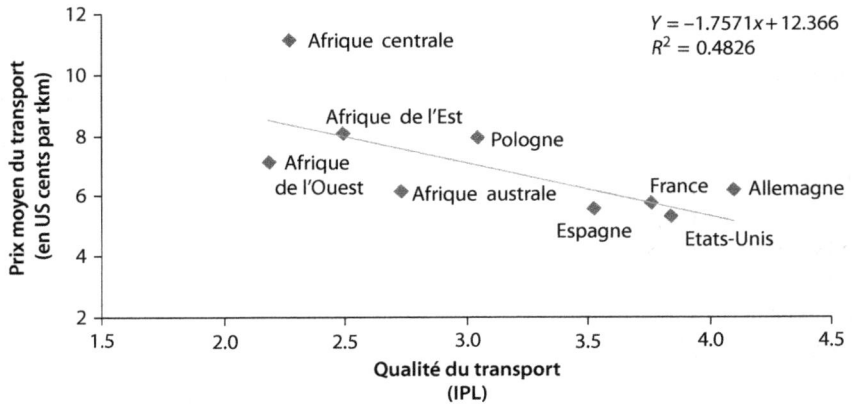

$Y = -1.7571x + 12.366$
$R^2 = 0.4826$

Source : Document d'information 14 de l'AICD, 2008.

Des plans ambitieux pour « transformer » les infrastructures de transport

Le besoin de « transformer les infrastructures de l'Afrique » est encore plus pressant dans le bassin du Congo. Des plans ambitieux sont en cours de préparation aux niveaux régional et continental, tandis que les pays accordent de plus en plus une plus grande priorité à la construction et à la réhabilitation de leurs infrastructures.

Le transport figure parmi les priorités des États. Ces dernières années, la plupart des pays du bassin du Congo se sont fixé des objectifs ambitieux en matière d'infrastructure de transport afin de stimuler leur croissance économique et leur développement. Cela s'est souvent traduit par une augmentation considérable des budgets nationaux alloués au secteur du transport, dont une part importante est consacrée aux investissements, dans la mesure où la priorité est donnée à la construction de nouvelles routes (et dans une moindre mesure, de voies de chemin de fer). Des progrès significatifs ont également été réalisés dans la mobilisation de ressources extérieures pour soutenir la reconstruction du réseau routier. En République démocratique du Congo par exemple, la reconstruction du réseau routier a été clairement érigée au rang de priorité majeure dès la fin du conflit armé. Des efforts notables ont été consentis pour mobiliser des ressources ; ils ont permis à la République démocratique du Congo d'obtenir d'importants engagements financiers de la part de bailleurs de fonds multilatéraux et bilatéraux, ainsi que de la Chine.

Des programmes sont également élaborés aux niveaux régional et continental. Seule une approche régionale est capable d'aborder le problème de la forte fragmentation du réseau. Elle permet de réduire le coût de développement des infrastructures et d'optimiser le potentiel des corridors de transport au sein et en dehors de la région. C'est pourquoi les entités régionales (CEEAC, CEMAC et Union africaine) cherchent toutes à renforcer la coordination entre les pays du bassin du Congo, afin de libérer le potentiel à la fois des industries extractives et des corridors agricoles. Parmi ces initiatives, nous pouvons citer le Programme pour le développement des infrastructures en Afrique (PDIA) placé sous les auspices de l'Union africaine/NEPAD (au niveau continental), le Réseau routier consensuel pour l'Afrique centrale de la Communauté économique des États de l'Afrique centrale (CEEAC), ainsi que des programmes d'autres entités régionales (CEMAC, 2009).

Impacts présents et futurs sur les forêts

Les infrastructures de transport sont l'un des plus robustes indicateurs de la déforestation tropicale. De nombreuses études ont montré une corrélation positive entre le développement de l'infrastructure routière et la déforestation dans les différents blocs de forêt tropicale.[25] Les routes accélèrent la fragmentation des forêts et réduisent leur régénération. Le développement d'infrastructures de transport (notamment les routes et les voies ferrées[26]) s'accompagne d'effets tant directs qu'indirects sur les forêts. Les impacts directs sont généralement limités et portent essentiellement sur une bande de quelques mètres de part et d'autre de la ligne de transport (le couloir de sécurité qui doit être déboisé). Les impacts indirects sont étroitement corrélés à la densité de la population. Dans le cas du sud du Cameroun, où la densité de la population est faible, Mertens et coll. (1997) ont montré que 80 % de la déforestation totale intervient à une distance de moins de 2 kilomètres des routes et qu'elle s'arrête au-delà de 7,5 kilomètres. La situation est différente dans les zones plus densément peuplées (comme le montrent les images satellite du bassin du Congo) et en particulier dans les zones de transition. Les impacts globaux en matière de déforestation pourraient être beaucoup plus importants à long terme et s'étaler sur une longue période, en particulier si la gouvernance des forêts est faible, l'application de la loi médiocre et les sources de revenus possibles des communautés voisines limitées.

Le manque d'infrastructures a jusqu'ici « passivement » protégé les forêts du bassin du Congo. La plupart des agriculteurs sont complètement isolés des marchés potentiels où ils pourraient vendre leur production et acheter des intrants. Ils sont ainsi coupés de toute participation à une économie plus vaste, susceptible d'encourager la concurrence et la croissance. Cette situation crée de fait des économies enclavées, même au sein de pays disposant de ports. Ceci est particulièrement vrai en République démocratique du Congo, avec son énorme territoire et ses infrastructures non connectées. Les agriculteurs ont donc tendance à recourir à l'agriculture de subsistance, qui a peu d'impacts sur les terres boisées. Cette situation accroît sensiblement la vulnérabilité des agriculteurs aux chocs climatiques, mais les protège en même temps des autres chocs extérieurs (liés à la volatilité des prix). La faiblesse des infrastructures a également constitué un obstacle majeur au développement des opérations minières dans le bassin du Congo.

Le modèle CongoBIOM a été utilisé pour évaluer les impacts potentiels des développements du transport planifiés, dont le financement a déjà été obtenu (voir encadré 2.9 sur les hypothèses du scénario « Infrastructure de transport »).

Le modèle CongoBIOM classe le scénario S3 « Amélioration des infrastructures de transport » comme le plus dommageable pour le couvert forestier (voir diagramme 2.2). Le modèle montre que la surface déboisée totale est trois fois plus vaste que dans le scénario du statu quo (et que le total des émissions de gaz à effet de serre est plus de quatre fois supérieur, étant donné que, selon le modèle, l'essentiel de la déforestation a lieu dans les forêts denses). La majeure partie des impacts ne découle pas du développement des infrastructures lui-même, mais est la conséquence indirecte de la libération des possibilités économiques induite par l'amélioration de l'accès aux marchés et de la connectivité.

Encadré 2.9 Hypothèses du scénario « Transport » du modèle CongoBIOM

Infrastructures planifiées : Ce scénario est fondé sur l'hypothèse que la stabilité politique et de nouvelles possibilités économiques (dans l'agriculture, l'industrie minière, etc.) vont démultiplier à la fois le développement des nouvelles infrastructures de transport et la réparation de celles déjà existantes. Le modèle englobe les projets dont le financement est acquis. Les informations sur ces projets d'infrastructures de transport planifiés, fournies par leurs ministères pour le Cameroun, la République centrafricaine, et le Gabon, et par la Banque mondiale pour la République démocratique du Congo (AICD), ont été utilisées dans le modèle pour prévoir l'impact.

Densité de la population : Comme nous l'avons vu dans la section du Chapitre II traitant des « Impacts du transport routier sur les forêts », la préservation du couvert forestier le long des axes de transport dépend en très grande partie de la densité de la population. Il est donc essentiel de tenir compte de la distribution ainsi que des perspectives de croissance de la population pendant la période de simulation, parce que l'augmentation de la population entraîne des changements dans la dynamique de l'accès aux forêts et de l'extraction des ressources. C'est pourquoi des paramètres de croissance démographique ont été intégrés dans le modèle CongoBIOM. Entre 2000 et 2030, la population devrait doubler dans le bassin du Congo, avec un taux annuel moyen de croissance de 3,6 % entre 2000 et 2010 et de 2,2 % entre 2020 et 2030 ; ce qui portera la population à 170 millions d'habitants à l'horizon 2030.

Les tendances de l'urbanisation ont également été informatisées : Comme dans d'autres régions en développement, le processus d'urbanisation devrait s'intensifier dans le bassin du Congo. D'après les estimations des Nations Unies (2009), le nombre de villes de plus d'un million d'habitants devrait passer de 4 en 2000 à 8 en 2025 dans le bassin du Congo, avec 15 millions d'habitants pour la seule ville de Kinshasa. Le nord et le sud-ouest du Cameroun ainsi que la frontière orientale de la République démocratique du Congo continueront à avoir de fortes densités de population.

Source : IIASA-CongoBIOM, 2011.

L'amélioration des transports réduit les coûts de transport. Le modèle CongoBIOM maintient les coûts de transport actuels dans le bassin du Congo, au sein d'un ensemble de données spatialement explicite. Le coût du transport intérieur a été estimé sur la base du temps moyen nécessaire pour aller de chacune des unités de simulation jusqu'à la ville de plus de 300 000 habitants la plus proche (y compris les villes situées dans les pays voisins), dans le cadre des réseaux de transport existants en 2000: routes, chemins de fer et cours d'eau navigables; altitude, pente, frontières et l'occupation des sols. Le scénario S3 « Amélioration des infrastructures de transport » utilise la même méthodologie et les mêmes paramètres, et calcule les coûts intérieurs sur base des projets d'infrastructure pour la période de simulation 2020–2030. Les coûts de transport devraient diminuer dans les mêmes proportions que les temps de transport[27].

Améliorer les infrastructures pour libérer le potentiel de l'agriculture. La diminution des coûts de transport peut entraîner des changements significatifs dans l'équilibre économique des zones rurales et la dynamique du développement agricole. La chaîne causale mise en évidence par le modèle est la suivante :

Infrastructures améliorées → Accroissement de la production agricole → Augmentation de la pression sur les forêts

Un réseau de transport en meilleur état a tendance à réduire le prix des produits agricoles pour le consommateur, tandis que les prix hors coûts de transport ont tendance à augmenter pour les producteurs. Cela entraîne une hausse de la consommation (souvent à travers un phénomène de substitution[28]) qui, à son tour, encourage les producteurs à produire davantage. Généralement, un nouvel équilibre est atteint avec un volume plus grand et des prix plus bas que dans la situation initiale. Pour le scénario « Amélioration des infrastructures de transport »[29], le modèle CongoBIOM prévoit une augmentation de 12 % du volume total des cultures produites et une baisse de l'indice des prix des cultures locales suite à l'amélioration des infrastructures dans le bassin du Congo. Les diagrammes ci-dessous montrent les « points chauds » de déforestation prévus en conséquence de l'expansion agricole.

La compétitivité internationale des produits agricoles et forestiers profite elle aussi de la réduction des coûts de transport. Toutefois, le phénomène pourrait ne pas être aussi important que le soutiennent généralement les pays du bassin du Congo. De fait, en dépit de l'énorme potentiel représenté par la disponibilité des terres et leur adéquation aux biocarburants, les simulations du modèle CongoBIOM indiquent que leur piètre environnement des affaires placerait les pays du bassin du Congo dans une position désavantageuse par rapport aux autres grands bassins. Toutefois, les signes d'un intérêt croissant porté au Cameroun par les investisseurs étrangers laissent entrevoir de nouvelles tendances, potentiellement liées aux décisions en matière de politiques prises par d'autres grands pays producteurs (par exemple, le moratoire indonésien sur les nouvelles plantations de palmiers à huile entraînant une déforestation) (voir encadré 2.10).

Encadré 2.10 Le palmier à huile au Cameroun : un nouvel élan ?

D'après les prévisions, la demande mondiale d'huile de palme, l'huile végétale la plus consommée sur la planète, devrait augmenter au moment où celle-ci est à la recherche de nouvelles sources de nourriture et d'énergie abordables. En 2011, la Malaisie et l'Indonésie dominaient la production d'huile de palme, mais la forte tendance à la hausse de la consommation l'a rendue attractive pour les investisseurs cherchant à diversifier leurs sources d'approvisionnement dans des tropiques, y compris dans le bassin du Congo. Le Cameroun en est un bon exemple. Au moins six entreprises chercheraient à y acquérir plus d'un million d'hectares pour la production d'huile de palme (Hoyle et coll. 2012). En 2010, ses 230 000 tonnes d'huile de palme brute produites sur un domaine de 190 000 hectares (où les petites exploitations indépendantes représentaient 100.000 hectares, et le reste était constitué de plantations familiales supervisées et de plantations agro-industrielles) faisaient du Cameroun le 13e producteur mondial. Par rapport aux autres cultures du bassin du Congo, dont la productivité est nettement inférieure à celle des autres pays, les rendements de l'huile de palme au Cameroun figurent aussi parmi les plus élevés au monde (à égalité avec la Malaisie). Vu son potentiel de croissance, de création d'emplois et de réduction de la pauvreté, la production industrielle d'huile de palme est une priorité nationale, et des plans prévoient de la porter à 450 000 tonnes d'ici 2020. Toutefois, certains des sites de plantation pré-identifiés dans le cadre de nouveaux accords fonciers potentiels pourraient poser des problèmes dans la mesure où ils sont situés dans des forêts à haute valeur de conservation ou à proximité de points chauds pour la biodiversité.

Exploitation forestière illégale. Dans de nombreuses régions, l'ouverture de nouvelles routes est immédiatement associée à un accroissement des activités illégales, notamment l'exploitation forestière. Longtemps oubliée, la demande intérieure de bois (à la fois pour la construction et l'énergie) est aujourd'hui reconnue comme plus importante que l'exportation vers les marchés internationaux. Elle fait peser une pression accrue sur les ressources forestières, et sans un bon système de gouvernance, les activités non contrôlées tendent à exploser.

Le secteur de l'exploitation forestière

Un double profil formel/informel

Le secteur de l'exploitation forestière dans le bassin du Congo est caractérisé par une double configuration avec, d'une part, un secteur formel à haute visibilité, presque exclusivement tourné vers l'exportation et dominé par de grands groupes industriels à capitaux étrangers; et d'autre part, un secteur informel longtemps négligé et sous-estimé. La production et le commerce du bois au niveau national ne sont généralement pas recensés, et il existe donc peu d'information sur leur étendue.

Dynamiques de déforestation dans le bassin du Congo • http://dx.doi.org/10.1596/978-0-8213-9827-2

Le secteur formel : des progrès majeurs, à poursuivre

Le secteur formel a fait d'énormes progrès au cours des dernières décennies. Comme décrit dans la Section 1.d. du Chapitre 1, le secteur de l'exploitation forestière industrielle a été un secteur économique majeur dans la plupart des pays du bassin du Congo. Il représente la forme d'utilisation des terres la plus extensive d'Afrique centrale, avec environ 450 000 kilomètres carrés de forêts en concession. Les pays du bassin du Congo ont fait des progrès majeurs en matière de gestion durable des forêts (GDF) dans les concessions forestières d'Afrique centrale au cours des dernières décennies. La région est l'une des plus avancées en termes de zones disposant d'un plan de gestion approuvé ou en cours d'élaboration.

Des progrès doivent néanmoins encore être faits pour que les principes de la GDF soient complètement appliqués sur le terrain. Des études indiquent qu'en dépit de ces progrès, les principes de la GDF ne sont pas encore complètement mis en œuvre sur le terrain dans les concessions d'exploitation forestière. Même si le processus d'élaboration ou d'approbation du plan de gestion pour une concession d'exploitation forestière fait généralement appel à de nombreuses compétences techniques, la mise en œuvre du plan semble faire l'objet d'une bien moindre attention dans beaucoup de pays. De plus, les normes actuelles de GDF ont été établies à partir de la connaissance de la dynamique des forêts au moment de l'élaboration de la réglementation, et gagneraient à être revues. En fait, des connaissances pratiques ont été accumulées au niveau des concessions au cours des dix dernières années, et permettraient d'ajuster les paramètres et les critères de la GDF. Cette révision pourrait également tenir compte de nouveaux éléments, tels que le changement climatique, qui a déjà des conséquences sur la dynamique des forêts dans le bassin du Congo (taux de croissance, mortalité et régénération). En outre, les principes de GDF pourraient s'écarter d'une approche purement technique et de manière plus large, intégrer les produits non ligneux, la conservation de la biodiversité et les services environnementaux dans les plans de gestion des forêts. Ce type de gestion forestière polyvalente devrait mieux répondre aux besoins des multiples parties intéressées dépendant des ressources forestières, et également ajouter de la valeur aux forêts. La GDF pourrait servir d'instrument pour une approche de gestion polyvalente tandis que la planification d'utilisations multiples serait élargie au niveau du paysage.

Le secteur informel : longtemps négligé

Le secteur informel du bois a longtemps été négligé, tant par les entités nationales que par la communauté internationale, qui durant les dernières décennies, se sont essentiellement concentrées sur le secteur industriel et orienté vers les exportations. En 1994, la dévaluation de la monnaie régionale (le franc CFA) a relancé l'exportation du bois aux dépens des marchés nationaux, qui se sont donc considérablement contractés. La reprise et l'expansion du marché intérieur au cours des dernières années constituent un brusque revirement, et l'économie nationale et régionale du bois est aujourd'hui reconnue comme aussi importante que le secteur formel.

Dans certains pays, on estime que l'importance économique du secteur informel dépasse celle du secteur formel (Lescuyer et coll., 2012). Au Cameroun et en République démocratique du Congo par exemple, la production nationale de bois dépasse déjà la production formelle de bois, et en République du Congo, elle représente plus de 30 % de la production totale de bois. Tout récemment, un travail de recherche sur le secteur informel a prouvé l'importance du secteur informel, tant en termes de volumes de bois estimés que d'emplois associés aux activités informelles (de la production à la commercialisation) : les opérateurs nationaux sont aujourd'hui reconnus comme des moteurs de développement pour les petites et moyennes entreprises (Cerruti et coll., 2011 et Lecuyer et coll., 2012).

Le secteur informel est stimulé par l'expansion des marchés nationaux et régionaux. La demande de bois a grimpé en flèche sur les marchés locaux pour satisfaire les besoins croissants des populations urbaines. Malgré cela, l'attention s'est concentrée jusqu'ici sur les tendances des exportations (tant vers les marchés européens que vers le marché asiatique), et il existe très peu d'informations sur les marchés nationaux de la sous-région (nationaux et régionaux) en pleine croissance. Une étude montre que la demande de bois de construction émanant des zones urbaines augmente rapidement. Elle provient non seulement des centres urbains en pleine expansion du bassin du Congo, mais aussi de beaucoup plus loin : il a été récemment rapporté que des réseaux transnationaux bien établis d'approvisionnement en bois allant de l'Afrique centrale jusqu'à des pays aussi éloignés que le Niger, le Tchad, le Soudan, l'Égypte, la Libye et l'Algérie, ont stimulé la croissance de la demande urbaine de matériaux de construction (Langbour et coll., 2010). La connaissance et la compréhension de ces marchés (types de produits, volumes, prix, flux, etc.) restent toutefois partielles et limitées.

Le secteur informel est une source d'avantages socio-économiques importants au niveau local. Les contributions financières du secteur informel aux économies rurales restent largement ignorées par les statistiques officielles. Des études récentes montrent que le secteur informel est un pourvoyeur d'emplois locaux directs et indirects beaucoup plus important que le secteur formel, et que les avantages sont redistribués au niveau local de manière plus équitable qu'à travers les activités du secteur formel. Lescuyer et coll. (2010) ont estimé les gains financiers générés par le secteur informel (sur la base de l'ensemble des salaires locaux, des coûts et des bénéfices) à environ 60 millions de dollars EU par an au Cameroun, 12,8 millions au Congo, 5,4 millions au Gabon (dans la région de Libreville uniquement), et 1,3 million en République centrafricaine (dans la région de Bangui uniquement). En général, les avantages socio-économiques produits par l'abattage à la tronçonneuse sont plus largement distribués dans les communautés que ceux de l'exploitation forestière conventionnelle. La même étude a également prouvé que les revenus tirés de l'abattage à la tronçonneuse qui restent dans les économies rurales du Cameroun sont quatre fois plus élevés que les recettes régionales (à savoir les impôts payés par les sociétés d'exploitation forestière industrielle et redistribués aux conseils et communautés locales). De plus, les revenus générés par les activités d'abattage à la tronçonneuse alimentent également une économie secondaire, générant ainsi des avantages supplémentaires sous la forme d'un développement de services et d'activités commerciales secondaires.

Malgré ces importants avantages socio-économiques locaux, les cadres réglementaires actuels n'arrivent pas à réguler correctement la production nationale de bois. Toute l'attention étant presque exclusivement concentrée sur le secteur industriel du bois, la législation et la réglementation relatives aux forêts, élaborées dans les années 1990, ont été clairement conçues pour protéger les activités industrielles et ne portaient que très peu d'intérêt aux exploitations à plus petite échelle. Les cadres juridiques ou réglementaires ne sont donc pas adaptés aux petites entreprises forestières, qui sont par conséquent contraintes à l'illégalité. À cause de la surexploitation des ressources ligneuses par ces exploitants informels, ce phénomène aggrave l'impact négatif sur les ressources forestières naturelles. Tant que les responsables nationaux et internationaux des politiques ne donneront pas une certaine priorité à la production et la consommation locales de bois, et qu'aucun cadre clair ne réglementera la production et le commerce nationaux du bois, il y a peu de chances que le commerce illégal de bois diminue. Il est urgent de concentrer les efforts sur la formalisation du secteur informel et de définir de nouvelles règles et réglementations capables de soutenir le développement durable de ce secteur dynamique, tout en préservant le capital des forêts naturelles.

Non réglementé, le secteur informel est accaparé par des groupes d'intérêts et ses avantages socio-économiques ont été compromis par des pratiques frauduleuses. Le secteur informel comprend un grand nombre d'opérateurs – scieurs, porteurs, détaillants, marchands de bois de chauffage, propriétaires de scieries, transporteurs de grumes, etc. Bien qu'il opère en dehors de la gouvernance et des systèmes juridiques, il interagit de manière importante avec les entités nationales (administration forestière, douanes, finance, etc.) Une grande partie des avantages est accaparée par les élites communautaires, des particuliers situés au niveau le plus bas de la chaîne logistique (les marchands), ou des fonctionnaires corrompus cherchant à obtenir des commissions informelles. Ces paiements « non officiels » aux fonctionnaires et aux élites locales peuvent également été considérés comme un manque à gagner pour l'État. Lescuyer et coll. (2010) ont extrapolé les estimations de ces paiements au volume total de la production informelle estimée, calculant ainsi que les pertes de revenu dues au secteur informel s'élevaient à 8,6 millions de dollars EU au Cameroun, 2,2 millions en République du Congo, 0,6 million en République centrafricaine et 0,1 million au Gabon.

Le défi de satisfaire la demande croissante de bois (internationale et nationale)
La demande internationale
Les pays du bassin du Congo jouent un rôle relativement faible en termes de production de bois au niveau mondial. Avec une production moyenne de 8 millions de mètres cubes par an, les pays d'Afrique centrale produisent environ

80 % du volume total de bois africain. Leur contribution à la production internationale de bois reste néanmoins faible: en termes de production de bois tropical, l'Afrique centrale reste loin derrière les deux autres grandes régions de forêts tropicales, avec 3 % seulement de la production mondiale de bois rond tropical et 0,4 % de la production mondiale de bois rond (OFAC, 2011).

La part des pays du bassin du Congo dans la production de bois transformé est encore plus faible. Une analyse mondiale du commerce du bois de seconde transformation montre que la valeur des exportations de tous les pays producteurs de l'OIBT réunis était d'environ 5 milliards de dollars EU en 2000, dont 83 % provenait de pays d'Asie et du Pacifique, 16 % d'Amérique latine, et 1 % seulement d'Afrique. À eux seuls, le Ghana et la Côte d'Ivoire représentent presque 80 % de la part des pays africains dans le commerce du bois de seconde transformation, ce qui signifie que la part de l'Afrique centrale est minime (Blaser et coll., 2011).

Les marchés asiatiques absorbent de plus en plus de bois exporté du bassin du Congo. L'Europe était le marché traditionnel des pays producteurs de bois du bassin du Congo. Quoique toujours important, ce marché a tendance à se contracter alors que les marchés asiatiques se développent. À la fin des années 2000, alors que la demande de bois dans l'UE s'effondrait pratiquement en raison de la crise économique, la demande chinoise s'est révélée plus résiliente et aidé les exportations de bois d'Afrique centrale à se maintenir au cours des dernières années (voir encadré 2.11). Les marchés asiatiques ont également des profils et des préférences différents pour les produits ligneux, qui pourraient finir par modifier les modes de production du bois en Afrique centrale. Avec environ 60 % des exportations totales entre 2005 et 2008, l'Asie est aujourd'hui la principale destination des exportations. Elle a consolidé sa position en 2009, à l'apogée de la crise, avec plus de 70 % des exportations totales. De plus, l'Asie, et en particulier la Chine, importe une sélection plus large et des volumes plus élevés d'essences secondaires moins connues, qui peuvent devenir plus importantes si les réserves d'essences primaires destinées à l'exportation se dégradent ou si l'accès aux zones forestières lointaines devient plus coûteux.

La demande nationale (et régionale)

La demande intérieure de bois de construction est en pleine expansion et est presque exclusivement satisfaite par un secteur non réglementé et peu performant. Cette tendance ne devrait pas s'affaiblir dans la mesure où la plupart des pays du bassin du Congo connaissent une importante urbanisation. De plus, comme indiqué plus haut, il existe une demande de bois informel dans d'autres pays africains (tels que le Niger, le Tchad, le Soudan, l'Égypte, la Libye et l'Algérie) où la croissance démographique et l'urbanisation sont massives.

Les sources de bois doivent être réglementées et diversifiées. La situation actuelle est responsable d'une grande inefficacité dans l'approvisionnement en bois des marchés nationaux, ainsi que d'énormes pressions sur les forêts naturelles. Si l'offre nationale de bois n'est pas correctement réglementée, cette situation

Encadré 2.11 Le commerce du bois avec la Chine et d'autres marchés émergents d'Asie

Pour mieux saisir l'influence de la Chine et d'autres marchés émergents d'Asie sur la gestion et les exportations de bois dans le bassin du Congo, il est important de comprendre la dynamique de marché spécifique au commerce du bois entre les pays d'Afrique centrale et la Chine. Suite à la crise asiatique de 1997, la demande de bois des pays asiatiques, et plus particulièrement celle de la Chine, a rapidement augmenté. Entre 1997 et 2006, le volume total des importations chinoises de produits ligneux a presque quadruplé en volume (en équivalent bois rond), passant d'environ 12,5 millions à plus de 45 millions de mètres cubes. La Chine est aujourd'hui l'importateur numéro 1 de produits ligneux dans le monde.

Avec le rapide développement des secteurs manufacturiers chinois, la demande de bois brut décolle en flèche. Cela se traduit également par une évolution de la composition des importations chinoises de bois. Dans les années 1990, la Chine importait principalement de grandes quantités de contreplaqué, mais la forte augmentation des importations de bois au cours des dix dernières années est presque exclusivement due à l'augmentation des importations de grumes, tandis que les importations de bois débité stagnent et que celles de contreplaqué diminuent significativement. En conséquence, depuis plusieurs années, la Chine est devenue la première destination des exportations de grumes en provenance du bassin du Congo, dépassant des destinations historiques telles que l'Italie, l'Espagne ou la France (OIBT, 2011). Depuis plus de 10 ans, le Gabon est le principal fournisseur de grumes d'Afrique centrale pour la Chine (avec, par exemple, des exportations d'une valeur de 400 millions de dollars EU en 2008), suivi par la République du Congo, la Guinée équatoriale et le Cameroun[a]. Par rapport aux exportations en provenance des autres pays du bassin du Congo, les exportations officielles de bois de la République démocratique du Congo vers la Chine se maintiennent à moins de 20 millions de dollars EU. Les ventes de bois de la République démocratique du Congo à la Chine ont toutefois enregistré une brusque tendance à la hausse et les volumes de bois expédiés illégalement via les pays limitrophes n'ont pas été quantifiés, d'où la nécessité d'une étude plus approfondie du secteur des exportations de bois en République démocratique du Congo.

Compte tenu de ces tendances des exportations, plusieurs entreprises forestières occidentales opérant en Afrique depuis des dizaines d'années ont récemment été reprises par des investisseurs de Chine et d'autres pays émergents d'Asie. Par exemple, la firme Leroy-Gabon, anciennement française, puis portugaise, a été rachetée par des intérêts chinois. La société CIB, française à l'origine, puis allemande (à partir de 1968) et enfin danoise (à partir de 2006), opérant en République du Congo, a été vendue à la firme Olam International basée à Singapour (contrôlée par des investisseurs indiens) vers la fin de l'année 2010.

a. les effets de la décision politique d'arrêt des exportations de grumes au Gabon doivent encore être analysés de façon approfondie.

s'aggravera et aura des impacts négatifs majeurs sur l'environnement. Le concept de « foresterie communautaire » a été adopté dans la plupart des pays du bassin du Congo et introduit dans leurs cadres juridiques actuels. La mise en application du concept est néanmoins confrontée à un certain nombre de difficultés. Les systèmes de plantations et d'agroforesterie pourraient également contribuer à la diversification de l'offre de bois sur les marchés nationaux. En plus d'une meilleure gestion des forêts naturelles, la recherche de sources de bois alternatives est clairement nécessaire.

Les capacités de transformation : à moderniser

L'un des paradoxes de l'Afrique centrale est la balance négative du commerce des meubles en bois, dont les importations s'élèvent à 16,5 millions de dollars EU contre 9,5 millions pour les exportations. Au premier abord, le fait que des pays comme le Cameroun sont importateurs nets de meubles peut sembler paradoxal. Le volume des importations et la demande de meubles de qualité étant essentiellement le fait des élites urbaines, des hôtels, des restaurants et des administrations, les producteurs locaux ont des difficultés à exploiter ce marché assez important à cause de ses exigences de qualité et de design, mais aussi d'un manque d'équipement et de compétences adéquats. La qualité inférieure des meubles fabriqués au niveau local empêche les fabricants locaux de faire concurrence à l'industrie mondiale du meuble pour répondre à la demande intérieure de meubles de qualité.

Les capacités de transformation dans le bassin du Congo, lorsqu'elles existent, sont essentiellement limitées à la transformation primaire : scierie pour simple débitage du bois, déroulage et contre-plaqué. En conséquence, plus de 80% des unités de transformation du bois d'Afrique centrale sont des scieries[30] (diagramme 2.15). À eux deux, le Cameroun et le Gabon représentent 60% de la capacité sous-régionale de transformation. Dans la plupart des pays d'Afrique centrale, la transformation secondaire ou tertiaire du bois, c'est-à-dire les étapes générant le

Diagramme 2.15 Unités de transformation du bois en Afrique centrale, 1975 et 1995

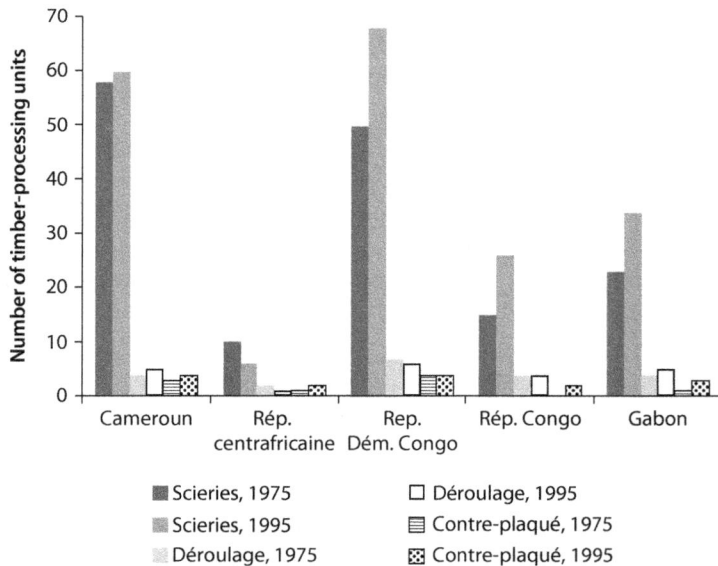

Legend:
- Scieries, 1975
- Scieries, 1995
- Déroulage, 1975
- Déroulage, 1995
- Contre-plaqué, 1975
- Contre-plaqué, 1995

Source : les auteurs, à partir des données de l'OIBT, 2006.

plus de valeur ajoutée et d'emploi (telles que la fabrication de moulures, de planchers et la menuiserie) est à l'état embryonnaire, alors qu'elle est plus développée en Afrique de l'Ouest (Ghana, Côte d'Ivoire et Nigeria). Dans l'ensemble, les pays du bassin du Congo sont à la traîne, excepté dans la production de moulures, de planchers et autre bois sec et profilé, qui s'est développée au Cameroun au cours des dix dernières années. L'un des paradoxes de l'Afrique centrale est que la balance nette du commerce des meubles est négative, avec des importations s'élevant à 16,5 millions de dollars EU contre 9,5 millions pour les exportations.

Les techniques utilisées par les opérateurs informels sont passablement inefficaces (découpe à la tronçonneuse à main), mais les prix bas en vigueur sur les marchés nationaux ont tendance à contrer toute tentative d'amélioration des méthodes de transformation. Diverses études montrent que les petites exploitations forestières sont largement inefficaces, avec un taux de transformation faible, et qu'elles ont tendance à gagner en rentabilité à partir d'une certaine échelle. De plus, le secteur informel approvisionne des marchés moins sélectifs que les marchés d'exportation; les exploitants travaillant à la tronçonneuse ont tendance à utiliser les arbres de manière beaucoup moins efficace pour produire le bois; et les activités informelles surexploitent généralement les zones les plus accessibles, en dépassant les taux de régénération.

Disposer d'une industrie de transformation du bois plus performante et plus moderne a toujours été une priorité importante pour les pouvoirs publics du bassin du Congo. Jusqu'ici, les progrès ont été minimes dans ce domaine, mais des signes indiquent que les choses pourraient changer dans les prochaines années. Les pouvoirs publics deviennent de plus en plus exigeants vis-à-vis des exploitants, pour développer au maximum le niveau de transformation et accroître la valeur ajoutée et l'emploi dans le pays : des restrictions à l'exportation de bois sont actuellement appliquées sous la forme d'interdictions (partielles) des exportations ou de la mise en place de quotas locaux de transformation du bois (quotas minimaux de transformation). Par exemple, les pouvoirs publics du Gabon ont pris des mesures ambitieuses pour créer, en partenariat avec l'opérateur privé Olam[31], une zone franche « Zone économique spéciale » (ZES) à Nkok, à environ 30 kilomètres de Libreville, sur une superficie de 1 125 hectares.

Un développement accru du sous-secteur de la transformation destiné au marché national pourrait multiplier les possibilités de commercialisation d'essences secondaires moins connues. Alors que la valeur du bois débité, du placage, du contreplaqué et des planchers dépend des essences utilisées, les produits ligneux manufacturés ne requièrent pas forcément des essences spécifiques, et leur valeur marchande dépend en fait davantage de leur aspect et de leur qualité. Les essences secondaires représentent une part croissante de l'abattage autorisé en raison de la grande diversité des essences des forêts du bassin du Congo et de la dégradation des forêts primaires restantes. Le développement de l'industrie des produits ligneux manufacturés pourrait donc ajouter de la valeur aux essences secondaires et favoriser une plus large acceptation de ces essences moins connues dans l'offre future de bois. Beaucoup d'essences secondaires d'Afrique centrale se prêtent bien à une transformation plus poussée et présentent un intérêt pour leurs excellentes qualités techniques ainsi que leur grande disponibilité.

Impacts actuels et futurs sur les forêts

Contrairement aux autres régions tropicales, dans le bassin du Congo, les activités d'exploitation forestière n'impliquent généralement pas une transition vers une autre utilisation des terres. Les activités d'exploitation forestière dans le bassin du Congo entraînent généralement une dégradation des forêts plutôt qu'une défor-estation[32]. Peu de chiffres cumulés sont disponibles sur les impacts spécifiques des activités d'exploitation forestière en termes de dégradation. Les taux annuels de dégradation de la forêt dense du bassin du Congo ont été estimés à 0,09 %, sur base d'un taux de dégradation brute de 0,15 %, combiné à un taux de récu-pération de 0,06 % (Nasi et coll., 2009). Malgré l'insuffisance des données dis-ponibles pour l'impact quantitatif des activités d'exploitation forestière sur la biomasse et les stocks de carbone, les émissions de GES dues aux activités d'exploitation forestière sont considérées comme faibles. L'impact peut cepen-dant être plus important pour les activités informelles qui n'appliquent pas de normes minimales pour gérer les ressources et ont donc tendance à être plus dommageables pour les forêts.

Les impacts du secteur de l'exploitation forestière industrielle

Comme indiqué dans le chapitre 1, le secteur de l'exploitation forestière indus-trielle dans le bassin du Congo présente deux caractéristiques spécifiques qui ont tendance à réduire radicalement son impact sur le carbone forestier[33]: i) l'adoption de la gestion durable des forêts (et dans certains cas, l'adhésion à des systèmes de certification forestière); et ii) la grande sélectivité des espèces valori-sées. Dans une concession industrielle conventionnelle, on estime que pour le premier abattage dans les forêts anciennes, la superficie totale perturbée représente environ 5,5 % de la superficie totale de la forêt. Dans des forêts sur-exploitées, un deuxième ou troisième abattage augmente les dommages jusqu'à plus de 6,5 % de la surface totale. L'encadré 2.12 ci-dessous décrit les impacts des différentes activités forestières.

De récentes études de terrain quantifient l'impact de l'exploitation forestière sélective sur le stock de carbone de la forêt en République du Congo (Brown et coll., 2005). L'étude estime que l'impact carbone du site d'exploitation forestière de test s'élève à 10,2 tonnes de carbone par hectare de concession, soit un impact total de 12 174 tonnes de carbone pour un total de 3 542 tonnes de carbone extraites de la biomasse (c'est-à-dire le bois commercialisé). Cela représente un impact carbone total relativement faible, réparti à peu près comme suit: 29 % correspondant à la biomasse extraite, 45 % à la biomasse endommagée dans la zone d'abattage, 1 % à la biomasse abimée par les sentiers de débardage, et 25 % à la biomasse détruite pour les routes forestières.

La recherche suggère également que des activités forestières aussi sélectives ont un impact sur le stock de carbone comparativement plus faible que les

Encadré 2.12 Impact habituel des activités commerciales d'exploitation forestière

- **Camp de base d'exploitation forestière :** d'après les entreprises, 0,03 à 0,1 % de la couverture forestière de la zone de concession est déboisé pour les besoins du (des) camp(s) de base (Lumet et coll., 1993). Toutefois, après la mise en place d'un camp de base, la pression sur les forêts environnantes augmente rapidement à cause des activités agricoles, de la chasse, etc. Peu de données quantitatives sont disponibles sur l'étendue de l'impact indirect des camps de base d'exploitation forestière.

- **Routes d'accès :** le développement de routes forestières nécessite le déboisement d'une bande de forêt et le compactage du terrain. Les routes d'accès mesurent habituellement 4 à 25 mètres de large. Les routes primaires et secondaires représentent généralement 1 à 2 % de la surface perturbée (y compris les accotements qui sont également déboisés).

- **Dommages accidentels :** La chute des arbres contribue également aux dégâts et à l'arrachage des arbres et de la végétation adjacents sur la parcelle exploitée. Cela inclut la destruction totale des arbres ainsi que la rupture des branches des arbres environnants lors de la chute de l'arbre abattu. Dans le cadre d'une exploitation d'une intensité d'extraction de 0,5 arbre par hectare, on estime généralement que par mètre carré de bois extrait, des dégâts sont causés sur 4,3 mètres carrés de zone forestière environnante. La taille avant abattage réduit significativement l'impact.

- **Sentiers de débardage :** Parmi les différents facteurs, ce sont les sentiers de débardage qui produisent le plus faible impact, en particulier en Afrique, où l'extraction est hautement sélective. La voie qui est ouverte est généralement rapidement recouverte, le tracé du sentier évite les arbres de grande taille, et les sentiers de débardage sont souvent indétectables sur les photographies aériennes peu de temps après leur utilisation. Dans le cadre d'une exploitation d'une intensité d'extraction de 0,5 à 1 arbre par hectare (5 à 15 mètres cubes par hectare), on estime généralement qu'environ 3 % du tapis forestier est couvert par des sentiers de débardage, soit la moitié de la zone touchée par l'extraction réelle.

- **Aire de stockage des grumes :** Il s'agit d'une ouverture pratiquée dans la forêt pour permettre le stockage temporaire des grumes extraites avant leur transport par la route. Ils représentent actuellement 0,3 % de la superficie totale utilisée.

activités forestières à impact réduit dans le bassin de l'Amazone. Il existe plusieurs explications au faible impact de l'étude de cas de l'exploitation forestière hautement sélective dans le bassin du Congo. Sur les sites testés en Amazonie, l'omniprésence des lianes a entraîné plus de dégâts dans les zones entourant les arbres extraits, tandis que ces lianes n'étaient pas présentes sur le site testé au Congo. De plus, la biomasse totale, et par conséquent, l'impact carbone de l'exploitation forestière hautement sélective, est faible dans le bassin du Congo en raison des différences de proportions des arbres extraits.

En plus de l'impact limité produit pendant les activités d'exploitation forestière, les concessions industrielles sont généralement gérées selon des cycles de rotation. Cela signifie que les parcelles ne seront plus exploitées avant 20 ou 30 ans, ce qui laisse à la biomasse suffisamment de temps pour se régénérer. En conséquence, si les principes de la GDF sont correctement mis en œuvre, une concession est censée maintenir globalement à long terme son stock de carbone (voir encadré 1.1 au chapitre 1 sur les fluctuations des stocks de carbone forestier : concepts clés).

Impacts dus à l'exploitation forestière industrielle

La principale menace due aux activités forestières devrait provenir du secteur informel qui approvisionne le bouillonnant marché intérieur. Bien que les impacts écologiques et la durabilité du secteur informel du bois n'aient pas été scientifiquement déterminés, les spécialistes suggèrent que l'industrie informelle de l'abattage à la tronçonneuse a tendance à entraîner un épuise-ment des ressources forestières, en raison de la combinaison de plusieurs facteurs :

- Les marchés approvisionnés par le secteur informel sont moins sélectifs que les marchés d'exportation et, par conséquent, le taux d'extraction des activi-tés informelles est considéré plus élevé: la réduction de la sélectivité et l'accroissement du nombre d'essences secondaires sur le marché augmentent généralement l'impact écologique par hectare exploité.
- Le taux de transformation du bois abattu à la tronçonneuse est très faible, exigeant ainsi nettement plus de ressources pour un même volume de produits transformés.
- Les activités informelles ne sont pas régies par des cycles d'exploitation et ont tendance à surexploiter les zones les plus accessibles (proches des marchés ou d'un accès au transport): ceci entraîne une érosion progressive des ressources, le taux de régénération ne suffisant pas à compenser les taux d'extraction.

Tant que le secteur informel ne sera pas réglementé, son impact sur les forêts naturelles devrait augmenter et mener à une dégradation progressive des forêts dans les zones les plus densément peuplées.

Le secteur minier

Des ressources minières abondantes, mais encore largement inexploitées

Le bassin du Congo abrite une énorme richesse en ressources minérales précieuses diverses. Celles-ci comprennent des métaux (cuivre, cobalt, étain, uranium, fer, titane, coltane, niobium, manganèse), des non-métaux (pierres précieuses, phosphates, charbon) et d'autres ressources minérales (voir tableau 2.13). Les activités minières (industrielles et/ou artisanales) sont présentes à divers endroits des pays du bassin du Congo, mais on peut distinguer quatre provinces minières d'importance majeure : i) la ceinture cuprifère du Katanga ; ii) la province aurifère située en République démocratique du Congo ; iii) la province de la bauxite (aluminium) située dans la région centre-nord du Cameroun ; iv) la

Tableau 2.13 Minéraux courants dans les pays du bassin du Congo

Minéral	Pays
Or	Cameroun, République centrafricaine, République démocratique du Congo, République du Congo, Guinée équatoriale, Gabon
Diamants	Cameroun, République centrafricaine, République démocratique du Congo, République du Congo, Gabon
Fer	Cameroun, République démocratique du Congo, République du Congo, Gabon
Uranium	République démocratique du Congo, République du Congo, Gabon
Plomb	République démocratique du Congo, République du Congo, Gabon
Étain	Cameroun, République démocratique du Congo, République du Congo
Aluminium	Cameroun, République démocratique du Congo, République du Congo
Manganèse	République démocratique du Congo, Gabon
Cuivre	République démocratique du Congo, République du Congo
Titane	Cameroun, République du Congo
Cobalt	Cameroun, République démocratique du Congo
Niobium	Gabon

Source : Reed et Miranda, 2007

province du fer située à la frontière entre le Cameroun, le Gabon et la République du Congo ; et iv) la province du nickel et du cobalt au Cameroun. Le pays détenant les plus riches gisements est la République démocratique du Congo. À l'exception de celle-ci, qui a un long passé d'exploitation minière (principalement dans la partie sud-est du pays), l'énorme richesse minérale du bassin du Congo reste largement sous-développée.

L'énorme richesse minière du bassin du Congo est largement inexploitée, sauf en République démocratique du Congo, qui a un long passé d'exploitation minière (principalement dans la partie sud-est du pays). De nombreux facteurs ont entravé le développement du secteur minier :

- Les troubles civils au cours des vingt dernières années : La région a connu de nombreuses rébellions et conflits civils qui se sont soldés par un environnement hautement instable et risqué pour les affaires. Avec un tel climat d'instabilité, tous les capitaux d'investissement ont déserté la région. La République du Congo, la République centrafricaine et la République démocratique du Congo ont également été confrontées à des conflits civils, au cours desquels des groupes armés ont souvent utilisé la richesse minérale comme source de financement pour leurs activités.

- Le manque d'infrastructures : les actifs infrastructurels (y compris le transport) sont très insuffisants et détériorés dans les pays du bassin du Congo. La raison en est certainement un manque d'investissement dans les infrastructures, mais aussi, de manière directe, les troubles civils et les conflits armés: en République démocratique du Congo, des pillages sporadiques et deux périodes de conflits armés ont détruit une grande partie de l'infrastructure. Le manque d'infrastructures de transport fiables a jusqu'à présent constitué un obstacle majeur à l'exploitation des ressources minérales dans les pays du bassin du Congo.

- Le climat d'investissement n'est pas non plus propice aux affaires en raison de la mauvaise gouvernance. De plus, une fiscalité complexe et souvent arbitraire et abusive décourage l'investissement (Banque mondiale, 2010).

- La forte dépendance des économies vis-à-vis du pétrole : les booms pétroliers et le « syndrome hollandais » qui en a résulté ont dissuadé la plupart des États du bassin du Congo de diversifier leurs économies: par exemple, au Gabon, en dépit d'une faible densité de la population et d'énormes richesses dans d'autres ressources naturelles, les énormes entrées de capitaux dues au secteur pétrolier ont cantonné l'économie gabonaise à la production de pétrole.

L'industrie minière dans le bassin du Congo comprend à la fois des opérateurs industriels et de petits exploitants artisanaux. Les petits mineurs artisanaux exploitent des gisements à l'aide de technologies rudimentaires et de produits chimiques toxiques pour extraire et traiter de l'or, de l'étain, du coltane et des diamants. Les opérateurs industriels utilisent généralement un équipement mécanique pour accéder à des gisements situés sous la surface.

Des perspectives prometteuses pour le secteur minier dans le bassin du Congo

Il existe des perspectives positives de développement du secteur minier dans le bassin du Congo. La paix a été restaurée dans la plupart des parties de la région et a incité de nombreuses entreprises à y revenir. La hausse du prix de nombreux minéraux à travers le monde attire l'intérêt des sociétés minières vers le bassin du Congo: des réserves autrefois considérées comme non viables financièrement bénéficient maintenant d'une attention particulière à cause des cours élevés et de la forte demande. L'explosion de la demande de minéraux (en particulier de la part de la Chine) modifie largement la règle du jeu à l'avantage des pays du bassin du Congo.

Après l'an 2000, la demande mondiale de ressources minérales a augmenté de manière significative et a atteint un sommet historique vers le milieu de 2008. Cet accroissement de la demande a été principalement induit par le développement économique mondial et, en particulier, par la croissance économique de la Chine. La pression sur la demande a été suivie par une hausse majeure des cours des métaux. Certains ont vu leur valeur tripler en un court laps de temps. En septembre 2008, la récession mondiale a fortement affecté le secteur minier. Au début 2009, l'aluminium et le cuivre ont respectivement subi une baisse de la demande mondiale de 19 % et 11 %. Un fort développement industriel, ainsi qu'un investissement renouvelé dans les infrastructures, la construction et l'industrie manufacturière en Chine ont toutefois entraîné une reprise de la demande de matières premières[34] dans la seconde moitié de 2009 (voir diagramme 2.16).

Diagramme 2.16 Indice des cours des matières premières métalliques (2005 = 100, comprend les indices des cours du cuivre, de l'aluminium, du minerai de fer, de l'étain, du nickel, du zinc, du plomb et de l'uranium)

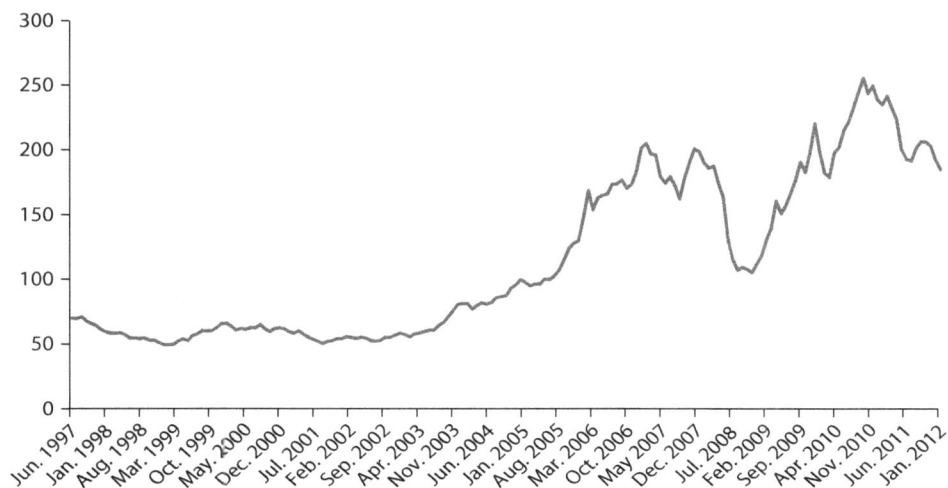

Source : Index Mundi, basé sur les bases de données du FMI (http://www.indexmundi.com/commodities/?commodity=metals-price-index&months=180, dernière consultation: juillet 2012).

Les pays asiatiques sont en train de devenir les principaux importateurs de produits minéraux reconnus dans le bassin du Congo. En 2010, la Chine et d'autres pays asiatiques importaient la majorité de la production mondiale de minerai de fer, de manganèse, de plomb, d'étain, d'aluminium, de cuivre, de cobalt, de titane (voir tableau 2.14). L'Europe et les États-Unis continuent d'importer des quantités importantes quoique nettement moindres de titane, cobalt, aluminium, plomb, minerai de fer et manganèse. Les exceptions à ces tendances sont le minerai d'uranium (principalement importé par les États-Unis), le titane (les États-Unis, la Chine, l'Allemagne et le Japon représentent plus de la moitié des importations mondiales), et les diamants (les importations se répartissent à parts égales entre les États-Unis, la Belgique, et Hong Kong). Ces trois matières premières sont utilisées dans des applications de haut de gamme (centrales électriques, aviation et bijoux), traditionnellement dominées par les pays riches. Toutefois, avec l'enrichissement de la Chine, la balance des importations de ces matières premières risque de pencher en faveur de la Chine.

Le déclin des réserves de pétrole pousse également les pays à développer d'autres secteurs (y compris les minéraux) pour compenser le prévisible déficit de revenu. C'est le cas au Gabon et au Cameroun, où le déclin annoncé des réserves de pétrole a déjà commencé à influencer une évolution dans les priorités économiques et a encouragé l'exploitation d'autres ressources de grande valeur, telles que les minéraux.

De nouveaux accords miniers, incluant des composantes infrastructurelles, commencent à apparaître. La médiocrité des infrastructures a en général

Tableau 2.14 Principaux importateurs de matières premières minérales connus dans le bassin du Congo, 2010

Matière première	Economies	Valeur des échanges (en millions de dollars EU)	Part de la valeur (%)
Aluminium	Chine	4,684.28	36.9
	États-Unis	2,046.95	17.0
	Allemagne	793.65	6.6
	Espagne	707.23	5.9
	Irlande	604.95	5.0
Cobalt	Chine	2,857.62	76.0
	Finlande	468.24	12.4
	Zambie	303.87	8.0
Cuivre	Japon	40,831.89	32.5
	Chine	40,266.99	32.1
	République de Corée	10,154.05	8.1
	Allemagne	8,712.76	6.9
Diamants**	États-Unis	70,100.19	22.9
	Belgique	56,073.83	18.3
	Chine, Hong Kong SAR	47,906.70	15.9
	Israël	33,025.45	10.8
Fer	Chine	224,369.97	62.3
	Japon	46,049.68	12.8
	Allemagne	15,852.91	4.4
	République de Corée	11,240.82	3.1
Plomb	Chine	7,486.04	47.0
	République de Corée	1,791.29	11.2
	Japon	1,409.43	8.8
	Allemagne	1,390.77	8.7
	Belgique	1,175.83	7.4
Manganèse	Chine	9,347.35	58.1
	Japon	1,380.60	8.9
	Norvège	1,115.36	6.9
	République de Corée	718.58	4.5
Étain	Malaisie	488.88	40.7
	Thaïlande	435.81	38.3
	Chine	195.45	16.3
Titane	États-Unis	1,045.52	19.7
	Chine	743.96	14.0
	Allemagne	620.05	11.7
	Japon	476.20	9.0
Uranium	États-Unis	2,479.31	98.8
	Chine	19.93	0.8
	France	7.17	0.3

Source : Base de données Comtrade des Nations Unies, 2011.
Note : *Minerais et concentrés, sauf indication contraire. **Autre que les diamants industriels triés, travaillés ou non, mais non montés ni posés.

constitué un obstacle majeur pour le développement des activités minières dans le bassin du Congo. Toutefois, la forte demande de minéraux ainsi que leurs cours élevés ont augmenté l'incitation à développer de nouveaux gisements avec une nouvelle génération d'accords. En fait, ces dernières années, les investisseurs ont de plus en plus eu tendance à offrir de construire les infrastructures associées. Celles-ci peuvent être substantielles et comprendre des routes, des voies ferrées, des centrales électriques (y compris des barrages), des ports, etc. Au Gabon, les réserves de minerai de fer de Belinga ont été placées sous contrat d'exploitation avec la *China National Machinery and Equipment Import and Export Corporation* (CMEC). Celui-ci comprend la construction des infrastructures connexes (chemin de fer, centrale hydroélectrique, port en eau profonde). Au Cameroun, une société australienne (Sundance) a obtenu des droits d'exploration au Cameroun, incluant le développement d'une mine de minerai de fer et des infrastructures associées, dans les forêts tropicales denses couvrant la partie sud du Cameroun. Ces nouveaux accords soulagent d'un grand poids les pays hôtes, qui n'ont généralement pas les capacités financières nécessaires pour couvrir les besoins d'investissement. Ils pourraient permettre de contourner l'une des principales faiblesses du développement des opérations minières dans les pays du bassin du Congo.

Impacts actuels et futurs sur les forêts

La nature des impacts potentiels des activités minières sur la forêt est variée. Les impacts peuvent être directs, indirects, induits et cumulatifs. Aucun d'entre eux ne peut être ignoré et tous doivent être pris en compte si l'on veut concilier le développement minier et la conservation de la richesse de l'écosystème critique des forêts du bassin du Congo.

- **Impacts directs :** les impacts directs de l'exploitation minière comprennent la déforestation qui englobe les éléments suivants : le site couvert par les routes, les mines, les minéraux extraits et la terre excavée, l'équipement, et les installations associées aux activités minières. Comparée à d'autres activités économiques (par exemple, l'agriculture), la zone déboisée en raison de l'exploitation minière est assez limitée. Toutefois, la restauration de l'écosystème forestier tropical est difficile et coûteuse. Même quand les pratiques modèles de restauration et de remise en état sont utilisées, l'écosystème forestier résultant est modifié par rapport à son état d'origine, d'avant l'exploitation minière. Sur le site lui-même, le degré de perturbation est fonction à la fois de la teneur du minerai et du type de mine (à ciel ouvert ou souterraine). Habituellement, les exploitations à ciel ouvert engendrent le plus haut niveau de perturbation des sols, en particulier dans les zones où les minerais gisent un peu plus en profondeur.

- **Impacts indirects :** les opérations minières ont un impact indirect sur les forêts du bassin du Congo en introduisant dans la région un développement des infrastructures, qui à son tour, peut entraîner une déforestation et une dégradation de la forêt. Les impacts indirects de l'exploitation minière peuvent porter sur une zone beaucoup plus large, en incluant le développement de routes dans la région de la mine et de centrales hydroélectriques pour alimenter les activités minières à forte intensité énergétique.

- **Impacts induits :** les opérations minières s'accompagnent généralement d'un large afflux de travailleurs. Ces populations amènent avec elles d'autres activités socio-économiques, telles que l'agriculture de subsistance, l'abattage des arbres et le braconnage, avec des dommages potentiellement importants pour les forêts.

- **Impacts cumulatifs :** Dans le cas des mines artisanales, si chacun des sites peut avoir un impact assez réduit et localisé sur la végétation, la faune et les habitats locaux, l'effet cumulatif de centaines de sites miniers artisanaux à travers le pays peut accroître le risque de déforestation, de conversion de l'habitat et de perte de la biodiversité.

Les activités minières devraient devenir une source majeure de pression sur les forêts du bassin du Congo. Jusqu'ici, les activités minières ont eu des impacts limités sur les forêts du bassin du Congo, étant donné que la majorité des sites d'exploitation de la région se trouvaient dans des zones non boisées. Toutefois, avec l'essor de l'exploration minière dans le bassin du Congo, cet impact risque de s'accroître, comme décrit plus haut.

Des plans d'aménagement du territoire conflictuels présentent un risque de déforestation et de dégradation à grande échelle des forêts. De nombreux conflits peuvent opposer les priorités de conservation, l'exploitation minière, l'exploitation forestière, et les moyens de subsistance des populations locales. À titre d'exemple, Chupezi et coll. (2009) ont rapporté que dans la région du Parc tri-national Sangha (partagé entre le Cameroun, la République centrafricaine et de la République du Congo), de nombreuses concessions forestières et minières se chevauchaient entre elles et empiétaient sur les aires protégées et les zones agroforestières de la région. Une mauvaise gestion de l'aménagement du territoire peut amplifier les impacts négatifs des activités minières (exploration et exploitation).

Notes

1. Le concept et la structure de GLOBIOM sont semblables à ceux du modèle ASMGHG des États-Unis pour le secteur agricole et l'atténuation des émissions de gaz à effet de serre.

2. L'article suivant, rédigé par l'équipe de l'IIASA, est un résultat de cette étude: Mosnier, A., Havlik, P., Obersteiner, M., K. Aoki, M., 2012. Modeling impacts of development trajectories on forest cover in the Congo Basin. IIASA, Laxenburg, Autriche – soumis.

3. Le PDDAA (Programme détaillé de développement de l'agriculture africaine) a été créé dans le cadre de l'Agence de planification et de coordination (NPCA) du Nouveau partenariat pour le développement de l'Afrique (NEPAD) de l'Union africaine. Il a été approuvé par l'Assemblée de l'Union africaine en juillet 2003. Son objectif est d'aider les pays africains à atteindre et maintenir une meilleure trajectoire de croissance économique grâce à un développement basé sur l'agriculture, susceptible de réduire la faim et la pauvreté et de favoriser la sécurité alimentaire et nutritionnelle ainsi que la croissance des exportations grâce à une meilleure planification

stratégique et des investissements accrus dans le secteur. À travers le PDDAA, les États africains se sont engagés à accroître le PIB agricole d'au moins 6 % par an. C'est le minimum requis pour que l'Afrique parvienne à une croissance socio-économique induite par l'agriculture. Pour atteindre cet objectif, ces États ont convenu d'accroître l'investissement public dans l'agriculture à hauteur de minimum 10 % de leurs budgets nationaux, un niveau nettement supérieur à la moyenne des 4 à 5 % engagés aujourd'hui.

4. « Cinq chantiers » de la République démocratique du Congo, République du Congo « Vision 2025 Pays émergent », Cameroun « Vision 2025 », « Gabon émergent, 2025 ».

5. En raison de la prévalence de la mouche tsé-tsé, la production de bétail est marginale et limitée à un petit nombre de petits ruminants, de volailles et de porcs, essentiellement destinés à l'autoconsommation.

6. D'autres plantes telles que les haricots, les gourdes et les légumes sont également cultivées dans des potagers, avec des arbres fruitiers.

7. Dans certaines régions, le riz de plateau est également cultivé en tant que culture de rente.

8. Il y avait quelques grandes plantations commerciales de café et de cacao en République démocratique du Congo, mais elles ont presque toutes été abandonnées après la première zaïrianisation (expropriation) de 1973–1974 et les pillages de 1991 et 1993.

9. Les denrées alimentaires comprennent tous les produits agricoles, hormis ceux non destinés à la consommation humaine (ex. : caoutchouc, coton, aliments pour le bétail, semences, etc.)

10. Deininger et coll, 2011. Rising Global Interest in Farmland : Can it yield sustainable and equitable benefits?

11. Si les forêts sont exclues, elles représentent environ 20% des terres disponibles en Afrique subsaharienne et 9% des terres disponibles au niveau mondial.

12. Entre 2000 et 2007, les exportations de volaille ont été multipliées par 23 et celles des bovins, par sept. En Chine, les importations de soja ont été multipliées par 2,6 entre 2000 et 2007 afin d'augmenter la production animale du pays.

13. Les biocarburants de deuxième génération devraient également réduire la pression sur les terres en améliorant la conversion de l'énergie tirée de la biomasse et en étendant les ressources de biomasse utilisables, mais les technologies ne sont pas encore disponibles pour le commerce. La production de biodiésel[2] à partir de l'huile de cuisine usagée ou de suif de qualité inférieure (voir le jatropha qui peut pousser sur certaines terres peu productives en Asie et en Afrique) est également en cours d'expérimentation. Leur utilisation est actuellement marginale dans la production totale de biodiesel, et leur éventuelle utilisation future à grande échelle est remise en question (voir Brittaine et coll., 2010 pour plus d'information sur le potentiel du jatropha).

14. Ce chapitre est exclusivement consacré à l'énergie tirée de la biomasse ligneuse, sur la base de l'utilisation prédominante de cette énergie dans les pays du bassin du Congo. Les auteurs voudraient souligner que les centrales hydroélectriques peuvent également avoir un impact sur les forêts puisqu'elles peuvent induire l'immersion de vastes étendues de zones boisées. Quelques investissements sont prévus (ou en cours) pour de grandes centrales hydroélectriques dans la région du bassin du Congo: cet aspect n'a toutefois pas été abordé dans le cadre de la présente étude.

15. Dans le présent document et conformément à la définition de Miranda (2010) le terme « bois-énergie » désigne à la fois le bois de chauffage et le charbon de bois. Le bois de chauffage est récolté et utilisé directement, sans aucune forme de conversion. Le charbon de bois est fabriqué à partir du bois, à travers le processus de pyrolyse (chauffage lent sans oxygène) et est généralement utilisé par les ménages ou les petites et moyennes entreprises.

16. Les données détaillées sur la consommation de combustibles ligneux n'étant souvent pas disponibles, les chiffres présentés dans ce tableau sont quelque peu différents d'un document à l'autre. Toutefois, les tendances générales sont généralement confirmées par différentes sources de données.

17. Base de données disponible en ligne à l'adresse : http://en.openei.org/wiki/IEA-Electricity_Access_Database

18. Une étude réalisée pour Dar es-Salaam montre qu'une augmentation de 1 % du taux d'urbanisation conduit à une hausse de 14 % de la consommation de charbon de bois (Hosier et coll. 1993).

19. Les chiffres exacts sont difficiles à estimer pour ce secteur qui est essentiellement informel et pour lequel aucune donnée n'est disponible, mais on considère que les gens dont les stratégies de subsistance reposent sur ce secteur ont tendance à faire partie des ménages les plus pauvres (travaillant comme petits producteurs/récolteurs, commerçants, transporteurs ou détaillants) qui ont souvent peu d'alternatives pour gagner de l'argent.

20. Toutes les données utilisées dans cette section sont basées sur les rapports (Foster et coll., 2012) et la base de données de l'AICD (http://www.infrastructureafrica.org/tools consulté pour la dernière fois en mars 2012). Le Diagnostic des infrastructures nationales en Afrique (AICD), mené par la Banque mondiale, a fourni une évaluation exhaustive des besoins d'infrastructures physiques (ainsi que des coûts associés) en Afrique subsaharienne: il a collecté des données économiques et techniques détaillées sur chacun des principaux secteurs de l'infrastructure, à savoir l'énergie, les technologies de l'information et de la communication, l'irrigation, le transport ainsi que l'eau et l'assainissement.

21. Les bonnes performances de la République centrafricaine cachent en réalité le fait que la très grande majorité des routes classées sont des routes revêtues qui représentent à peine un tiers du total des routes, et que seuls 2% des routes non revêtues classées sont aux normes.

22. L'indice de qualité du transport routier est calculé à l'aide d'une formule combinant les paramètres suivants : Q = indice de qualité des routes d'un pays; P = pourcentage de routes revêtues du pays; G = PIB par habitant du pays (un indice de la capacité à entretenir les routes); et C = indice d'évaluation des politiques et institutions nationales (EPIN) de la Banque Mondiale relatif à la transparence, la redevabilité et la corruption dans le pays (une variable de remplacement pour les retards et les coûts infligés aux camionneurs).

23. La République centrafricaine ne dispose pas d'un corridor unique, praticable en toutes saisons menant à ses ports d'entrée situés sur la côte.

24. Plan directeur consensuel des transports en Afrique centrale, CEEAC, 2004.

25. Parmi les nombreuses études sur le sujet, citons : Cropper et coll., 1999; Pfaff., 1999; Chomitz et coll., 2007; Soares-Filho et coll., 2004. Parmi les études portant sur le bassin du Congo, on peut citer : Mertens, 1997; Wilkie, 2000; Zhang et coll., 2002, 2005 et 2006.

26. Les impacts indirects sont généralement de plus grande ampleur le long d'une route que d'un chemin de fer.

27. Les auteurs sont conscients des limites d'une telle hypothèse, car la littérature présente divers exemples où cette corrélation directe entre les temps et les coûts n'est pas valable. Toutefois, en absence d'une meilleure hypothèse, celle-ci a été retenue.

28. Les consommateurs du bassin du Congo dépendent de plus en plus des produits agricoles importés. La baisse des « prix à la consommation » pourrait favoriser les produits locaux.

29. Sans changement pour les autres paramètres.

30. Notons que les données sur les scieries varient énormément dans la littérature et que toutes les scieries recensées ne sont pas réellement opérationnelles et en activité. En République démocratique du Congo notamment, des scieries sont désaffectées et ne sont plus en service, après avoir été laissées à l'abandon pendant de nombreuses années à cause de la guerre civile.

31. Cette ZES sera consacrée à une transformation avancée du bois tropical, d'une capacité globale d'un million de mètres cubes par an, avec 6 000 à 7 000 emplois directs. En novembre 2011, 200 millions de dollars EU avaient déjà été investis dans la ZES. Elle devrait être opérationnelle vers le milieu de l'année 2012.

32. Cette caractéristique a été la raison principale pour laquelle les pays du bassin du Congo ont uni leurs forces, en 2007, lors de la Conférence des Parties de Bali et élargi le concept de la RED à la dégradation des forêts (ajoutant ainsi le second « D » à l'acronyme REDD).

33. Dans cette section, nous considérons les impacts en termes de teneur en carbone (conformément au mécanisme REDD+). Il est important de noter que si l'exploitation forestière peut avoir des impacts à long terme limités sur le stock de carbone, la biodiversité et l'équilibre de l'écosystème risquent beaucoup plus d'être affectés par l'exploitation forestière.

34. Quand un pays détient une part importante de la production et de la consommation d'un bien, comme c'est le cas de la Chine d'aujourd'hui, les événements nationaux peuvent avoir un impact significatif sur les cours mondiaux de ce bien.

Références

Africa Infrastructure Country Diagnostic database, AICD, 2012 (consulté en mars 2012 sur http://www.infrastructureafrica.org/tools).

Agence internationale de l'énergie (AIE), 2006. Prospectives énergétiques mondiales 2006. WEO. Organisation pour le Coopération économique et le Développement OCDE/AIE Paris, France.

Agence internationale de l'énergie (AIE), 2010. Prospectives énergétiques mondiales 2010. WEO. Organisation pour le Coopération économique et le Développement OCDE/AIE Paris, France.

Angelsen, A., Brockhaus, M., Kanninen, M., Sills, E., Sunderlin, W. D., Wertz-Kanounnikoff, A., 2009. Realising REDD+: National strategy and policy options. CIFOR, Bogor, Indonésie.

Banque mondiale. 2009. Environmental Crisis or Sustainable Development Opportunity? Transforming the charcoal sector in Tanzania. Note de politique. Banque mondiale Washington, DC.

Banque mondiale. 2010. Doing Business 2010. Disponible en ligne sur: http://www.doing-business.org/, Banque mondiale, Washington D.C.

Banque mondiale, 2011b. Household Energy for Cooking and Heating: Lessons Learned and Way Forward. Banque mondiale.Washington, DC.

Banque mondiale. 2012. World Development Indicators, World dataBank on Health Nutrition and Population Statistics HNPS Accessible sur http://databank.worldbank.org/ddp/home.do. Banque mondiale, Washington DC.

Blaser, J., Sarre, A., Poore, D. & Johnson, S. 2011. Status of Tropical Forest Management 2011. Série technique n° 38. Organisation internationale des bois tropicaux, Yokohama, Japon.

Brittaine, R., and N. Lutaladio. 2010. Jatropha: a Smallholder Bioenergy Crop. The Potential for Pro-Poor Development. Integrated Crop Management Food and Agriculture Organization of the United Nations, Rome, Italy.

Brown, S. Pearson, T., Moore, N., Parveen, A., Ambagis, S., Shoch, D., 2005. Impact of selective logging on the carbon stocks of tropical forests: Republic of Congo as a case study. Winrock International, Arlington, USA.

Bruinsma J. 2009. The Resource Outlook for 2050: By How Much Do Land, Water and Crop Yields Need to Increase by 2050? Expert Meeting on How to Feed the World in 2050, FAO, Rome.

CEMAC, 2009. CEMAC 2025: Towards an integrated emerging regional economy: Regional Economic Program 2010–2015 (Vers une économie régionale intégrée et émergente Programme Economique Régional 2010–2015). CEMAC (Communauté Économique et Monétaire de l'Afrique Centrale.) Volume 2.

Cerutti, P.O, Lescuyer, G. 2011. The domestic market for small-scale chainsaw milling in Cameroon: Present situation, opportunities and challenges. Occasional Paper 61. CIFOR, Bogor, Indonésie.

Chomitz, K.M., Buys, P., De Luca, G., Thomas, T.S. and Wertz- Kanounnikoff, S., 2007. At Loggerheads? Agricultural Expansion, Poverty Reduction, and Environment in the Tropical Forests. Banque mondiale, Washington, DC. USA.

Chupezi, T.J., V. Ingram, J. Schure. 2009. Study on artisanal gold and diamond mining on livelihoods and the environment in the Sangha Tri-National Park landscape, Congo Basin. Yaoundé, Cameroun: CIFOR/IUCN.

Collier, P. 2007. The Bottom Billion, Why the Poorest Countries Are Failing and What Can Be Done About It, Presse universitaire d'Oxford, Oxford.

Cropper, M., Griffiths, Ch., Mani, M. 1999. Roads, Population pressures and Deforestation in Thailand, 1976–1989. *Land Economics* 75 (1):58;73.

Deininger, K., Byerlee, D., with Lindsay, J., Norton, A., Selod, H., Stickler, M. 2011. Rising Global Interest in Farmland – Can it Yield Sustainable and Equitable Benefits? Banque mondiale, Washington DC, USA. .

Duveiller, G., P Defourny, B. Desclées, P. Mayaux, 2008. Deforestation in Central Africa: Estimates at regional, national and landscape levels by advanced processing of system-atically-distributed Landsat extracts. *Remote Sensing of Environment* 112 (5): 1969–1981

FAOSTAT. 2011. http://faostat.fao.org/, FAO, Rome (consulté en décembre 2011).

Foster, V., Briceño-Garmendia, C., (eds.) 2010. Diagnostic des infrastructures en Afrique: Une transformation impérative. Rapport principal et document de référence (Documents d'information et de travail). Banque mondiale, Washington, DC, USA.

Geist, H., Lambin, E., 2001. What drives tropical deforestation: a meta-analysis of proximate and underlying causes of deforestation based on subnational case study evidence. Land-Use Land-Cover Change Report Series No. 4. LUCC International Project Office, Louvain-la-Neuve, Belgique.

Geist, H., Lambin, E., 2002. Proximate Causes and Underlying Driving Forces of Tropical Deforestation. *BioScience* 52(2):143–150.

Gibbs, H., Ruesch, A., Achard, F., Clayton K., Holmgren, P., Ramankutty, N., Foley, A. 2010. Tropical forests were the primary sources of new agricultural land in the 1980s and 1990s. *Proceedings of the National Academy of Sciences* (PNAS) 107(38):16732:16737.

Grübler A., O'Neill B., Riahi K., Chirkov V., Goujon A., Kolp P., Prommer I., Scherbov S. and Slentoe E. 2007. Regional, national, and spatially explicit scenarios of demographic and economc change based on SRES. *Technological Forecasting and Social Change* 74(7):980–1027.

Hiemstra-van der Horst, G. Hovorka, A.J., 2009. Fuelwood: The "other" renewable energy source for Africa? Biomass and Bioenergy, Volume 33, Issue 11:1605–1616.

Hosier, R.H., M. J. Mwandosya, M. L. Luhanga. 1993. Future energy development in Tanzania: the energy costs of urbanization. *Energy Policy* 35(8): 4221–4234

Howitt, R.E. 1995. Positive mathematical programming. *American Journal of Agricultural Economics* 77(2): 23–31.

Hoyle, D., Levang. D., 2012. Oil Palm Development in Cameroon. Ad Hoc Working Paper. WWF in partnership with IRD and CIFOR.

Index Mundi, 2012. Mineral Commodities Production and Trade Statistics. http://www .indexmundi.com/commodities/?commodity=metals-price-index&months=180. Consulté en juillet 2012.

Institut international pour l'analyse des systèmes appliqués (IIASA), 2011. Modeling Impacts of Development Trajectories on Forest Cover and GHG Emissions in the Congo Basin, Rapport préparé sous contract de la Banque mondiale, Banque mondiale, Washington DC.

Izaurralde, R., Williams, J., McGill, W., Rosenberg, N., Jakas M., 2006. Simulating soil C dynamics with EPIC: model description and testing against long-term data. *Ecological Modelling* 192: 362–384.

Laurance, W., Goosem, M., Laurance, S., 2009. Impacts of roads and linear cleaing on tropical forests. *Trends in Ecology & Evolution* 24(12):659–669.

Langbour, P., Roda, J-M., Koff, Y.A., 2010. Chainsaw Milling In Cameroon: The Northern Trail. *European Tropical Forest Research Network News* 52:129–137.

Leach, G., 1992. The energy transition. *Energy Policy* 20(2):116–123.

Lescuyer, Guillaume, et coll. 2010. Chainsaw Milling in the Congo Basin. In: *European Tropical Forest Research Network News* No 52.

Lescuyer, G., Cerutti, P.O., Manguiengha, S.N. and bi Ndong, L.B. 2011 The domestic market for small-scale chainsaw milling in Gabon: Present situation, opportunities and challenges. Occasional Paper 65. CIFOR, Bogor, Indonesia.

Lescuyer, G., P. O. Cerutti, E. Essiane Mendoula, R. Eba'a Atyi, R. Nasi. 2012. An Appraisal of Chainsaw Milling in the Congo Basin, in: de Wasseige et coll., 2012. Les forêts du bassin du Congo – État des forêts 2010. *Office des publications de l'Union européenne*. Luxembourg.

Marien J.N., 2009. Peri-Urban Forests and Wood Energy: What Are the Perspectives for Central Africa?, in: de de Wasseige et coll., 2010. Les forêts du bassin du Congo – État des forêts 2010, *Office des publications de l'Union européenne*. Luxembourg.

McCarl B. and Spreen T., 1980, "Price endogenous Mathematical Programming as a tool for sector analysis", *American Journal of Agricultural Economics* 62: 87–102.

Miranda, R., Sepp, S., Ceccon, E., Mann, S., Singh, B., 2010. Sustainable production of commercial woodfuel: lessons and guidance from two strategies. ESMAP, Banque mondiale. Washington, DC, USA.

Mertens, B., E. Lambin. 1997. Spatial modeling of deforestation in southern Cameroon: Spatial disaggregation of diverse deforestation processes. *Applied Geography* 17(2):143–162

Mosnier, A., Havlik, P., Obersteiner, M., K. Aoki, M., 2012. Modeling impacts of development trajectories on forest cover in the Congo Basin. IIASA, Laxenburg, Austria. Submitted to *Environment Research and Education* (ERE).

Observatoire des Forêts d'Afrique Centrale (OFAC), 2011. National Indicators 2011. www.observatoire-comifac.net, Kinshasa (consulté en mars 2012).

Organisation des Nations Unies pour l'Agriculture et l'Alimentation (FAO), 2009a. *Statistical Yearbook 2009*. FAO, Rome.

Organisation des Nations Unies pour l'Agriculture et l'Alimentation (FAO), 2009b. *The State of Food Insecurity in the World*, FAO, Rome.

Organisation internationale des bois tropicaux (OIBT) 2006. Situation de la gestion des forêts tropicales. Organisation internationale des bois tropicaux, Yokohama, Japon.

Organisation internationale des bois tropicaux (OIBT), 2011. Situation de la gestion des forêts tropicales. Série technique n° 38. Organisation internationale des bois tropicaux, Yokohama, Japon.

Pfaff, A., 1999. What drives Deforestation in the Brazilian Amazon? Evidence from Satellite and socio-economic data. *Jounral of Environmental Economics and Management* 37(1):26–43.

Ramankutty, N., A. T. Evan, C. Monfreda, and J. A. Foley, 2008. Farming the planet: 1. Geographic distribution of global agricultural lands in the year 2000, Global Biogeochem. Cycles, 22, GB1003.

ReSAKSS. 2011. http://www.resakss.org (consulté en février 2012).

Stockholm Environment Institute (SEI), 2002. Charcoal potential in Southern Africa, CHAPOSA: Final report. INCO-DEV, Stockholm Environment Institute, Stockholm.

Skalsky R., Tarasovicova Z., Balkovic J., Schmid E., Fuchs M., Moltchanova E., Kinderman G., Scholtz P., 2008. GEO-BENE global database for bio-physical modeling v.1.0- concepts, methodologies and data, the GEO-BENE database report, Institut international pour l'analyse des systèmes appliqués (IIASA).

Soares-Filho, B., Alencar, A., Nepstad, D., Cerqueira, G., Vera Diaz, M., Rivero, S., Solorzano, L., Voll, 2005. Simulating the response of land-cover changes to road paving and governance along a major Amazon highway: the Santarém–Cuiabá corridor. *Global Change Biology* 10(5):746–764.

Stickler, C, Coe, M., Nepstad, D., Fiske, G., Lefebvre, P., 2007. Readiness for REDD: A preliminary global assessement of tropical forested land suitability for agriculture. The Woods Hole Reasearch Center, Falmouth, USA.

Tollens, E. 2010. Potential Impacts of Agriculture Development on the Forest Cover in the Congo Basin, Rapport preparé sous contrat de la Banque mondiale, Banque mondiale, Washington DC.

Trefon, T., Hendriks, T., Kabuyaya, N. et B. Ngoy, 2010. L'économie politique de la filière du charbon de bois à Kinshasa et à Lubumbashi. IOB Working Papers 2010.03, Université d'Anvers, Institut de politique et de gestion du développement (IOB).

UN-Energy Statistics Database, http://data.un.org/. Division des statistiques des Nations Unies. Consulté en novembre 2011.

UN-Comtrade, 2011. http://comtrade.un.org/. Division des statistiques des Nations Unies. Consulté en novembre 2011.

Williams J., 1995. The EPIC model. Computer models of Watershed Hydrology. Water Resources publications: Highlands Ranch, Colorado, pp 909–1000.

Wilkie, D., Shaw, E., Rotberg, f., Morelli, G., Auzel, P., 2000. Roads, Development and Conservation in the Congo Basin. Conservation Biologu, Volume 14, Issue 6:1614–1622.

Zhang, Q., Justice, C., Desanker, P., Townshend, J., 2002. Impacts of simulated shilfting cultivation on deforestation and the carbon stocks of the forests of Central Africa. *Agriculture, Ecosystems & Environment*, 90(2):203–209.

Zhang, Q., Devers, D., Desch A., Justice, C., Townshend, J., 2005. Mapping tropical deforestation in Central Africa. *Environmental Monitoring and Assessment* 101(1–3): 69–83.

Zhang, Q., Justice, C., Jiang, M., Brunner, J., Wilkie, D., 2006. A GIS-based assessment on the vulnerability and future extent of the tropical forests of Congo Basin. *Environmental Monitoring and Assessment* 114(1–3): 107–121.

CHAPITRE 3

REDD+ : Vers un développement respectueux des forêts dans le bassin du Congo

Le Chapitre 3 étudie les avantages et les opportunités que le nouveau mécanisme REDD+, en discussion dans les négociations sur le changement climatique, offre aux pays du bassin du Congo. La première section de ce chapitre donne une vue d'ensemble de la REDD+ et des concepts associés, ainsi que de son financement potentiel et des défis que les pays du bassin du Congo devront affronter pour pouvoir y accéder. La deuxième section présente une analyse des politiques et actions susceptibles d'aider les pays du bassin du Congo à réconcilier leur besoin pressant de développement économique et la préservation de leurs forêts naturelles. Elle formule des recommandations que, lors de la préparation de leur stratégie REDD+, les pays pourront utiliser comme des lignes directrices générales et comme une base pour des discussions plus approfondies sur leurs politiques nationales. Ces recommandations concernent, d'une part, des questions et des éléments structurants transversaux touchant différents secteurs, tels que la planification de l'utilisation des terres, le régime foncier, et l'application des lois ; et, d'autre part, des actions propres à des secteurs tels que l'agriculture, l'énergie, le transport, l'exploitation forestière et les activités minières.

REDD+ : Un nouveau mécanisme pour réduire la pression sur les forêts tropicales

Forêts : une partie intégrante des négociations sur le changement climatique

En 2005, les Parties à la CCNUCC ont entamé le débat sur l'inclusion de la déforestation tropicale dans les discussions sur le changement climatique. En 1997, les Parties avaient décidé de ne pas inclure la déforestation tropicale dans le protocole de Kyoto, bien qu'il fût déjà clair qu'elle contribuait largement aux émissions mondiales de èmissions mondiales de gaz à effet de serre (GES).

En 2005, à la conférence de Montréal, la Papouasie-Nouvelle-Guinée et le Costa Rica ont relancé le débat avec un mémoire conjoint sur la « déforestation évitée ». Depuis lors, les Parties à la CCNUCC ont eu des discussions approfondies sur la portée de la REDD+, et en 2009, à Copenhague, un consensus a été obtenu sur le concept de la REDD+ (et a ensuite été confirmé au cours des conférences suivantes des Parties de Cancún et Durban).

En 2007, les Parties à la CCNUCC ont d'abord adopté un concept où des compensations sont offertes aux pays en développement pour ralentir la déforestation et réduire ainsi les émissions de carbone dans l'atmosphère. L'idée de mettre en place un mécanisme incitatif, connu sous le nom de « Mécanisme REDD+ », pour réduire la tendance à la déforestation dans les pays en développement a été discutée et s'est peu à peu concrétisée au cours des cinq dernières années. Le concept d'un mécanisme incitatif, axé au départ sur la réduction des émissions dues à la déforestation (RED), a été étendu et intègre à présent la réduction de la dégradation des forêts ainsi que la promotion de la conservation, la gestion durable des forêts et l'augmentation de la séquestration du carbone. Il est désormais appelé REDD+ (réduction des émissions dues à la déforestation et à la dégradation des forêts « plus »). La REDD+ sera vraisemblablement une des caractéristiques marquantes du régime climatique de l'après 2012 (elle est maintenant inscrite dans l'accord international adopté au cours de la CdP-16 tenue à Cancún en novembre 2010). Pour plus de détails sur les différents concepts, veuillez-vous référer à l'encadré 3.1 ci-dessous.

La REDD+ est maintenant solidement acceptée par tous les pays et sera intégrée dans le futur régime climatique. Le concept de REDD+, tel qu'actuellement défini, comprend « la réduction des émissions dues à la déforestation et à la dégradation des forêts, ainsi que le rôle de la conservation, de la gestion durable des forêts et du renforcement des stocks de carbone forestier ». Plus spécifiquement, de nombreux pays espèrent que la suite des discussions de la CCNUCC puisse aboutir à un mécanisme capable d'aider à financer l'objectif collectif et convenu de « ralentir, stopper et inverser la perte de couvert et de carbone forestiers » à l'aide de mesures incitatives fondées sur les résultats, récompensant des réductions des émissions, mesurées, documentées et vérifiées, obtenues grâce à la protection des forêts. Cette définition élargie des activités admissibles dans le contexte des négociations de la CCNUCC a engendré de nouvelles possibilités de protection des forêts dans le bassin du Congo.

Ceci dit, le concept de la REDD+ reste en constante évolution, et on est encore loin de la mise en place d'un mécanisme accordant directement des paiements contre des preuves de réduction des émissions. Des incertitudes non résolues créent encore des problèmes pour les pays en développement, si bien que la mise en pratique de la REDD+ dans le bassin du Congo n'est pas exempte de incertitudes et de risques. C'est dans ce contexte que nous décrirons, ci-après, plusieurs problèmes, opportunités et défis significatifs.

Une approche en trois phases a été adoptée pour le mécanisme REDD+. Lors de la CdP-16 de Cancún, la CCNUCC a décidé que les activités REDD+[1] entreprises par les pays en développement devaient être mises en œuvre par phases.

Encadré 3.1 Évolution de la portée de la REDD+ au cours des discussions internationales

Depuis le début des négociations sur la déforestation, différents concepts ont été débattus :

- RED (réduction des émissions dues à la déforestation) – concept initial. Ce concept était limité aux terres passant de l'état « boisé » à un autre type utilisation (« non boisés »). Il n'incluait donc pas les activités d'exploitation forestière lorsque le nombre des arbres a encadré 28 : Évolution de la portée de la REDD+ au cours des discussions internationales
- REDD (réduction des émissions dues à la déforestation et à la dégradation des forêts), qui recouvre à la fois la déforestation et la diminution de la densité de stockage du carbone dans la forêt. En 2007 à Bali, la forte implication des pays du bassin du Congo a été perçue comme une contribution majeure à l'inclusion de la dégradation des forêts dans le mécanisme REDD.
- REDD+ ou REDD-plus. Ce concept englobe les activités REDD décrites plus haut, en y intégrant le rôle de la conservation, de la gestion durable des forêts et du renforcement des stocks de carbone forestier dans les pays en développement. En plus des émissions évitées, la REDD+ s'intéresse donc également au rôle de séquestration joué par les forêts (puits de carbone). Il souligne aussi le rôle de la gestion durable des forêts dans la réduction des émissions par rapport à l'exploitation forestière habituelle.
- REDD++ prend en compte les émissions dues à l'agriculture ou à d'autres utilisations des terres, en tant que premier pas vers un système AFOLU (agriculture, forêts et autres utilisations des terres) plus large. Si la REDD+ se limite aux « terres forestières », la REDD++ peut tenir compte d'autres stocks de carbone tels que l'agroforesterie et les arbres hors forêt, sans dépendre de la définition opérationnelle de « forêt ».

La première comprend l'élaboration de stratégies ou plans d'action nationaux associée à un renforcement des capacités. Elle est suivie par la mise en œuvre des politiques et mesures nationales, et des stratégies ou plans d'action nationaux, qui peut nécessiter un renforcement des capacités supplémentaire, un développement et un transfert de technologies, et des activités de démonstration fondées sur les résultats. La troisième phase est la mise en œuvre d'actions fondées sur les résultats qui doivent être complètement mesurés, documentés et vérifiés (voir diagramme 3.1). Il est important de garder à l'esprit que ces trois phases ne sont pas purement séquentielles, mais peuvent se chevaucher, comme on peut déjà le constater dans beaucoup de pays où les activités de préparation sont effectuées en même temps que des projets de démonstration.

Opportunités de financement liées à la REDD+

L'attention croissante prêtée au changement climatique au niveau international a entraîné l'allocation de nouveaux fonds aux activités REDD+. En décembre 2009, à la 15e session de la CdP, les parties ont convenu dans l'Accord (informel) de Copenhague qu'un « financement accru, nouveau et additionnel, prévisible et adéquat » devrait être fourni aux pays en développement « pour permettre et

Diagramme 3.1 Approche en trois phases du mécanisme REDD+

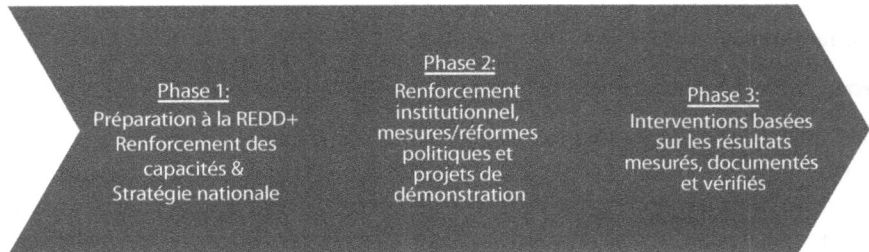

Phase 1:
Préparation à la REDD+
Renforcement des
capacités &
Stratégie nationale

Phase 2:
Renforcement
institutionnel,
mesures/réformes
politiques et
projets de
démonstration

Phase 3:
Interventions basées
sur les résultats
mesurés, documentés
et vérifiés

soutenir une action renforcée concernant l'atténuation du changement climatique, y compris d'importants moyens financiers pour réduire les émissions résultant du déboisement et de la dégradation des forêts (REDD+) ». Selon cet accord, « l'engagement collectif des pays développés consiste à fournir des ressources nouvelles et additionnelles, englobant le secteur forestier et des apports d'investissements par les institutions internationales, de l'ordre de 30 milliards de dollars EU pour la période 2010–2012 » généralement désignées comme le financement de « démarrage rapide ».

La majorité des fonds REDD+ de « démarrage rapide » [2] sont décaissés par des bailleurs de fonds bilatéraux. Au cours de l'étape initiale du financement climatique, la Norvège s'est avérée un donateur REDD+ remarquable. Dès 2007, à la CdP-13, l'État norvégien a lancé son Initiative internationale climat et forêts[3] et annoncé 2,5 milliards de dollars EU de fonds nouveaux et additionnels pour des réductions rentables et vérifiables des émissions de gaz à effet de serre dues à la déforestation. Depuis, la Norvège a passé des accords bilatéraux avec le Brésil, l'Indonésie, le Guyana, l'Éthiopie et la Tanzanie, et a contribué à divers fonds multilatéraux. Dans le cadre de ceux-ci, la Norvège a adopté une approche de « paiement sur performances » en matière de REDD+. Les autres grands donateurs des activités REDD+ sont l'Allemagne, l'Australie, les États-Unis, la France, le Japon et le Royaume-Uni. Jusqu'à présent, ils ont surtout soutenu les programmes de préparation, l'appui aux politiques et les projets de démonstration.

Une part importante du financement actuel de la REDD+ a été orientée vers des fonds et des programmes multilatéraux. Ces fonds sont notamment le Fonds de partenariat pour la réduction des émissions de carbone forestier (FPCF) et le Programme d'investissement pour la forêt (FIP), qui sont tous deux des fonds d'affectation spéciale de la Banque mondiale, du programme ONU-REDD et du Fonds pour l'environnement mondial (FEM). Ces programmes soutiennent la préparation à la REDD+, la mise en œuvre des mesures et réformes des politiques, ainsi que des financements pilotes fondés sur les résultats. Certains fonds, tels que le fonds d'affectation spéciale du FEM, font de la REDD+ une des catégories d'activités d'atténuation qu'ils financent, tandis que d'autres, comme le FPCF, financent exclusivement les initiatives REDD+. Le tableau 3.1 reprend les principaux fonds multilatéraux qui contribuent à la REDD+.

Tableau 3.1 Fonds REDD+ multilatéraux

Fonds	Description	Portée géographique	Promis en janvier 2012 (millions de dollars EU)
Fonds du FPCF pour la préparation	Fonds d'affectation spéciale de la Banque mondiale lancé en 2007 pour le renforcement des capacités en matière de REDD+. Le programme de préparation du FPCF aide actuellement 36 pays en développement à élaborer leurs stratégies REDD+, systèmes de mesure, documentation et vérification, et bases de référence nationales. Comprend le partage de connaissances entre les membres.	13 pays en Afrique, 15 en Amérique latine et 8 en Asie-Pacifique.	229,4
Fonds du FPCF pour le carbone	Partenaire dans le Fonds pour la préparation. Déclaré opérationnel en 2011. Accordera des paiements fondés sur les performances aux réductions REDD+ vérifiées. Seuls les pays ayant accompli des progrès dans la préparation à la REDD+ seront admissibles.	Seuls les pays acceptés par le Fonds pour la préparation du FPCF sont actuellement admissibles	204,4
ONU-REDD+	Collaboration entre l'Organisation pour les forêts et l'agriculture (FAO), le programme des Nations-Unies pour le développement (PNUD) et le programme des Nations-Unies pour l'environnement (PNUE), pour soutenir le développement de la préparation des pays à la REDD+.	Bolivie, Équateur, Indonésie, Panama, Papouasie-Nouvelle-Guinée, République démocratique du Congo, Tanzanie, Vietnam, Zambie	151
Programme d'investissement pour la forêt (FIP)	Fonds d'investissement climatique de la Banque mondiale opérationnel depuis juillet 2009. Soutient la « Phase 2 » des activités REDD+. Conçu pour fournir un financement accru pour les réformes du secteur forestier identifiées à travers les stratégies nationales REDD+.	Brésil, Burkina Faso, Ghana, Indonésie, Laos, Mexique, Pérou, République démocratique du Congo.	578
Fonds pour l'environnement mondial (FEM) – Domaine d'intervention « Changement climatique »	Mécanisme financier pour la CCNUCC, la CDB et la CNULD. Soutient des projets qui profitent à l'environnement mondial et promeuvent des moyens de subsistance durables. Diverses activités, notamment la mise en œuvre de projets REDD+ à petite échelle et le renforcement des capacités.	Global	246,23
Fonds forestier du bassin du Congo	Créé pour compléter les activités existantes ; soutenir des propositions transformatrices et innovantes renforçant les capacités des populations et des institutions du bassin du Congo et les rendant à même de gérer leurs propres forêts ; aider les communautés locales à trouver des moyens de subsistance compatibles avec la conservation des forêts ; et réduire la déforestation.	Pays de l'Afrique centrale (COMIFAC)	165
Fonds vert pour le climat	Accepté dans le cadre des accords de Copenhague et de Cancún ; encore en cours de négociation. Pour financer l'adaptation et l'atténuation (et éventuellement pour inclure la REDD+). Prévu pour être dirigé par une « représentation équilibrée ». La Banque mondiale agira comme administrateur initial. Pas encore opérationnel.	Tous pays en développement	À définir

Source : Préparé par les auteurs à partir de données de Gledhill et coll., 2011 et de la base de données REDD+ du Partenariat volontaire REDD+ avec quelques mises à jour.
Note : COMIFAC = Commission des Forêts d'Afrique Centrale.

Les trois phases du mécanisme REDD+ ont souvent été liées à des sources de financement particulières (voir tableau 3.2). Dans la Phase 1 de la REDD+, dite « phase de préparation », les pays élaborent des stratégies REDD+, commencent à créer des systèmes de suivi, et identifient les activités et sauvegardes sociales et environnementales susceptibles d'être principalement soutenues par des fonds publics. Le passage à la mise en œuvre des politiques et mesures visant les facteurs de déforestation nécessite un flux plus régulier et plus fiable de fonds nationaux ou internationaux (Phase 2). Enfin, nombreux sont ceux qui espèrent que la Phase 3 débouchera sur une récompense des succès vérifiables dans la réduction des GES, à travers des paiements fondés sur les performances. Le financement de cette phase finale n'a toutefois pas encore été clarifié dans le cadre de la CCNUCC, et aucun pays n'a non plus légiféré ou mis en place un système pour réglementer ces transactions.

Le financement pour un « démarrage rapide » n'est considéré que comme un début, et beaucoup espèrent que le financement de la lutte contre le changement climatique va augmenter avec le temps. À la CdP-16 de Cancún, un nouvel ensemble de décisions a été adopté, notamment que « les pays développés parties adhèrent, dans l'optique de mesures concrètes d'atténuation et d'une mise en œuvre transparente, à l'objectif consistant à mobiliser ensemble 100 milliards de dollars par an d'ici à 2020 pour répondre aux besoins des pays en développement ». Ce financement accru est compris comme une combinaison de fonds publics et d'investissements du secteur privé.

En ce qui concerne le financement de la REDD+, les mécanismes à créer ne sont pas encore clairement identifiés, de même que les modalités permettant à un pays d'être admis à bénéficier de ces flux de financement dans l'avenir. À la CdP-17 de Durban, une décision adoptée en matière de REDD+ reconnaît que « le financement fondé sur les résultats accordé aux pays en développement […] pourra provenir de sources diverses, publiques ou privées, bilatérales ou multilatérales, y compris alternatives », et que « des approches fondées sur le marché

Tableau 3.2 Les trois phases de la REDD+

Phase	Activités	Principales sources de financement
Phase 1	Préparation, renforcement des capacités et planification en vue de la REDD+	Fonds publics, en grande mesure acheminés à travers des agences bilatérales, et des fonds et programmes multilatéraux.
Phase 2	Renforcement institutionnel, mesures et réformes des politiques, et projets de démonstration.	Fonds publics à travers des accords bilatéraux, quelques fonds multilatéraux et quelques financements privés, avec un appui public.
Phase 3	Actions fondées sur les résultats, complètement mesurées, documentées et vérifiées	À déterminer. Vraisemblablement une diversité de sources, notamment des fonds publics à travers des accords bilatéraux et, potentiellement, le Fonds vert pour le climat. Éventuellement, des investissements privés et les marchés du carbone.

Source : Gledhill et coll., 2011.

appropriées pourront être élaborées par la Conférence des parties pour soutenir des actions fondées sur les résultats entreprises par les pays en développement parties… » Beaucoup ont considéré cette décision comme un pas en direction de la création d'un système de paiement pour les performances, notamment pour des actions fondées sur les résultats (Phase 3), en plus de la promotion d'un soutien public continu aux Phases 1 et 2 (à savoir l'élaboration d'une stratégie, le renforcement des capacités, le développement et le transfert de technologies, et les activités de démonstration).

La portée, le rôle et les modalités des futurs mécanismes fondés sur les résultats (Phase 3) ou des mécanismes de marché restent à définir. Pour que les pays tels que ceux du bassin du Congo comprennent leurs implications, les discussions doivent encore progresser dans le cadre de la CCNUCC. Il est intéressant de constater que, même si la CCNUCC établit des règles pour les quotas REDD+, les pays développés devront créer une demande pour ceux-ci en élaborant des politiques complémentaires, par exemple pour autoriser ces compensations dans le cadre du Système communautaire d'échange de quotas d'émissions de l'Union européenne (EU ETS[4]). À ce jour, seuls quelques systèmes envisageant d'inclure les quotas REDD+ commencent à apparaître : le Japon a déclaré qu'il préparait des mécanismes bilatéraux de compensation, incluant peut-être la REDD+, en dehors du Mécanisme pour un développement propre du Protocole de Kyoto ; le système de plafonnement et d'échange de l'État de Californie contient des dispositions qui pourraient permettre une prise en compte des quotas de carbone forestier dès 2015. Il existe également un petit marché volontaire pour les quotas REDD+.

En même temps, les pays acquièrent petit à petit une vision du financement REDD+ plus large que des mécanismes fondés sur les résultats et de marché du carbone. En particulier, les pays commencent à passer d'une conception de la REDD+ en tant que simple mécanisme de financement du carbone à un agenda de développement plus large et plus respectueux des forêts. Certains pays cherchent de plus en plus à attirer le secteur privé à plus long terme, afin d'encourager les investissements dans des industries du bois durables, des sources d'énergie ou des chaînes d'approvisionnement agricoles, en particulier, aux endroits où ces secteurs sont des causes de déforestation.

Opportunités et défis pour les pays du bassin du Congo

L'évolution des négociations internationales sur les forêts et le changement climatique a été positive pour les pays du bassin du Congo. La première fois que les forêts ont été inscrites à l'ordre du jour des négociations internationales, lors de la 11e session de la Conférence des parties tenue à Montréal en 2005, il ne s'agissait que d'atténuer les émissions dues à la déforestation (voir encadré 3.1). Depuis lors, le concept s'est étendu pour inclure la dégradation des forêts, la conservation, la gestion durable des forêts et le renforcement des stocks de carbone forestier afin de valoriser implicitement les forêts restantes. L'idée d'intégrer la dégradation et la conservation des forêts à l'agenda a été largement le résultat d'un fort engagement des pays du bassin du Congo.

Le financement de la REDD+ a déjà bénéficié aux pays du bassin du Congo. Les six pays du bassin du Congo ont tous pris des engagements vis-à-vis de la stratégie REDD+ et ont reçu, en retour, le soutien de bailleurs de fonds bilatéraux et/ou de programmes multilatéraux par l'intermédiaire de la Banque mondiale, de fonds des Nations Unies ou du Fonds forestier pour le bassin du Congo (soutenu par la Norvège et le Royaume-Uni et géré par la Banque africaine de développement). Les décaissements ont constitué un défi, mais les fonds sont toujours engagés à travers ces canaux.

Le bassin du Congo doit toutefois encore relever des défis pour pouvoir accéder pleinement aux possibilités de financement du mécanisme REDD+. Les ressources financières dont bénéficient actuellement les pays du bassin du Congo relèvent de la Phase 1 du mécanisme REDD+ portant sur le processus de préparation (qui inclut le renforcement des capacités et la planification). La transition vers les mécanismes de financement prévus pour la Phase 3 exigera que le bassin du Congo surmonte une série de défis techniques et méthodologiques. La sujétion aux résultats propre à la Phase 3 nécessite un minimum de capacités de mise en œuvre des plans ainsi que de mesure et de suivi des stocks de carbone, pour que les pays puissent être récompensés en fonction de leurs performances. Les paiements seront effectués en fonction des résultats obtenus par rapport à un niveau de référence (la situation de statu quo sans REDD+).

Un des problèmes méthodologiques les plus délicats pour les pays du bassin du Congo est la définition des niveaux de référence. Un des éléments centraux liés au financement fondé sur des résultats mesurés, documentés et vérifiés (Phase 3) est le niveau de référence par rapport auquel ces performances sont mesurées. Les modalités qui permettront aux pays de déterminer ces « niveaux de référence des émissions » ou « niveaux de référence » sont en cours de discussion à la CCNUCC[5] (Angelsen et coll., 2011a et 2011b). La manière dont ces niveaux de référence seront définis influencera fortement le futur mécanisme REDD+ et les avantages potentiels qu'en obtiendront les différents pays. Au-delà des considérations techniques permettant de les définir, ces niveaux de référence devraient très probablement être le fruit de négociations. Pour les pays à couverture forestière élevée et faible taux de déforestation (profil CEFD) tels que ceux du bassin du Congo, le recours à des données de référence historiques pourrait ne pas refléter l'effort qu'un pays aura à faire pour combattre les risques futurs que les forêts auront à affronter (Martinet et coll., 2009).

De nouvelles méthodes de détermination des niveaux de référence commencent à apparaître. Dans le cadre du protocole de Kyoto, les pays développés sont maintenant autorisés à établir des niveaux de référence sur la base des taux de déforestation attendus pour l'avenir. En décembre 2008, lors de la CdP14 de Poznań, les pays ont convenu que les niveaux de référence de la REDD+ devraient « prendre en compte les données historiques et les adapter en fonction des circonstances nationales ». Cela semble indiquer que les pays, tels que ceux du bassin du Congo, ayant des taux de déforestation faibles dans le passé, mais potentiellement élevés dans l'avenir, pourraient tenir compte de ce facteur dans la détermination du niveau de référence proposé. L'application d'un facteur

Encadré 3.2 Controverse sur les modalités de l'utilisation d'un facteur d'ajustement dans la définition des niveaux de référence

La méthodologie de définition des niveaux de référence capable de satisfaire toutes les parties est loin d'être claire. Les pays du bassin du Congo ont en général soutenu l'introduction de facteurs d'ajustement de développement pour tenir compte de leurs taux de déforestation historiquement faibles, qui devraient s'accroître dans le futur. Le risque inhérent à ce choix est de créer un « marché des citrons », où le vendeur en sait plus sur la qualité du produit que l'acheteur. Des niveaux de référence artificiellement gonflés pourraient entraîner une offre excessive de crédits REDD+ à bas prix. La définition de facteurs d'ajustement de développement fondés sur des faits, comme le proposent les pays du bassin du Congo, assurerait que les efforts de REDD+ soient équitablement récompensés dans les pays participants, tout en préservant l'intégrité environnementale de la REDD+ en évitant la déclaration de réductions des émissions exagérées.

d'ajustement de développement pour refléter les conditions nationales est l'un des points les plus controversés du débat sur les niveaux de référence (voir encadré 3.2).

Pour les pays qui souhaitent aller au-delà des données historiques, tout le défi est de disposer de données crédibles et de solides raisons pour les « ajuster aux conditions nationales ». Beaucoup d'experts signalent que peu de pays en développement disposent d'un ensemble de données adéquates et crédibles, pouvant raisonnablement être ajustées à l'aide d'une tendance historique. En particulier, à cause de l'absence de bases de données fiables, l'impact que la future croissance économique des différents secteurs pourrait avoir sur les forêts est difficile à prévoir. Grâce au modèle CongoBIOM, les pays du bassin du Congo peuvent tenter d'utiliser le minimum de données dont ils disposent pour produire une estimation initiale des tendances futures. Toutefois, vue la limitation actuelle des données (en quantité et en qualité), il est peu probable qu'une information quantitative suffisamment solide puisse être utilisée pour établir un niveau de référence sur lequel fonder un mécanisme de financement.

Une certaine souplesse est accordée aux pays ayant de faibles capacités et des données médiocres. La décision adoptée en décembre 2011 à la CdP-17 de Durban « invite les Parties à présenter les informations et les arguments relatifs à la détermination des niveaux de référence des émissions de leurs forêts et/ou leurs niveaux de référence, en incluant des détails sur les circonstances nationales et, en cas d'ajustement, sur la manière dont ces circonstances ont été prises en compte ». Il est utile de souligner que cette décision permet également aux pays d'adopter une approche progressive pour l'établissement de leurs NRE/NR nationaux et qu'elle accepte des mises à jour ultérieures de ces niveaux incorporant de meilleures données, des méthodologies améliorées et de nouvelles connaissances des tendances

REDD+ : Comment réconcilier le développement économique et la préservation des forêts ? Quelques recommandations

Beaucoup de pays en développement reconnaissent de plus en plus l'importance d'une intégration de la REDD+ dans des stratégies de développement faible en émissions, plus larges, englobant l'ensemble de l'économie, au sein desquelles existent des possibilités de concilier le développement économique et la préservation des forêts (en tant que bien public local, national et international). Même s'il reste encore beaucoup d'inconnues et de défis, la poursuite de la REDD+ présente vraisemblablement plus d'avantages que de risques. Beaucoup d'éléments de la stratégie REDD+ d'un pays peuvent comprendre des mesures « sans regrets » : celles-ci peuvent avantageusement contribuer à la croissance économique, tout en protégeant les écosystèmes, les bassins versants et les forêts naturelles, et en consultant et impliquant les communautés locales, quelle que soit la forme que prendra le futur mécanisme de la CCNUCC.

La présente section formule des recommandations que les pays du bassin du Congo pourront utiliser comme de lignes directrices générales lors de la préparation de leurs stratégies REDD+. Vues les incertitudes planant encore sur l'évolution du futur mécanisme d'incitation à la REDD+, les recommandations émises sont essentiellement « sans regrets » : en plus d'être nécessaires pour attirer un financement international de la REDD+, elles sont susceptibles d'engendrer des avantages économiques, même si ce financement ne se matérialise pas ou avant qu'il ne soit disponible à grande échelle. Les recommandations concernent, d'une part, des questions et des éléments favorables transversaux touchant différents secteurs, tels que la planification de l'utilisation des terres, le régime foncier, et l'application des lois ; et, d'autre part, des actions propres aux secteurs cibles (agriculture, énergie, transport, exploitation forestière et activités minières).

Investir dans une planification participative de l'utilisation des terres

La planification participative de l'utilisation des terres doit être utilisée pour maximiser les objectifs économiques et environnementaux. Le manque de plan complet d'aménagement du territoire dans les pays du bassin du Congo conduit à des problèmes de chevauchement des droits d'usage et à des utilisations des terres potentiellement conflictuelles. De nombreux conflits peuvent opposer les priorités de conservation, l'exploitation minière, l'exploitation forestière, et les moyens de subsistance des populations locales. Un exercice complet de planification de l'utilisation des terres, à mener de manière participative, devrait permettre de déterminer les différentes utilisations à rechercher sur les territoires nationaux. Une fois achevé, ce plan délimitera les zones forestières à préserver et celles qui pourraient être converties à d'autres utilisations. Lors de la planification du développement économique, une attention particulière doit être accordée aux « forêts à haute valeur » en termes de biodiversité, de bassins versants et de patrimoine culturel.

Idéalement, les activités minières, agricoles et autres devraient être tenues à l'écart des forêts présentant une grande valeur écologique. Une délimitation claire des zones d'exploitation minière, forestière et agricole et de production de bois de chauffage peut aider à en maximiser la productivité en stimulant l'intensification de leur utilisation. En ce qui concerne l'agriculture, les nouvelles mises en valeur devraient principalement viser les terrains dégradés[6]. Il existe dans le bassin du Congo un grand nombre de terrains non boisés présentant un potentiel élevé, dans des zones faiblement peuplées. En principe, il n'y a donc aucune raison de faire appel à des terres actuellement boisées pour satisfaire la future demande de produits de base agricoles (voir plus loin la section sur l'agriculture). Les tendances passées montrent néanmoins que les zones boisées peuvent être plus vulnérables à l'expansion agricole ; si bien que, pour protéger les forêts, les États doivent impérativement adopter des mesures proactives. La priorité doit être accordée aux terres non boisées, adéquates et disponibles, notamment les zones dégradées et les plantations commerciales abandonnées. Cette approche devrait être un des principes directeurs de la planification de l'aménagement du territoire des pays.

Les compromis entre les différents secteurs et au sein de chacun d'eux doivent être clairement compris par les parties prenantes pour qu'elles puissent définir de solides stratégies de développement au niveau national. Une sérieuse analyse socioéconomique ainsi qu'une étroite coordination entre les différents ministères concernés sont indispensables pour soutenir les arbitrages potentiellement difficiles entre les différentes priorités. La participation de politiciens de haut niveau est généralement requise pour arriver à concilier des utilisations des terres potentiellement conflictuelles.

Un des résultats de cet exercice peut être l'identification de pôles de croissance et de grands corridors de développement susceptibles d'être développés de manière coordonnée, avec l'implication de toutes les entités étatiques aux côtés du secteur privé et de la société civile. L'approche par pôles de croissance peut être utilisée pour identifier des interventions coordonnées dans des zones sélectionnées, avec un impact potentiel maximal en termes de croissance économique. Dans les pôles de croissance, on trouve généralement une industrie principale, autour de laquelle se développent des industries connexes, attirées par ses effets directs et indirects. Dans le bassin du Congo, une telle approche pourrait être induite par les ressources naturelles (surtout minérales) : les corridors liés aux ressources sont, en effet, considérés comme un moyen naturel de promouvoir des pôles de croissance, dans la mesure où tirent avantage des infrastructures et créent des liens en amont et en aval autour des industries extractives.

L'exercice de planification de l'utilisation des terres doit tenir compte de la dimension régionale. Si la planification de l'utilisation des terres doit indubitablement être menée au niveau national (et même provincial) pour assurer la cohérence entre les priorités spécifiquement définies pour le pays et les stratégies nationales, il n'empêche que les avantages de l'intégration régionale sont, tout aussi certainement, énormes pour l'ensemble des pays du bassin du Congo. C'est pourquoi l'approche par les corridors a également été adoptée par des organismes régionaux tels que la Communauté économique des États de l'Afrique centrale (CEEAC) et la Communauté économique et monétaire de l'Afrique centrale (CEMAC), pour encourager les synergies et les économies d'échelle entre leurs États membres (CEMAC 2009).

Améliorer les systèmes fonciers

Les systèmes fonciers actuels ne sont pas propices à une gestion durable des forêts dans les pays du bassin du Congo. En dehors des concessions forestières commerciales, les forêts sont considérées comme des zones « libres d'accès » appartenant à l'État et non soumises à des droits de propriété. De plus, la législation foncière de la plupart des pays du bassin du Congo assujettit directement la reconnaissance de la propriété foncière à la mise en valeur des forêts, et encourage ainsi la conversion des terres boisées en terres agricoles ainsi qu'une exploitation non durable du bois de chauffage, étant donné que le bois, en tant que ressource, est dramatiquement sous-évalué.

L'amélioration des systèmes fonciers et d'utilisation des terres devrait être une priorité pour les États afin de stimuler la gestion des ressources naturelles et de réduire la pression sur les forêts primaires. Les pays du bassin du Congo doivent renforcer la gouvernance de leurs terres rurales et le cadre de reconnaissance de la propriété foncière. Des systèmes efficaces de droits d'utilisation et d'accès aux terres et, plus généralement, de droits de propriété sont essentiels pour améliorer la gestion des ressources naturelles et encourager l'agriculture durable. L'amélioration de ces systèmes est une priorité pour fournir aux agriculteurs, en particulier aux femmes, les incitations nécessaires à l'investissement à long terme dans la transformation agricole. En ce qui concerne la production du bois de chauffage, les approches de gestion communautaire des forêts peuvent réussir à accroître l'offre et à éviter aux forêts des prélèvements non durables. Toutefois, les communautés n'investiront dans les pratiques forestières durables ou un système de plantation d'arbres ou d'agroforesterie, qu'à condition de disposer d'une visibilité suffisante sur les questions de propriété foncière ou des arbres. De façon générale, la clarification des droits sur la terre ou les arbres est considérée comme une condition préalable clé à toute action en faveur des pratiques de gestion durable des forêts, et devrait à ce titre bénéficier d'une priorité élevée.

La clarification du régime foncier peut également aider à créer un environnement propice à l'investissement privé responsable. En plus de permettre aux agriculteurs d'investir dans leurs terres, la clarification des droits fonciers sur l'ensemble de leurs territoires permettrait aux pays du bassin du Congo de se montrer plus proactifs et d'entamer des négociations plus équilibrées avec de grands investisseurs potentiels. Étant donné la faiblesse de la gouvernance foncière, il existe un risque que les investisseurs acquièrent des terres pour presque rien et ignorent les droits locaux ou les questions environnementales, avec des conséquences potentiellement très négatives[7] (Deininger et coll., 2011a). De plus, une forte corrélation a été observée entre les demandes de grandes étendues de terres et la faiblesse du système de reconnaissance de la propriété foncière rurale dans les pays cibles, ce qui suggère clairement un risque dans les pays du bassin du Congo (Deininger et coll., 2011b). Les États devraient donc mettre en place des politiques plus solides pour les futurs grands investissements fonciers, exigeant notamment que les demandes de terres soient orientées vers les plantations abandonnées et les terres adéquates non boisées, et qu'une évaluation d'impact environnemental soit effectuée.

Renforcer les institutions

Le renforcement des institutions est une priorité dans les pays du bassin du Congo. Sans de solides institutions, capables de faire appliquer les règlements et de nouer des alliances au sein d'une économie politique complexe, ni la planification de l'utilisation des terres ni la réforme foncière, décrites plus haut, n'apporteront de vrai changement. Une attention particulière doit être accordée aux administrations forestières, généralement faibles dans tous les pays du bassin du Congo : leur personnel est souvent insuffisant et âgé. Les attentes en matière de planification, de suivi et de contrôle des ressources forestières ainsi que d'application des lois sont élevées, mais largement sans rapport avec les capacités existantes. Pour permettre une protection et une gestion efficaces des forêts, un cadre juridique doit être mis en place puis entièrement appliqué par des institutions dûment dotées en personnel et en équipement. Ceci est particulièrement important dans la lutte conte les activités illégales, mais aussi pour le processus de formalisation à entreprendre dans le secteur de l'exploitation forestière artisanale ainsi que les chaînes de valeur informelles du bois de chauffage et du charbon de bois (voir plus loin, les sections traitant des secteurs spécifiques).

Le personnel des administrations forestières est en général fortement concentré dans les capitales et organismes centraux, et très peu nombreux au niveau décentralisé. Il est en général peu formé aux nouvelles techniques, technologies et dimensions de la gestion des forêts. Au-delà des ressources humaines, les administrations forestières sont également sous-équipées, en particulier dans les sites décentralisés. La priorité devrait donc être accordée aux aspects suivants :

• Rajeunissement du personnel forestier : les stratégies de dotation (recrutement et renforcement des capacités) de l'administration forestière doivent être redéfinies sur la base des nouveaux besoins de connaissances et de compétences ; et
• Promouvoir les transferts de technologie : l'administration doit généralement se contenter d'un équipement et de bâtiments inappropriés. Les nouvelles technologies (système de traçage des grumes, SIG, etc.) doivent être transférées aux administrations forestières afin qu'elles puissent effectuer plus efficacement leurs tâches essentielles de planification, suivi et contrôle.

L'agenda de la REDD+ doit pouvoir s'appuyer sur des institutions solides, en particulier pour l'application des lois et le suivi. La REDD+ a toutes les chances d'échouer si les problèmes de base de la gouvernance ne sont pas correctement résolus. Les pays du bassin du Congo disposent d'institutions et de cadres de gouvernance comparativement faibles. Ils auront donc intérêt à élaborer des stratégies REDD+ qui tiennent compte de leurs situations particulières et des défis de la région (voir encadré 3.3). De plus, pour être prêtes pour le financement de

---

Encadré 3.3 États fragiles et défis de la REDD+

L'originalité de la proposition REDD+ est son mécanisme fondé sur l'incitation, conçu pour récompenser les pays en développement pour les résultats qu'ils ont obtenus dans la réduction de la déforestation, mesurés par rapport à un niveau de référence. Ce mécanisme s'appuie sur l'hypothèse que les pays en développement « payent » un coût d'opportunité pour conserver leurs forêts, alors qu'ils pourraient préférer d'autres options et convertir leurs terrains boisés à d'autres utilisations. L'idée de base est donc de leur payer une rente pour les dédommager de la perte des recettes prévues. La référence à la théorie des incitations (vue du côté de l'agent principal) est implicite mais claire. Dans le cadre de la REDD+, l'État est considéré comme n'importe quel agent économique se comportant rationnellement, c'est-à-dire commençant par comparer les prix relatifs des différentes options, puis décidant d'agir et de mettre efficacement en œuvre des mesures pour lutter contre la déforestation et modifier le cap du développement dans l'ensemble du pays.

Pour Karsenty et coll. (2011), une telle approche ignore l'économie politique des États, en particulier lorsqu'il s'agit d'États dits « fragiles » ou même « faillis », confrontés à des crises institutionnelles graves et chroniques, souvent régies par des gouvernants travaillant dans leur propre intérêt et alimentant la corruption. Deux hypothèses sous-tendant la proposition REDD+ sont particulièrement critiques : i) l'idée que le gouvernement d'un tel État puisse être en mesure de prendre la décision de modifier le cap du développement sur la base d'une analyse coûts-avantages promettant des compensations financières, et ii) l'idée qu'une fois cette décision prise, cet État « fragile » soit capable, grâce aux compensations financières, de mettre en œuvre et de faire appliquer des politiques et des mesures appropriées menant à une réduction de la déforestation.

---

la Phase 3 de la REDD+, les institutions des pays du bassin du Congo devront être capables de mettre en place des systèmes crédibles de suivi, pour permettre à la communauté internationale de suivre les progrès accomplis dans chaque pays : le grave manque de données devra être surmonté et des technologies appropriées devront être déployées pour prendre en compte les problèmes particuliers (difficulté d'accès aux zones boisées, manque de personnel dans les institutions décentralisées, etc.)

Encourager la coordination multisectorielle. En envisageant les possibilités de réduction des émissions de gaz à effet de serre dans l'atmosphère, la REDD+ apparaît comme une approche de planification du développement visant à coordonner l'utilisation des forêts et autres terres. La mise en œuvre de la stratégie REDD+ et, plus généralement, des stratégies nationales d'utilisation des terres exige une étroite coordination entre les différents ministères concernés, les institutions locales et les autres parties prenantes. Cette coordination est habituellement faible, et les nouveaux systèmes devront être définis avec un solide appui à haut niveau, pour assurer la coordination entre les différents secteurs concernés par la REDD+.

Bâtir des partenariats stratégiques. Le respect des lois et réglementations nationales par les entreprises doit être surveillé par des organismes de contrôle. Ceci s'avère habituellement problématique dans les pays d'Afrique centrale, où le manque de capacités, l'inaccessibilité de certains sites, les problèmes de gouvernance et les risques pour la sécurité peuvent rendre difficile le travail des contrôleurs. Autant que possible, des partenariats stratégiques devraient être forgés pour améliorer les activités de contrôle au niveau local : les communautés locales peuvent être formées pour aider les organismes de contrôle dans leurs activités sur le terrain ; et des ONG peuvent exercer une surveillance complémentaire à travers des projets de terrain. En ce qui concerne le secteur agricole et ses impacts potentiels sur les zones boisées, le processus du Plan Détaillé de Développement de l'Agriculture Africaine (PDDAA) fournit une excellente et opportune occasion d'analyser en profondeur le potentiel agricole, d'élaborer ou actualiser les plans d'investissements agricoles nationaux et régionaux visant à accroître la productivité de manière durable, et de renforcer les politiques agricoles. Pour le secteur forestier, les processus de préparation à la REDD+ et du FLEGT[8] constituent des plateformes pour la coordination et l'élaboration de stratégies. Dans le contexte des industries minières, l'Initiative pour la Transparence des Industries Extractives (ITIE) constitue un point d'entrée clé pour l'appui à une gestion saine des secteurs minier, pétrolier et gazier, à travers la promotion de la transparence.

Agriculture : Accroître la productivité et donner la priorité aux terrains non boisés

L'agriculture de subsistance est actuellement considérée comme l'un des principaux facteurs de déforestation dans le bassin du Congo. Les plantations agroindustrielles risquent de devenir un autre moteur de la déforestation dans les prochaines années. Lors de la détermination des stratégies REDD+, l'adoption d'une approche durable fondée sur le « paysage » est de plus en plus reconnue, avec une attention particulière à la nécessité de mesures incitatives adéquates destinées aux agriculteurs et aux communautés vivant à la limite des forêts. La série de recommandations formulées ci-dessous vise à aider à concilier une augmentation de la production agricole et la préservation des forêts primaires. Elles s'ajoutent à celles émises plus haut dans d'autres sections, qui sont transversales et s'appliquent à n'importe quel secteur concerné par l'utilisation des terres.

• **Donner la priorité à l'expansion agricole sur les zones non boisées, sur la base d'une planification participative de l'utilisation des terres.** La surface des terres adéquates, non boisées, non protégées et non cultivées est estimée à 40 millions d'hectares dans le bassin du Congo. Elle correspond à plus de 1,6 fois la superficie actuellement cultivée. L'exploitation de ces terres disponibles, combinée avec un accroissement de la productivité agricole, pourrait radicalement transformer l'agriculture dans le bassin du Congo, tout en épargnant les forêts. Les décideurs doivent donner la priorité à l'expansion de l'agriculture sur des terrains non boisés.

- **Promouvoir une agriculture « écologiquement ingénieuse » capable d'accroître la productivité tout en réduisant la vulnérabilité.** Dans les pays du bassin du Congo, une agriculture « écologiquement ingénieuse » devrait prendre la forme d'une agriculture de conservation, introduisant un minimum de perturbation dans les sols – par exemple : ensemencement direct sans labour ; maintien d'un compost de matières organiques riches en carbone pour nourrir et protéger le sol ; rotation et association de cultures (y compris des arbres et des légumes fixant l'azote) ; et agroforesterie (utilisation intensive d'arbres et arbustes dans la production agricole). Cette dernière a été développée au niveau pilote autour de grands centres urbains, tels que Kinshasa, pour répondre à la fois aux besoins croissants de nourriture et d'énergie (voir encadré 3.4)

Encadré 3.4 Nourrir les villes : combiner le charbon de bois et l'agroforesterie à Kinshasa

Kinshasa, une mégapole de 8 à 10 millions d'habitants, est située dans un environnement de mosaïques de forêts et de savane sur les plateaux Batéké, en République démocratique du Congo. L'approvisionnement de la ville en combustibles ligneux, d'environ 5 millions de mètres cubes par an, est le plus souvent récolté de façon informelle dans des forêts-galeries dégradées, situées dans un rayon de 200 kilomètres autour de Kinshasa. Les forêts-galeries sont les plus affectées par la dégradation causée à la récolte du bois, et même les forêts situées au-delà de ce rayon de 200 kilomètres sont progressivement touchées, tandis que la zone périurbaine s'étendant sur 50 kilomètres autour de la ville a subi une déforestation complète.

Diverses tentatives de plantation ont toutefois eu lieu autour de la mégalopole pour soutenir, d'une manière plus durable, l'approvisionnement à la fois en combustibles ligneux et en aliments. Entre la fin des années 1980 et le début des années 1990, quelque 8 000 hectares de plantations ont été aménagés à Mampu, sur des pâturages de savane dégradés situés à 140 kilomètres de Kinshasa, pour couvrir les besoins en charbon de bois de la ville. Aujourd'hui, la plantation, aménagée en parcelles de 25 hectares, est gérée par 300 familles, pratiquant une rotation des cultures qui tire avantage des propriétés de fixation de l'azote des acacias et des résidus de la production de charbon de bois pour accroître les rendements agricoles.

Un autre périmètre, exploité par une entreprise privée congolaise du nom de Novacel, pratique la culture intercalaire du manioc et de l'acacia afin de produire des aliments, du charbon durable, et aussi des crédits carbone. À ce jour, sur les 4 200 hectares prévus, environ 1 500 ont été plantés. Les arbres ne sont pas encore suffisamment grands pour produire du charbon, mais le manioc est récolté, transformé et vendu depuis plusieurs années. La société a également bénéficié de quelques paiements initiaux pour le carbone. Ce projet produit environ 45 tonnes de tubercules de manioc par semaine et a créé 30 emplois à plein temps et 200 emplois saisonniers. Novacel réinvestit une partie des recettes issues de ses crédits carbone dans des services sociaux locaux, notamment l'entretien d'une école élémentaire et d'un centre de santé.

- **Renforcer les petits exploitants agricoles.** Environ la moitié de la population active travaillant dans l'agriculture dans la plupart des pays du bassin du Congo, une croissance agricole durable doit être encouragée sur la base d'une implication des petits exploitants. L'expérience dans d'autres régions tropicales montre que la chose est possible (Deininger et coll., 2011). La Thaïlande, par exemple, a considérablement étendu sa superficie de production du riz et est devenue un important exportateur d'autres denrées de base (sucre, manioc, maïs) en faisant bénéficier ses petits exploitants agricoles d'un programme d'octroi massif de titres fonciers, accompagné d'un appui public à la recherche, à la vulgarisation, au crédit, aux organisations de producteurs et au développement d'infrastructures routières et ferroviaires.

  De nouveaux systèmes de mesures incitatives doivent être mis en place à l'intention des petits exploitants agricoles, en particulier lorsque l'adoption de nouvelles pratiques entraîne une perte de revenu au cours des premières années, éventuellement à travers des paiements pour des services environnementaux. Au niveau des pays, un accès au crédit ou à des prestations en nature (y compris l'accès à la terre, aux marchés, ou à des intrants de production) pourrait être proposé pour stimuler l'adoption de pratiques agricoles durables. À plus grande échelle, des incitations basées sur le marché pourraient être mises en place à travers des systèmes de certification, pour soutenir les grands et petits producteurs de la grande agro-industrie (de l'huile de palme, du caoutchouc, etc.) qui adoptent des pratiques durables. À côté des incitations positives, il est également important de s'assurer que les mesures ayant des impacts négatifs potentiels soient éliminées. Ces incitations négatives peuvent comprendre des dispositions réglementaires assujettissant les droits de propriété des terres au déboisement des forêts (voir plus haut « Améliorer les régimes fonciers »), ou des systèmes de crédits proposés par des banques commerciales pour soutenir des activités nécessitant une déforestation. La suppression de ces incitations perverses s'est avérée particulièrement efficace pour la réduction de la déforestation : au Brésil, le veto de la *Banco do Brasil* aux crédits destinés aux agriculteurs qui voulaient défricher des parties de la forêt amazonienne a immédiatement réduit la pression sur la forêt.

- **Revitaliser la Recherche & Développement (R&D) pour accroître la productivité de manière durable.** Au cours des dernières décennies, les capacités de R&D ont été détruites dans tout le bassin du Congo, à l'exception du Cameroun. Les centres de recherche nationaux fonctionnent mal et sont incapables de relever le défi de la transformation du secteur agricole. La recherche a complètement négligé les cultures vivrières les plus courantes, telles que l'igname, la banane plantain et le manioc, particulièrement importantes dans le bassin du Congo : on les appelle habituellement les « cultures négligées ». Jusqu'ici, le potentiel d'accroissement de leur productivité et d'amélioration de leur résistance aux maladies et de leur tolérance aux événements climatiques est resté inexploité.

La recherche agricole dans la R&D du bassin du Congo doit être relancée et stimulée, notamment à travers des partenariats avec des centres de recherches internationaux (par exemple, avec des membres du CGIAR, le Groupe consultatif pour la recherche agricole internationale), en vue de renforcer progressivement les capacités nationales. En plus des activités de R&D, les services de vulgarisation doivent eux aussi être revitalisés pour généraliser les nouvelles pratiques agricoles dans les zones rurales. Un appui devra être apporté à la mécanisation pour accroître la productivité des petites exploitations, notamment en améliorant les opérations d'après récolte, actuellement à haute intensité de main d'œuvre et souvent exécutées par des femmes.

- **Promouvoir une agro-industrie commerciale durable**, à travers une amélioration des règlementations, en particulier relatives aux procédures d'allocation des terres et de gestion environnementale. Les grandes exploitations agro-industrielles, notamment le caoutchouc, l'huile de palme et les plantations de canne à sucre, ont le potentiel nécessaire pour soutenir la croissance économique et créer de nombreux emplois pour les populations rurales. De plus, l'aptitude des grandes entreprises à s'accommoder aisément des imperfections des marchés, prévalant dans les pays du bassin du Congo, en particulier en ce qui concerne l'accès au crédit, les technologies, les intrants, la transformation et les marchés eux-mêmes, en fait des acteurs potentiellement importants dans une stratégie de développement agricole durable. Les grandes exploitations agro-industrielles peuvent également jouer un rôle positif dans la réduction de la déforestation et de la dégradation des forêts, en employant de relativement importantes populations, qui pourraient ainsi renoncer à la pratique traditionnelle de la culture avec labour peu profond sur brûlis. Dans la plupart des pays du bassin du Congo, elles ont de plus l'obligation légale de mettre des infrastructures sociales à disposition (écoles, hôpitaux, etc.)

Cependant, pour réaliser tout cela, une politique adéquate et des capacités institutionnelles doivent être en place pour atténuer les risques environnementaux et sociaux liés aux grands investissements privés dans le développement foncier. Étant donné la médiocre gouvernance foncière, il existe un risque que les investisseurs achètent des terres pour presque rien, qu'ils interfèrent avec les droits locaux et négligent leurs responsabilités sociales et environnementales. Même si, jusqu'ici, les forêts du bassin du Congo ont largement échappé à des tentatives d'acquisition massive de terres, ce risque ne peut être complètement évité à l'avenir en raison de la faiblesse de la gouvernance. En fait, le risque que de grandes exploitations obtiennent des droits d'accès aux ressources naturelles, tout en portant une attention suffisante aux externalités sociales et environnementales et sans chercher à maximiser l'impact potentiel de l'investissement privé sur la réduction de la pauvreté, est considéré comme très élevé (Deininger et coll., 2011).

Les États devraient mettre en place des politiques plus énergiques pour les grands investissements fonciers futurs, exigeant notamment que les demandes de terres concernent les plantations abandonnées et des terres cultivables non

---

Encadré 3.5 Partenariats entre grands opérateurs et petits exploitants : Exemples

En Indonésie, qui est actuellement le premier producteur mondial d'huile de palme, les petits exploitants assurent environ un tiers de la production nationale. À cause des exigences du traitement et de la rapide détérioration des fruits frais, ainsi que des difficultés d'accès au capital et au matériel végétal, la plupart des petits producteurs de palmiers à huile travaillent en partenariat officiel avec de grandes sociétés, dans des systèmes de parcelles/petites plantations. Le revenu moyen de la culture du palmier à huile est supérieur à celui de l'agriculture de subsistance ou des cultures de rente concurrentes, et on estime que l'expansion du palmier à huile en Indonésie a sensiblement contribué à la réduction de la pauvreté rurale.

À l'origine, les hévéas étaient cultivés dans de grandes plantations situées dans des régions forestières humides d'Asie du Sud-Est. Mais depuis, avec la hausse des coûts de la main-d'œuvre et des terres, cette culture est passée aux mains des petits producteurs. Actuellement, 80 % de la production mondiale provient d'exploitations de 2 à 3 hectares. Cette évolution a été rendue possible par le développement de clones d'hévéas améliorés et de techniques adaptées à la production et au traitement par de petits exploitants. En Indonésie, les petits exploitants produisent du caoutchouc au sein de systèmes d'agroforesterie améliorés, qui préservent les stocks de carbone et la diversité des espèces. Si le rendement économique de ces systèmes est inférieur à celui des monocultures, il est largement compensé par des risques réduits et des dépenses d'investissement initiales plus faibles. Des efforts sont en cours pour certifier le caoutchouc de ces systèmes afin d'obtenir une majoration de son prix.

---

boisées. Les efforts pour rendre plus durable la production d'huile de palme, tels que la Table ronde sur la production durable d'huile de palme fondée en 2004, pourraient aider à atténuer quelques-uns de ces problèmes environnementaux en établissant des normes visant à éviter de nouvelles pertes dans les forêts primaires ou dans des zones de conservation de grande valeur, et à réduire les impacts sur la biodiversité.

- **Encourager des partenariats gagnant-gagnant entre les grands opérateurs et les petits exploitants.** De tels partenariats pourraient faire du double profil actuel de l'agriculture (à petite et grande échelle) dans le bassin du Congo, un moteur de la transformation du secteur agricole. Même si la chose ne s'est pas encore concrétisée dans le bassin du Congo, il existe de nombreux exemples dans le monde, où des partenariats constructifs entre petits exploitants et grands opérateurs ont donné de bons résultats et contribué à un développement équilibré de l'agriculture (voir encadré 3.5). Des systèmes d'externalisation innovants et spécifiques au bassin du Congo pourraient être essayés à titre pilote et reproduits.

Bois-énergie : Organiser la filière informelle

La grande dépendance vis-à-vis de l'extraction de bois pour la production de combustible domestique ou de charbon de bois ne devrait pas changer dans un avenir proche. Si aucune modification n'est apportée à l'organisation actuelle de la chaîne de valeur du charbon de bois, cette extraction exercera certainement une énorme pression sur les forêts naturelles du bassin du Congo, en particulier dans les zones densément peuplées. Cette chaîne de valeur devrait urgemment être transformée, en veillant tout particulièrement à ce que l'approvisionnement en bois s'effectue de manière durable. Le mécanisme REDD+ pourrait être une occasion de moderniser ce segment du secteur de l'énergie. Vous trouverez ci-dessous une série de recommandations à ce sujet ; elles s'ajoutent à celles émises plus haut dans d'autres sections, qui sont transversales et s'appliquent à n'importe quel secteur concerné par l'utilisation des terres.

- **Placer le secteur bois-énergie plus haut sur l'agenda politique.** Malgré leur indiscutable importance en tant que source d'énergie, les combustibles ligneux retiennent encore très peu l'attention dans le dialogue sur les politiques et sont, en conséquence, à peine évoqués dans les politiques et les stratégies énergétiques officielles. Beaucoup de raisons expliquent cette situation, notamment : i) le secteur de l'énergie tirée du bois est perçu comme « démodé » et « rétrograde », et les décideurs politiques s'intéressent plus à des sources d'énergie plus modernes et supposées plus propres ; ii) le secteur est habituellement associé à la dégradation des forêts et à la déforestation, et il est considéré comme un secteur nocif, à éliminer ; iii) le secteur est mal documenté et ne bénéficie pas de données statistiques fiables (ce qui tend à minimiser sa contribution à la croissance économique, à l'emploi, etc.) ; iv) la gouvernance de ce secteur principalement informel autorise souvent des comportements de maximisation de la rente, et des conflits d'intérêts peuvent freiner toute réforme du secteur.

  La perception des décideurs politiques que le bois de chauffage est « traditionnel » et « démodé » devrait être rectifiée. Des leçons peuvent être tirées de l'Europe et de l'Amérique du Nord, où l'énergie tirée du bois commence à apparaître comme une source d'énergie renouvelable de pointe. L'énergie tirée du bois (pour le chauffage, la production d'électricité et même aussi parfois pour la cuisine) est en fait la source d'énergie renouvelable croissant le plus rapidement en Europe et Amérique du Nord. Une technologie de pointe, très moderne, est développée pour accroître l'efficience de l'utilisation du bois à des fins énergétiques. Les pays du bassin du Congo devraient saisir les opportunités offertes par les avancées techniques et les financements liés au climat pour rendre cette ressource énergétique plus moderne et plus efficace.

- **Formaliser la filière bois-energie.** La formalisation du secteur briserait la structure oligopolistique de la chaîne de valeur et créerait un marché plus transparent. La structure des prix refléterait mieux la valeur économique de cette ressource, et des mesures incitatives appropriées pourraient être mises en place. Une telle formalisation devrait être appuyée par la révision et la modernisation du cadre réglementaire. Pour ce faire, la priorité devrait être accordée aux actions suivantes : i) recueillir des données et investir dans la recherche pour comprendre à fond la nature de la collecte de bois et son impact sur les forêts ; ii) comprendre l'« économie politique » de la chaîne de valeur informelle du bois de chauffage/charbon de bois ; et iii) entamer un dialogue ouvert et transparent avec toutes les parties intéressées clés, en particulier les populations locales bénéficiaires de ces activités informelles : ce dialogue multilatéral sera essentiel pour aider à aborder les difficiles compromis entre le maintien des moyens de subsistance ruraux fondés sur des activités informelles, et l'application des normes de production et des contraintes commerciales accompagnant la formalisation du secteur.

- **Diversifier l'approvisionnement.** Actuellement, la chaîne de valeur du charbon de bois dans le bassin du Congo dépend exclusivement des forêts naturelles. Celles-ci devraient continuer à fournir une grande partie de la matière première pour la production du charbon, mais elles ne pourront toutefois pas satisfaire la demande croissante d'une manière durable. Il est donc nécessaire de veiller à ce que l'ensemble de la chaîne de valeur du charbon de bois prenne correctement en charge l'aspect durabilité de l'approvisionnement en bois. Pour ce faire, les décideurs politiques devraient envisager de diversifier les sources de bois, en augmentant l'approvisionnement durable grâce à : i) un accroissement de l'offre de bois durable à l'aide de la plantation d'arbres et de l'agroforesterie ; et ii) l'exploitation du potentiel de récoltes durables dans les forêts naturelles, avec un accent particulier sur la gestion des déchets et des chutes de bois d'œuvre.

- **Encourager l'implication des communautés en leur octroyant des droits et en renforçant leurs capacités.** Les systèmes communautaires de production de bois de chauffage mis en place au Niger, au Sénégal, au Rwanda et à Madagascar ont donné des résultats prometteurs lorsque des droits à long terme sur des terrains forestiers et la délégation de leur gestion ont incité les communautés locales à participer à la production de bois de chauffage. Comme indiqué plus haut dans la section « Améliorer les systèmes fonciers », les décideurs politiques devraient donner une priorité à l'agenda de transfert de droits, dans la mesure où il est essentiel pour l'implication à long terme des communautés dans les plantations et l'agroforesterie.

- **Répondre aux besoins alimentaires et énergétiques croissants des villes.** Dans les pays du bassin du Congo, la déforestation et la dégradation des forêts apparaissent surtout autour des centres urbains, en raison de l'expansion agricole exigée par la demande alimentaire et énergétique croissante. Une approche intégrée polyvalente de la réponse aux besoins des villes permettrait d'agir sur les divers facteurs responsables de la dégradation des forêts. Bien organisée, elle pourrait non seulement satisfaire les besoins alimentaires et énergétiques de la population urbaine en croissance, mais aussi apporter des solutions durables au chômage et à la gestion des déchets d'exploitation du bois.

Transport : Mieux planifier pour minimiser les impacts négatifs

Le bassin du Congo à l'un des plus graves déficits d'infrastructure du monde, avec des routes, des voies ferrées et des ports délabrés. Il a entravé les efforts de développement et engendré une fragmentation des économies. Les pays de la région ont fait de la rénovation du réseau de transport une des grandes priorités de leurs agendas des politiques, afin d'améliorer l'accès aux marchés, de réduire les coûts du transport et d'accroître la compétitivité des produits locaux à l'exportation. Mais mal planifiée, la restauration des infrastructures de transport peut entraîner une déforestation significative : si les impacts directs du développement des transports sur les forêts ne sont pas très importants, les impacts indirects et induits peuvent, eux, être graves et étendus. Un système d'incitation à la REDD+ peut appuyer un plan de développement en apportant une approche plus intégrée pour les infrastructures de transport. Les recommandations présentées ci-dessous à ce sujet viennent s'ajouter à celles émises plus haut dans d'autres sections, qui sont transversales et s'appliquent à n'importe quel secteur concerné par l'utilisation des terres.

- **Améliorer la planification du transport aux niveaux local, national et régional.** La limitation de la déforestation associée aux infrastructures de transport exige une réflexion approfondie sur le modèle de développement, à tous les niveaux : i) au niveau local, parce que les régions directement desservies par des services de transport améliorés deviendront plus compétitives dans divers secteurs d'activité, tels que l'expansion agricole, notamment les plantations de palmiers à huile ; ii) aux niveaux national et régional parce que l'approche basée sur les corridors montre qu'une amélioration des services de transport (par exemple la gestion du fret dans les ports) ou de l'infrastructure (en facilitant le transport fluvial ou ferroviaire) peut avoir un impact macroéconomique plus important à l'échelle régionale.

  D'un côté, la participation locale à la planification du transport aidera à maximiser les possibilités économiques, et de l'autre, les forêts à haute valeur sont reconnues comme des éléments clés pour un développement à long terme. Les mesures d'atténuation au niveau local pourraient comprendre la clarification du régime foncier ou l'intégration du projet de transport dans un plan de développement local plus large. De tels plans pourraient inclure la protection des bords des forêts le long des routes, des rivières ou des chemins de fer afin d'éviter le déboisement non planifié. Définies dès le départ et de manière participative, ces restrictions bénéficieraient de plus d'appui de la part des différentes parties intéressées. La planification aux niveaux national et régional à l'aide d'une approche basée sur les corridors pourrait aider à identifier des mesures d'atténuation adéquates, telles que des réformes du zonage (établissant des zones forestières permanentes), l'application de la loi (garantissant le respect des décisions de zonage), la clarification du régime foncier et le contrôle de l'expansion de l'agriculture.

- **Encourager les réseaux de transport multimodal.** Bien que l'accent soit principalement mis sur les routes, d'autres modes de transport peuvent également soutenir la croissance économique du bassin du Congo. Par exemple, avec ses plus de 12 000 kilomètres de réseau navigable, le bassin du Congo pourrait bénéficier d'un système de transport fluvial potentiellement très compétitif. Malgré son vaste potentiel, l'utilisation du réseau navigable reste marginale dans le bassin du Congo. Dans une moindre mesure, il en est de même du transport ferroviaire (en particulier celui des passagers). Lorsqu'ils planifient le développement du transport, il est important que les pays évaluent le pour et le contre des routes et des modes de transport alternatifs tels que les voies navigables et les chemins de fer, en termes non seulement de rendement économique, mais aussi d'impact environnemental.

- **Évaluer *ex ante* les impacts des investissement dans le transport.** Le développement du transport (qu'il s'agisse de nouvelles infrastructures ou de rénovation des actifs existants) remodèlera le profil économique des zones desservies et accroîtra la pression sur les ressources forestières. Actuellement, la plupart des études d'impact environnemental ou des examens des mesures de sauvegarde n'appréhendent qu'en partie les effets indirects à long terme sur la déforestation. Il est donc nécessaire de développer un nouvel ensemble d'instruments pour aider à déterminer l'impact dû à l'accroissement de la compétitivité économique dans les régions desservies par les nouvelles infrastructures de transport. Une solide évaluation *ex ante* des impacts potentiels indirects et induits du développement des transports, faisant partie intégrante de la phase de conception des investissements dans les infrastructures, pourrait aider à concevoir les mesures d'atténuation. Pour ce faire, un solide exercice de modélisation économique (une analyse économique prospective) devrait être entrepris dans le cadre de la préparation de tout investissement dans les infrastructures. Il garantirait que les investissements dans les transports soient conçus en visant un développement économique à faible impact.

Exploitation forestière : Étendre la gestion durable des forêts au secteur informel

Malgré la grande valeur de leur bois, les pays du bassin du Congo restent des acteurs relativement peu importants de la production de bois au niveau international. Le développement opportuniste de l'exploitation forestière artisanale entraîne un haut niveau d'inefficacité le long de la chaîne de valeur nationale du bois. Il existe également des possibilités d'amélioration de la compétitivité du secteur de l'exploitation forestière, tant formel qu'artisanal, pour qu'il devienne une source plus importante d'emploi et de croissance. Il est maintenant prouvé que, lorsqu'elles respectent les règles de la gestion durable, les activités d'exploitation forestière peuvent avoir un impact négatif limité sur les forêts. La REDD+ a donné un nouvel élan aux pratiques de gestion forestière durable à l'intérieur et à l'extérieur des concessions forestières commerciales ; elle offre également une occasion de développer une chaîne de valeur du bois optimisant la valeur ajoutée et la création d'emploi, grâce à la modernisation des capacités de transformation. Vous trouverez ci-dessous une série de recommandations à ce sujet ; elles s'ajoutent à celles émises plus haut dans d'autres sections, qui sont transversales et s'appliquent à n'importe quel secteur concerné par l'utilisation des terres.

- **Poursuivre les progrès en matière de gestion durable des forêts dans les concessions d'exploitation forestière commerciale.** La région du bassin du Congo est l'une des plus avancées en ce qui concerne les zones dotées d'un plan de gestion approuvé ou en cours de préparation. Des études indiquent néanmoins que les principes de la gestion durable des forêts ne sont pas encore complètement appliqués au niveau des concessions forestières industrielles. Une attention particulière devrait être accordée aux aspects suivants : i) assurer une mise en œuvre adéquate des plans de gestion au niveau des concessions, à l'aide d'un suivi adéquat par le ministère en charge des forêts ; ii) ajuster les normes et critères de la gestion durable des forêts pour tenir compte du changement climatique et des avancées dans les techniques d'exploitation forestière à impact réduit ; et iii) s'écarter des modèles de gestion ne tenant compte que du bois d'œuvre. On peut également promouvoir des systèmes de certification des forêts[9], étant donné qu'à de nombreux endroits, les communautés estiment que les avantages sociaux sont plus intéressants dans les concessions certifiées que dans celles qui ne le sont pas.

- **Rendre plus opérationnel le concept de forêt communautaire :** Le concept de « foresterie communautaire » a été adopté dans la plupart des pays du bassin du Congo et introduit dans leurs cadres juridiques. La mise en application du concept est néanmoins confrontée à un certain nombre de difficultés. Des faiblesses telles que les contrats de gestion à durée déterminée continuent à limiter la gestion communautaire efficace des forêts appartenant à l'État. Un réexamen du concept et la clarification des droits des communautés sur les forêts pourraient fournir une occasion de revitaliser sa mise en œuvre sur le terrain (voir plus haut, « Améliorer les régimes fonciers »).

- **Formaliser le secteur informel du bois.** L'expansion du secteur informel de l'exploitation forestière, provoquée par l'essor des marchés nationaux, est largement incontrôlée et non réglementée, générant ainsi une très forte pression sur les forêts naturelles. Pour assurer un approvisionnement durable des marchés nationaux du bois et y diffuser les principes de la GDF, de nombreuses petites et moyennes entreprises forestières auront besoin de l'appui de réglementations adéquates et non de contraintes, comme c'est le cas actuellement.

  La mise en place d'un cadre réglementaire approprié pour la production nationale de bois d'œuvre nécessite les éléments suivants : i) une évaluation des tendances des marchés du bois[10] (tant nationaux que régionaux et internationaux) et une définition de stratégies pour concilier la demande et un approvisionnement en bois durable ; ii) une compréhension en profondeur de l'« économie politique » de la chaîne de valeur informelle du bois ; et iii) un dialogue multisectoriel en vue d'une réorganisation de la chaîne de valeur.

- **Moderniser les capacités de transformation.** L'investissement dans la modernisation des capacités de transformation secondaire et tertiaire pourrait augmenter la valeur ajoutée et l'emploi, et aider à satisfaire la demande nationale et régionale croissante tout en limitant les impacts négatifs sur les forêts naturelles. Une industrie de transformation du bois plus performante et plus moderne a toujours été une priorité importante pour les pays du bassin du Congo. La modernisation du secteur de la transformation est essentielle pour la mise en place d'une chaîne de valeur efficace du bois d'œuvre dans le bassin du Congo. Elle exigera les actions suivantes :

  i) ajuster les capacités de transformation aux ressources des forêts (en tenant compte du marché tant national que des exportations) : un approvisionnement alternatif en bois peut être envisagé à partir de plantations et de fermes forestières ; ii) promouvoir des techniques de transformation plus efficace afin d'accroître substantiellement le taux de transformation secondaire et tertiaire ; et iii) diversifier les essences utilisées en les valorisant sur de nouveaux marchés de consommation (autres que les marchés européens et asiatiques, hautement sélectifs) et en faisant appel à des processus de transformation plus avancés (par ex. : l'utilisation dans la production de contreplaqué ou d'autres transformations secondaires).

- **Appui au processus FLEG-T.** Le processus de l'Union européenne relatif à l'application des réglementations forestières, à la gouvernance et aux échanges commerciaux est l'initiative la plus complète visant à aider les pays producteurs de bois tropicaux à améliorer la gouvernance de leur foresterie. Le processus est déjà assez avancé dans tous les pays du bassin du Congo, à l'exception de la Guinée équatoriale, et toutes les activités liées à la gouvernance forestière dans un pays donné devront être renforcées et alignées sur l'APV FLEG-T signé par ce pays.

Exploitation minière : Fixer des standards ambitieux pour la gestion environnementale

Jusqu'ici, les activités minières ont eu des impacts limités sur les forêts du bassin du Congo, étant donné que la majorité des sites d'exploitation de la région se trouvaient dans des zones non boisées. Toutefois, avec la mise en œuvre de ces activités attendue dans des zones forestières, l'impact sur la forêt devrait augmenter. Le mécanisme REDD+ pourrait être une occasion d'accompagner le développement des activités minières dans le bassin du Congo, en réduisant au minimum leurs impacts négatifs sur les forêts naturelles. Vous trouverez ci-dessous une série de recommandations à ce sujet ; elles s'ajoutent à celles reprises plus haut dans d'autres sections, qui sont transversales et s'appliquent à n'importe quel secteur concerné par l'utilisation des terres.

- **Évaluer et suivre correctement les impacts des activités minières à toutes les étapes.** Toutes les étapes des opérations minières (depuis la prospection jusqu'à la fermeture des mines) peuvent produire un impact sur les forêts. Des évaluations d'impact environnemental (EIE) et d'impact social (EIS) doivent être correctement effectuées pour toutes les étapes, en même temps qu'un plan de gestion pour atténuer les risques. Dans beaucoup de pays, la loi exige actuellement des EIE et EIS[11]. Toutefois, ces évaluations ne satisfont souvent pas les normes minimales de qualité, et les plans d'atténuation associés sont souvent médiocrement conçus et difficiles à mettre en œuvre et à suivre.

- **Tirer des leçons des pratiques modèles internationales et encourager l'atténuation des risques.** Pour minimiser les impacts négatifs des activités minières sur les forêts du bassin du Congo, les entreprises devront adopter les pratiques modèles et normes internationales conçues pour respecter tous les niveaux de l'atténuation (éviter – réduire – restaurer – compenser). Diverses organisations, parfois concurrentes, telles que le Conseil international des mines et métaux, le Conseil pour la joaillerie responsable, la Société financière internationale et l'Initiative pour une assurance minière responsable, ont mis au point des normes internationales pour une exploitation minière responsable. Ces initiatives s'adressent aux activités minières à grande échelle, mais il existe aussi une forme destinée à l'extraction artisanale : l'Alliance pour l'exploitation minière responsable (ARM). En effet, celle-ci a mis au point un système de certification destiné aux petites coopératives minières, qui tient compte des préoccupations aussi bien environnementales que sociales. De plus, dans les pays du bassin du Congo, certaines compagnies pétrolières et gazières (Shell, par exemple) ont déjà mis en œuvre des projets d'extraction cherchant à réduire au minimum l'impact de celle-ci sur les forêts. Des leçons peuvent être tirées de ces approches innovantes pour les États qui ajustent leurs réglementations nationales relatives aux activités minières ainsi qu'à la gestion et au suivi environnemental de celles-ci.

- **Mettre à niveau le secteur de l'exploitation minière artisanale et à petite échelle.** Même s'ils sont disséminés et plus difficiles à évaluer et à suivre, les impacts des activités minières artisanales devraient être importants, en particulier à cause de leur effet cumulatif au cours du temps. Dans certains pays, des « points chauds » de déforestation sont clairement liés à l'extraction minière artisanale. Les efforts devraient se concentrer sur une plus grande sécurité pour les petits exploitants miniers et sur un ajustement des cadres réglementaires les rendant mieux à même de répondre aux besoins spécifiques de ce segment du secteur minier. Les États devraient encourager l'utilisation de technologies respectueuses de l'environnement, comme des

Encadré 3.6 À la recherche de l'« or vert »

Les activités minières tant artisanales (effectuées avec un équipement peu mécanisé) qu'à petite échelle (qui utilisent des méthodes mieux organisées et plus productives, mais doivent limiter leur production annuelle de minéraux à un certain volume) ont, ces dernières années, répondu à la demande internationale par une augmentation de leurs activités dans le bassin du Congo. Au Gabon par exemple, le statut juridique précaire des mineurs artisanaux ne les incite guère à poursuivre leurs activités d'une manière écologiquement responsable. Les stratégies visant à aborder ces questions comprennent la mise en place de chaînes d'approvisionnement socialement responsables et écologiquement durables, ainsi que des mesures pour professionnaliser et formaliser les activités minières artisanales et à petite échelle afin de gérer les risques et d'introduire des normes minimales. Ces initiatives sont en partie inspirées par le succès d'un programme de certification par des tiers dénommé « Oro verde » (or vert). Ce programme a été lancé en 1999 en Colombie pour arrêter la dégradation sociale et environnementale causée par les mauvaises pratiques minières en vigueur dans la luxuriante bio-région du Chocó et pour approvisionner des bijoutiers choisis en métaux traçables et durables.

---

appareils de capture du mercure. L'Alliance pour l'exploitation minière responsable a mis au point un système de certification destiné aux petites coopératives minières, qui tient compte des préoccupations tant environnementales que sociales. L'approche *Oro Verde* (or vert) est un autre exemple (voir encadré 3.6).

• **Promouvoir des mécanismes innovants pour compenser les impacts négatifs des activités minières.** Au-delà de la réduction au minimum des effets négatifs des industries extractives, il est de plus en plus envisagé de tirer un bénéfice net du développement de l'exploitation minière. Une des options envisagées est la mise en place de mesures de compensation des atteintes à la biodiversité. Des groupes de conservation défendent ces mesures en faveur de la biodiversité depuis au moins dix ans.[12] Le concept doit encore se concrétiser sur le terrain et certains opérateurs du bassin du Congo se sont déclarés intéressés par une analyse approfondie de la manière de le rendre opérationnel. Des instruments financiers, tels que la garantie financière, seraient également des options possibles pour atténuer les impacts négatifs, notamment afin d'assurer la remise en état et la restauration des sites miniers au moment de leur fermeture.

Notes

1. FCCC/CP/2010/7/Add.1, Résolution 1/CP/16, paragraphe 73.
2. En dehors du financement bilatéral ou multilatéral, le financement national est parfois significatif, en particulier dans les économies émergentes ou à revenu intermédiaire. Le Brésil, par exemple, déclare une moyenne annuelle historique de 500 millions de

dollars EU pour les travaux de suivi et d'inventaire, l'application des lois, la réforme foncière et les plans nationaux et locaux de réduction de la déforestation. D'autres pays, tels que le Mexique, le Costa Rica ou l'Indonésie, ont aussi recours au financement national pour soutenir les activités REDD+.

3. *Norwegian International Climate and Forest Initiative* - NICFI.

4. *European Union Emission Trading system* : sytème d'échange des emissions de l'Union Européenne.

5. Dans les secteurs non forestiers, les niveaux de référence sont habituellement les émissions nettes au cours d'une année donnée. L'amélioration au cours du temps, mesurée par la baisse des émissions nettes pendant les années suivantes, constitue la mesure des performances. Pour le protocole de Kyoto, l'année de base a été fixée à 1990.

6. Le Partenariat mondial sur la restauration des paysages forestiers estime qu'en Afrique subsaharienne, plus de 400 millions d'hectares de terres dégradés présentent des possibilités de restauration ou d'amélioration de la fonction des paysages en « mosaïques » qui combinent forêts, agriculture et d'autres utilisations des terres. Accessible sur http://www.ideastransformlandscapes.org/

7. Par exemple, une vérification sur place de récentes acquisitions de terres en République démocratique du Congo a mis en évidence des irrégularités dans les processus d'attribution des terres : bien que toutes les concessions de plus de 1 000 hectares doivent être approuvées par le ministre des Affaires foncières, les données recueillies dans les provinces du Katanga et de Kinshasa indiquent que les gouverneurs ont, dans certains cas, octroyé de multiples concessions de maximum 1 000 hectares chacune à des investisseurs individuels afin de contourner la procédure d'approbation requise. Source : Deininger et coll., 2011a.

8. *Forest Law Enforcement, Governance and Trade*.

9. L'adoption de systèmes de certification est un processus volontaire, mais les pouvoirs publics des pays du bassin du Congo pourraient offrir des mesures incitatives pour encourager les entreprises privées à faire certifier leurs concessions.

10. L'analyse de ces « nouveaux marchés/flux » devrait de préférence être menée au niveau régional, dans la mesure où des signes clairs montrent que les flux de bois d'œuvre ont tendance à être transnationaux.

11. La phase d'exploration n'est généralement pas couverte par les ÉIA dans les pays du bassin du Congo, bien qu'elle puisse produire des impacts significatifs.

12. Voir par exemple : *Conservation International*. 2003.

Références

Angelsen, A., D. Boucher, S. Brown, V. Merckx, C. Streck, and D. Zarin. 2011a. *Guidelines for REDD+ Reference Levels: Principles and Recommendations*. Washington, DC: The Meridian Institute.

———. 2011b. *Modalities for REDD+ Reference Levels: Technical and Procedural Issues*. Washington, DC: The Meridian Institute.

CEMAC (Economic and Monetary Community of Central Africa). 2009. *CEMAC 2025: Towards an integrated emerging regional economy: Regional Economic Program 2010– 2015 (Vers une économie régionale intégrée et émergente Programme Economique Régional 2010–2015)*. Volume 2. CEMAC, Bangui, Central African Republic.

Conservation International. 2003. *Opportunities for Benefiting Biodiversity Conservation. The Energy and Biodiversity Initiative*. Washington, DC: CI. http://www.theebi.org/pdfs/opportunities.pdf.

Deininger, K., and D. Byerlee. 2011. "The Rise of Large Farms in Land Abundant Countries: Do They Have a Future?" Research Working Paper 5588, World Bank, Washington, DC.

Deininger, K., D. Byerlee, with J. Lindsay, A. Norton, H. Selod, and M. Stickler. 2011. *Rising Global Interest in Farmland—Can It Yield Sustainable and Equitable Benefits?* Washington, DC: World Bank.

Gledhill, R., C. Streck, S. Maginnis, and S. Brown. 2011. "Funding for Forests: UK Government Support for REDD+." Joint report, PricewaterhouseCoopers LLP/Climate Focus/ International Union for Conservation of Nature (IUCN). /Winrock International.

Karsenty, A., and S. Ongolo. 2012. "Can 'Fragile States' Decide to Reduce Their Deforestation? The Inappropriate Use of the Theory of Incentives with Respect to the REDD Mechanism." *Forest Policy and Economics Article* in press.

Martinet, A., C. Megevand, and C. Streck. 2009. *REDD+ Reference Levels and Drivers of Deforestation in Congo Basin Countries*. Washington: World Bank and COMIFAC.

Conclusions et perspectives

Les pays du bassin du Congo sont confrontés au double défi de développer leurs économies locales et de réduire la pauvreté, tout en limitant les impacts négatifs de la croissance sur le patrimoine naturel de la région, en particulier les forêts.

Les besoins de développement sont considérables. Malgré l'abondance des actifs naturels, la part de la population vivant sous le seuil national de pauvreté oscille entre un tiers et deux tiers dans les différents pays du bassin du Congo, l'accès à l'alimentation est largement inadéquat et la prévalence de la sous-alimentation est élevée. Les infrastructures de transport sont parmi les plus dégradées du monde, créant ainsi de fait une juxtaposition d'économies enclavées au sein de la région, et, par conséquent, une plus grande vulnérabilité des agriculteurs aux mauvaises récoltes. Les projections démographiques indiquent que la population du bassin du Congo devrait doubler entre 2000 et 2030, pour atteindre un total de 170 millions d'habitants, qui auront besoin de nourriture, d'énergie, d'abri et d'emploi.

Les actifs naturels ont, jusqu'à présent, été largement préservés ; les taux de déforestation du bassin du Congo sont parmi les plus bas dans la ceinture de forêts humides tropicales et sont nettement inférieurs à ceux qui frappent la plupart des autres régions d'Afrique. La canopée a, dans une certaine mesure, bénéficié d'une « protection passive » due à l'instabilité politique et au manque d'infrastructures.

Cependant, la situation pourrait changer. Actuellement, les activités de subsistance, comme l'agriculture à petite échelle et la récolte de bois de chauffage, sont les principales causes de la déforestation et de la dégradation des forêts dans le bassin du Congo ; mais les nouvelles menaces qui se profilent à l'horizon viendront alourdir les pressions sur les forêts naturelles. Conjointement, le développement local et régional, l'accroissement de la population et la demande mondiale de matières premières devraient entraîner une amplification de la déforestation et de la dégradation des forêts, si le modèle appliqué était celui du « statu quo ».

Les pays du bassin du Congo sont aujourd'hui à la croisée des chemins : ils ne sont pas encore définitivement engagés dans un modèle de développement qui entraînera nécessairement un coût élevé pour les forêts. Ils peuvent encore choisir un chemin de croissance respectueuse des forêts. La question est de savoir comment accompagner l'évolution de l'économie avec des mesures et des choix politiques intelligents, afin que les pays du bassin du Congo puissent conserver leurs extraordinaires actifs naturels, et en bénéficier à long terme. Autrement dit : comment « sauter » le creux de la couverture forestière habituellement observé dans la courbe de transition des forêts ?

De nouveaux mécanismes de financement environnemental peuvent aider les pays du bassin du Congo à opérer une transition vers une voie de développement respectueuse des forêts. Le financement environnemental comprend des fonds de soutien à l'adaptation au changement climatique et à l'atténuation de celui-ci, de manière générale, et à la REDD+ en particulier, mais aussi des fonds en faveur de la restauration de la biodiversité, des zones humides ou des sols. La REDD+ offre aux pays du bassin du Congo une précieuse occasion de développer des stratégies visant un développement durable tout en protégeant leur patrimoine naturel et culturel de la région. Combinée à la disponibilité de nouvelles ressources financières importantes, cette attention nouvelle ciblant la protection des forêts dans les accords internationaux en faveur du climat a fait remonter la gestion forestière durable dans l'agenda des politiques et a facilité, dans bon nombre de pays, un dialogue entre les administrations forestières et les ministères et organismes chargés de réglementer le développement industriel et agricole.

Si la REDD+ constitue une opportunité certaine, les conditions et l'ampleur de l'éventuel financement REDD+ restent en revanche largement incertaines. Il reste notamment à clarifier la manière de mesurer les résultats conditionnant les financements, la nature des critères pour les paiements, et le montant des fonds qui seront mis à la disposition du système. À ce jour, les négociations internationales n'ont pas encore clarifié ces points, ni les règles à suivre pour établir les niveaux de référence nationaux des émissions permettant de mesurer les résultats conditionnant les financements. À court ou moyen terme, on devrait assister à une multiplication des bailleurs de fonds et à une fragmentation du financement et même du marché de la REDD+. Dans ce paysage financier complexe, il est important que les États déterminent les priorités des activités, partenariats et processus. Chaque nouvel engagement avec un bailleur de fonds ou dans un processus associé à un marché du carbone, impose ses propres exigences et requiert des ressources non négligeables.

Les pays disposent néanmoins de ressources leur permettant de mettre en œuvre dès maintenant des mesures « sans regrets ». À leur manière dans chacun des pays, ces mesures devraient chercher à créer des conditions favorables à la mise en œuvre d'une croissance verte inclusive. L'étude « Dynamiques de déforestation dans le bassin du Congo : Réconcilier la croissance économique et la protection des forêts » met en évidence un certain nombre d'actions « sans regrets » que les pays peuvent prendre tout de suite pour adopter la voie d'un développement durable. Les recommandations ci-dessous ressortent des discussions techniques entre experts, notamment issus des pays du bassin du Congo, organisées au niveau régional. Elles se veulent des lignes directrices générales et devraient donner lieu à des discussions plus approfondies au niveau des pays.

- La planification participative de l'utilisation des terres peut aider à clarifier les compromis entre les différents secteurs, à encourager le développement de pôles et de corridors de croissance, et à éloigner les activités destructrices des forêts à grande valeur écologique.
- Les institutions doivent être renforcées pour pouvoir correctement exercer leurs responsabilités régaliennes de planification, de suivi et de mise en application des lois. Une coordination multisectorielle est indispensable pour encourager une vision intégrée du développement national.
- La matérialisation du potentiel agricole du bassin du Congo ne doit pas nécessairement se produire au détriment des forêts. La surface cultivée du bassin du Congo pourrait presque doubler sans qu'aucune zone forestière ne soit convertie. Les décideurs politiques devraient commencer par orienter les activités agricoles vers les terres dégradées ou non boisées.
- Dans le secteur de l'énergie, une des grandes priorités devrait être de rendre la chaîne d'approvisionnement du bois de chauffage plus durable et formelle. La réponse aux besoins alimentaires et énergétiques croissants des villes devrait s'orienter vers une intensification des systèmes polyvalents (agroforesterie).
- Une meilleure planification aux niveaux régional et national pourrait aider à contenir les effets négatifs du développement des transports, en ayant recours à un réseau multimodal et spatialement plus efficace.
- L'extension des principes de la gestion forestière durable au secteur, en plein essor et non réglementé, de l'exploitation forestière informelle aiderait à préserver la biomasse et les stocks de carbone des forêts.
- Des standard ambitieux pour la gestion environnementale du secteur minier pourraient aider à atténuer les effets négatifs au cours du développement de ce secteur dans le bassin du Congo.

Les pays du bassin du Congo devront trouver des moyens de faire un usage stratégique des multiples sources de financement (REDD+ et financement de l'atténuation du changement climatique, adaptation à celui-ci, finance carbone, biodiversité, sécurité alimentaire, financement du développement général). Les mécanismes soutendant ces multiples sources d'assistance financière mises à la disposition des pays en développement peuvent être d'une complexité frustrante, chacune avec son propre ensemble d'exigences et de critères. L'utilisation efficace des fonds nécessitera une étroite collaboration entre les acteurs nationaux et internationaux, une planification claire, et la mise en oeuvre d'un ensemble intégré de politiques d'accompagnement. Une stratégie nationale visant une résilience accrue au changement climatique et des moindres émissions de gaz à effet de serre pourrait tracer le chemin d'une croissance verte dans la région.

Modèle GLOBIOM—Description formelle

Fonction d'objectif

$$
\text{Max } WELF_t = \sum_{r,y} \left[\int \phi_{r,t,y}^{\text{demd}} \left(D_{r,t,y} \right) d\left(\cdot \right) \right] - \sum_{r} \left[\int \phi_{r,t}^{\text{splw}} \left(W_{r,t} \right) d\left(\cdot \right) \right]
$$

$$
- \sum_{r,l,\bar{l}} \left[\int \phi_{r,l,\bar{l},t}^{\text{lucc}} \left(\sum_{c,o,p,q} Q_{r,t,c,o,l,\bar{l}} \right) d(\cdot) \right]
$$

$$
- \sum_{r,c,o,p,q,l,s,m} \left(\tau_{c,o,p,q,l,s,m}^{\text{land}} \cdot A_{r,t,c,o,l,s,m} \right)
$$

$$
- \sum_{r} \left(\tau_r^{\text{live}} \cdot B_{r,t} \right) - \sum_{r,m} \left(\tau_{r,m}^{\text{proc}} \cdot P_{r,t,m} \right) \tag{1}
$$

$$
- \sum_{r,\bar{r},y} \left[\int \phi_{r,\bar{r},t,y}^{\text{trad}} \left(T_{r,\bar{r},t,y} \right) d\left(\cdot \right) \right].
$$

Contraintes exogènes liées à la demande

$$
D_{r,t,y} \geq d_{r,t,y}^{\text{targ}}. \tag{2}
$$

Équilibre des produits

$$
D_{r,t,y} \leq \sum_{c,o,p,q,l,s,m} \left(\alpha_{t,c,o,l,s,m,y}^{\text{land}} \cdot A_{r,t,c,o,l,s,m} \right) + \alpha_{r,t,y}^{\text{live}} \cdot B_{r,t}
$$

$$
+ \sum_{m} \left(\alpha_{r,m,y}^{\text{proc}} \cdot P_{r,t,m} \right) + \sum_{\bar{r}} T_{\bar{r},r,t,y} - \sum_{\bar{r}} T_{r,\bar{r},t,y}. \tag{3}
$$

Équilibre de l'utilisation des terres

$$\sum_{s,m} A_{r,t,c,o,l,s,m} \le L_{r,t,c,o,l}. \tag{4}$$

$$L_{r,t,c,o,l} \le L_{r,t,c,o,l}^{\text{init}} + \sum_{\tilde{l}} Q_{r,t,c,o,\tilde{l},l} - \sum_{\tilde{l}} Q_{r,t,c,o,l,\tilde{l}}. \tag{5}$$

$$Q_{r,t,c,o,l,l} \le L_{r,t,c,o,l,l}^{\text{suit}}. \tag{6}$$

Équations de récursivité (calculée uniquement lorsque le modèle a été résolu pour une période donnée)

$$L_{r,t,c,o,l}^{\text{init}} = L_{r,t-1,c,o,l}^{\text{init}} + \sum_{\tilde{l}} Q_{r,t-1,c,o,\tilde{l},l} - \sum_{\tilde{l}} Q_{r,t-1,c,o,l,\tilde{l}}. \tag{7}$$

$$L_{r,t,c,o,l,\tilde{l}}^{\text{suit}} = L_{r,t-1,c,o,l,\tilde{l}}^{\text{suit}} + \sum_{\tilde{l}} Q_{r,t-1,c,o,\tilde{l},l} - \sum_{\tilde{l}} Q_{r,t-1,c,o,l,\tilde{l}}. \tag{8}$$

Équilibre des eaux d'irrigation

$$\sum_{c,o,l,s,m} \left(\varpi_{c,l,s,m} \cdot A_{r,t,c,o,l,s,m} \right) \le W_{r,t}. \tag{9}$$

Compte des émissions de gaz à effet de serre

$$E_{r,t,e} = \sum_{c,o,l,s,m} \left(\varepsilon_{c,o,l,s,m,e}^{\text{land}} \cdot A_{r,t,c,o,l,s,m} \right) + \varepsilon_{r,e,t}^{\text{live}} \cdot B_{r,t}$$
$$+ \sum_{m} \left(\varepsilon_{r,m,e}^{\text{proc}} \cdot P_{r,t,m} \right) + \sum_{c,o,l,\tilde{l}} \left(\varepsilon_{c,o,l,\tilde{l},e}^{\text{lucc}} \cdot Q_{r,t,c,o,l,\tilde{l}} \right). \tag{10}$$

Variables

D	volume de la demande [tonnes, m³, kcal]
W	consommation des eaux d'irrigation [m³]
Q	changement dans l'utilisation/couverture des terres [ha]
A	terres pour différentes activités [ha]
B	production animale [kcal]
P	quantité d'intrants primaire traitée [tonnes, m³]
T	quantité échangée entre régions [tonnes, m³, kcal]
E	émissions de gaz à effet de serre [t CO_2eq]
L	terres disponibles [ha]

Fonctions

ϕ^{demd}	fonction pour la demande (fonction à élasticité constante)
ϕ^{splw}	fonction pour l'approvisionnement en eau (fonction à élasticité constante)

ϕ^{lucc} fonction pour le coût de l'utilisation/couverture des terres (fonction linéaire)

ϕ^{trad} fonction pour le coût commercial (fonction à élasticité constante)

Paramètres

τ^{land} coût de la gestion des terres, eau exceptée [USD/ha]

τ^{live} coût de la production animale [USD/kcal]

τ^{proc} coût de transformation [USD/unité (t ou m^3) des intrants primaires]

d^{targ} demande cible fixée de manière exogène (ex. : cibles pour les biocarburants) [EJ, m^3, kcal, etc.]

α^{land} rendement des cultures et des arbres [tonnes/ha ou m^3/ha]

α^{live} coefficients techniques de l'élevage (1 pour les calories animales, négatifs pour les besoins alimentaires [t/kcal])

α^{proc} coefficients de conversion (-1 pour les produits primaires, positifs pour les produits finaux [ex. : GJ/m^3])

L^{init} dotation initiale en terres d'une utilisation/couverture des terres donnée [ha]

L^{suit} superficie totale des terres convenant à une utilisation/couverture des terres particulière [ha]

ω besoins en eaux d'irrigation [m^3/ha]

ε coefficients d'émission [tCO$_2$eq/unité d'activité]

Indices

r région économique (28 régions agrégées et pays individuels)

t période (pas de 10 ans)

c pays (203)

o unité de simulation (définie par l'intersection d'une grille de 50 x 50 km, classes d'altitude, de pente et de sol homogènes)

l utilisation/couverture des terres (cultures, pâturages, forêts gérées, plantations d'arbres à croissance rapide, forêt vierge, autres végétations naturelles)

s espèces (37 cultures, forêts gérées, plantations d'arbres à croissance rapide)

m technologies : gestion de l'utilisation des terres (à faible intensité d'intrants, à haute intensité d'intrants, irrigation, subsistance, « habituelle »), transformation de produits des forêts primaires (production de bois débité et de pâte à papier), conversion en bioénergie (éthanol et biodiesel de première génération tirés de la canne à sucre, du maïs, du colza et du soja, production d'énergie à partir de la biomasse forestière : fermentation, gazéification et production combinée chaleur-électricité)

y produits primaires : + de 30 cultures, grumes de sciage, billes à pâte, autres grumes industriels, bois de chauffage, biomasse des plantations ;

Paramètre	Source	Année
Caractéristiques des pays	Skalsky et coll. (2008), FAO, USGS, NASA, CRU UEA, CCR, IFRPI, IFA, WISE, etc.	
Classes de sols	ISRIC	
Classes de pente		
Classes d'altitude	Données SRTM 90 m Digital Elevation (http://srtm.csi.cgiar.org)	
Frontières nationales		
Indice d'aridité	CIRAF, Zomer et coll. (2008)	
Seuil de température	Centre européen pour les prévisions météorologiques à moyen terme (CEPMMT)	
Zones protégées	FORAF	
Couverture des terres	Global Land Cover (GLC 2000) – Institut pour l'environnement et la durabilité	2000
Agriculture		
Superficie		
Superficie des zones cultivées (1 000 ha)	Global Land Cover (GLC 2000) – Institut pour l'environnement et la durabilité	2000
Superficie cultivée EPIC (1 000 ha)	IFPRI – You et Wood (2006)	2000
Superficie des cultures de rente (1 000 ha)	IFPRI – You, Wood, Wood-Sichra (2007)	2000
Superficie irriguée (1 000 ha)	FAO	moyenne 1998–2002
Rendement		
Rendement des cultures EPIC (t/ha)	BOKU, Erwin Schmid	
Rendement des cultures de rente (t/ha)	IFPRI – You, Wood, Wood-Sichra (2007)	2000
Rendement moyen régional (t/ha)	FAO	moyenne 1998–2002
Utilisation des intrants		
Quantité d'azote (FTN) (kg/ha)	BOKU, Erwin Schmid	
Quantité de phosphore (FTP) (kg/ha)	BOKU, Erwin Schmid	
Quantité d'eau (1 000 m³/ha)	BOKU, Erwin Schmid	
Taux d'application des engrais	IFA (1992)	
Taux d'application des engrais	FAOSTAT	
Coûts pour 4 systèmes d'irrigation	Sauer et coll. (2008)	
Production		
Production végétale (1000 t)	FAO	moyenne 1998–2002
Production animale	FAO	moyenne 1998–2002
Prix		
Cultures (USD/t)	FAO	moyenne 1998–2002
Engrais (USD/kg)	USDA (http://www.ers.usda.gov/Data/FertilizerUse/)	moyenne 2001–2005
Foresterie		
Superficie en concession dans le basin du Congo (1 000 ha)	FORAF	
Part maximale de grumes de sciage dans l'accroissement annuel moyen (m³/ha/an)	Kinderman et coll. (2006)	
Bois récoltable pour la production de pâte à papier (m³/ha/an)	Kinderman et coll. (2006)	

Paramètre	Source	Année
Accroissement annuel moyen (m³/ha/an)	Kinderman et coll. (2008) sur base de l'Évaluation des ressources forestières mondiales (FAO, 2006a)	
Production de biomasse et de bois (m³ ou 1 000 t)	FAO	2000
Coût de récolte	Kinderman et coll. (2006)	
Plantation à rotation rapide	Havlik et coll. (2011)	
Superficie adéquate (1 000 ha)	Zomer et coll. (2008)	2010
Accroissement annuel moyen (m³/ha)	Alig et coll., 2000 ; Chiba et Nagata, 1987 ; FAO, 2006b ; Mitchell, 2000 ; Stanturf et coll., 2002 ; Uri et coll., 2002 ; Wadsworth, 1997 ; Webb et coll., 1984	
PPN potentielle	Cramer et coll. (1999	
Potentiel pour les plantations de biomasse	Zomer et coll. (2008	
Coût des jeunes arbres pour la plantation manuelle	(Carpentieri et coll., 1993 ; Herzogbaum GmbH, 2008).	
Besoins de main-d'œuvre pour les entreprises de plantation	Jurvélius (1997),	
Salaires moyens	ILO (2007).	
Coût unitaire de l'équipement et de la main-d'œuvre pour les récoltes	FPP, 1999 ; Jiroušek et coll., 2007 ; Stokes et coll., 1986 ; Wang et coll., 2004	
Facteur pente	Hartsough et coll., 2001	
Ratio d'ajustement PPP moyen	Heston et coll., 2006	
Émissions de GES		
Émissions de N_2O dues à l'utilisation d'engrais synthétiques (kg CO_2/ha)	Lignes directrices du GIEC, 1996	
Taux d'application des engrais	IFA, 1992	
Coefficients de gains/émission de CO_2	CONCAWE/JRC/EUCAR (2007), Renewable Fuels Agency (2008)	
Biomasse vivant au-dessus et en-dessous du sol dans les forêts [tCO_2 éq/ha]	Kindermann et coll. (2008)	
Biomasse vivant au-dessus et en-dessous du sol dans les pâturages et autres terres naturelles [tCO_2 éq/ha]	Ruesch et Gibbs (2008) (http://cdiac.ornl. gov/epubs/ndp/global_carbon/carbon_ documentation.html)	
Émissions non carbonées totales (millions de tCO_2 éq)	EPA, 2006	
Émissions de dioxyde de carbone dues aux cultures (tCO_2/ha)	EPA, 2006	
Séquestration des GES dans les SRP (tCO_2/ha)	Chiba et Nagata, 1987 ;	
Échanges internationaux		
Base de données MacMap	Bouet et coll., 2005	
BACI (sur base de COMTRADE)	Gaulier et Zignago, 2009	
Coûts internationaux du fret	Hummels et coll., 2001	
Infrastructure		
Infrastructure existante	CIRCA 2000 ; IMR ; Référentiel géographique commun	

table continues next page

Paramètre	Source	Année
Infrastructure planifiée	Statistiques nationales du Cameroun, de la République centrafricaine, du Gabon, et de l'AICD (Banque mondiale) pour la République démocratique du Congo et la République du Congo	
Processus		
Coefficients de conversion pour le bois débité	Modèle 4DSM – Rametsteiner et coll. (2007)	
Coefficients de conversion pour la pâte à papier	Modèle 4DSM – Rametsteiner et coll. (2007)	
Coefficients et coûts de conversion pour l'énergie	Biomass Technology Group, 2005 ; Hamelinck et Faaij, 2001 ; Leduc et coll., 2008 ; Sørensen, 2005	
Coefficients et coûts de conversion pour l'éthanol	Hermann et Patel (2008)	
Coefficients et coûts de conversion pour le biodiesel	Haas et coll. (2007)	
Coûts de production pour le bois débité et la pâte à papier	Base de données interne de l'IIASA et base de données du RISI (http://www.risiinfo.com)	
Population		
Population par pays (1 000 habitants)	Russ et coll. (2007) mis à jour	moyenne 1999–2001
Population totale par région estimée tous les 10 ans entre 2000 et 2100 (1 000 habitants)	Base de données du scénario de la GGI (2007) — Grubler et coll.	
Grille de 0,5 degré	Base de données du scénario de la GGI (2007) — Grubler et coll.	
Densité de la population	CIESIN (2005).	
Demande		
Demande alimentaire initiale pour les cultures (1000 t)	Données des bilans alimentaires — FAO	moyenne 1998–2002
Demande initiale d'aliments pour animaux pour les cultures (1000 t)	Données des bilans alimentaires — FAO	moyenne 1998–2002
Besoins de cultures par calorie animale (t/1 000 000 kcal)	Bilans disponibilité/utilisation, FAOSTAT	moyenne 1998–2002
Équivalent énergie des cultures (kcal/t)	Données des bilans alimentaires — FAO	
Changement relatif dans la consommation de viande, animaux, végétaux, lait (kcal/capita)	FAO (2006) Agriculture mondiale : horizon 2030/2050 (tableaux 2.1, 2.7, 2.8)	
Élasticité propre des prix	Seale, Jr., Regmi, et Bernstein, 2003	
Projections pour le PIB	Base de données du scénario de la GGI (2007)	
Données pour les cultures SUA (1000 t)	FAO	
Données des bilans alimentaires	FAO	
Projections pour la bioénergie	Russ et coll. (2007) mis à jour	
Consommation de biomasse et de bois (m³/ha ou 1000 t/ha)	FAO	

produits transformés : produits forestiers (bois débité et pâte à papier), biocarburants de première génération (éthanol et biodiesel), biocarburants de deuxième génération (éthanol et méthanol), autre bioénergie (électricité, chaleur et gaz)

e   Comptes des émissions de gaz à effet de serre : CO_2 dû au changement d'utilisation des terres ; CH_4 dû à la fermentation entérique, à la production du riz et à la gestion du fumier ; et N_2O dû aux engrais synthétiques et à la gestion du fumier ; gains/émissions de CO_2 dus à la substitution des carburants fossiles par les biocarburants.

Bases de données

Afin de rendre possible la modélisation du processus biophysique mondial de la production agricole et forestière, une base de données exhaustive a été développée (Skalsky et coll., 2008) ; elle comprend l'information sur le type du sol, le climat, la topographie, la couverture des terres et la gestion des cultures. Les données proviennent de divers instituts de recherche (NASA, JRC, FAO, USDA, IFPRI, etc.) et ont été harmonisées au sein de plusieurs couches de résolution spatiale commune, incluant 5 et 30 arcmin ainsi que des couches nationales. Les unités de réponse homogène (HRU, *Homogeneous Response Units*) ont donc été délimitées en n'incluant que les paramètres de paysage qui restent presque constants au cours du temps. À l'échelle mondiale, nous avons introduit cinq classes d'altitude, sept classes de pente, et six classes de sol. Dans un deuxième temps, la couche HRU est fusionnée avec d'autres informations pertinentes, telles que la carte mondiale du climat, la carte des catégories/ utilisation des terres, la carte de l'irrigation, etc., qui constituent les données d'entrée du Modèle climatique intégré des politiques environnementales (Williams, 1995, Izaurralde et coll., 2006). Les unités de simulation constituent l'intersection entre les frontières nationales, la grille de 30 arcmin (50 × 50 km) et l'unité de réponse homogène.

Principales hypothèses pour la base de référence

Croissance démographique : La croissance de la population régionale est tirée du scénario SRES B2 de l'IIASA (Grübler et coll., 2007). La population mondiale devrait grimper à 8 milliards en 2030 contre 6 milliards en 2000. Dans le bassin du Congo, le modèle applique un taux de croissance annuelle moyen de 3,6 % entre 2000 et 2010 et de 2,2 % entre 2020 et 2030, ce qui conduit à une population totale de 170 millions d'habitants en 2030. Il utilise les projections spatialement explicites de la population pour 2010, 2020 et 2030, pour représenter la demande de bois de chauffage. Aucune différence n'est faite entre les marchés ruraux et urbains.

Contraintes exogènes sur la consommation alimentaire : Selon le scénario intermédiaire du SRES B2, le PIB par habitant devrait augmenter à un taux moyen de 3 % par an au cours de la période 2000-2030 dans le bassin du Congo.

Les projections de la FAO sont utilisées pour la consommation de viande par habitant. Le modèle prend en compte un apport minimal en calories par habitant dans chaque région et n'autorise pas de grandes transitions d'une culture à l'autre. Il limite actuellement la production de café et de cacao à l'Afrique subsaharienne. La demande initiale pour ces cultures est fixée aux importations observées en 2000, et est alors ajustée à la croissance démographique. Cette hypothèse signifie que les changements ni des prix, ni des revenus n'influencent la demande de café et de cacao.

Demande d'énergie : Le modèle fait l'hypothèse que la consommation du bois de chauffage par habitant reste constante, de sorte que la demande de bois de chauffage augmente proportionnellement à la population. La consommation de bioénergie provient du modèle POLES (Russ et coll., 2007) et suppose qu'il n'y a pas de commerce international des biocarburants.

Autres hypothèses : La base de référence est une situation où les niveaux des paramètres techniques restent identiques à ceux de 2000 ; les nouveaux résultats découlent uniquement des augmentations de la demande de nourriture, de bois et de bioénergie. Il n'y a pas de changement dans les rendements, les accroissements annuels, les coûts de production, les coûts de transport ni les politiques commerciales. L'agriculture de subsistance est également fixée à son niveau de 2000. Aucune politique environnementale n'est mise en œuvre en dehors des zones protégées de 2000. Cette base de référence doit être considérée comme une situation de « statu quo » qui permet d'isoler les impacts des différents facteurs de déforestation dans le bassin du Congo dans les différents scénarios.

Sélection de Références

Agritrade. 2009. "The Cocoa Sector in ACP-EU Trade." Executive brief, October 2009.

Andersen, P., and S. Shimorawa. 2007. "Rural Infrastructure and Agricultural Development." In *Rethinking Infrastructure for Development*. Annual World Bank Conference on Development Economics.

Angelsen, A., M. Brockhaus, M. Kanninen, E. Sills, W. D. Sunderlin, and S. Wertz-Kanounnikoff, eds. 2009. *Realising REDD+, National Strategy and Policy Options*. Bogor, Indonesia: CIFOR.

Atyi, R. E., D. Devers, C. de Wasseige, and F. Maisels. 2009. "Chapitre 1: Etat des forêts d'Afrique centrale: Synthèse sousrégionale." In *Etat de la Forêts 2008*, OFAC-COMIFAC.

Biomass Technology Group. 2005. *Handbook on Biomass Gasification*. H.A.M. Knoef. ISBN: 90-810068-1-9.

Bouet A., Y. Decreux, L. Fontagne, S. Jean, and D. Laborde. 2005. "A Consistent Ad-Valorem Equivalent Measure of Applied Protection Across the World: The MacMap HS6 Database. Document de travail CEPII N. 2004, December 22 (updated September 2005).

Carpentieri, A. E., E. D. Larson, and J. Woods. 1993. "Future Biomass-Based Electricity Supply in Northeast Brazil." *Biomass and Bioenergy* 4 (3): 149–73.

Chiba, S., and Y. Nagata, 1987. "Growth and Yield Estimates at Mountainous Forest Plantings of Improved Populus Maximowiczii." In *Research Report of Biomass Conversion Program. No.3 "High Yielding Technology for Mountainous Poplars by Short- or Mini-Rotation System I."* Japan; Agriculture, Forestry, and Fisheries Research Council Secretariat, Ministry of Agriculture, Forestry and Fisheries.

CIESIN (Center for International Earth Science Information Network), Columbia University; and Centro Internacional de Agricultura Tropical (CIAT). 2005. Gridded Population of the World Version 3 (GPWv3): Population Density Grids. Palisades, NY: Socioeconomic Data and Applications Center (SEDAC), Columbia University. http://sedac.ciesin.columbia.edu/gpw.

CONCAWE/JRC/EUCAR. 2007. "Well-to-Wheels Analysis of Future Automotive Fuels and Powertrains in the European context." *Well-to-Tank Report* Version 2c: 140.

EPA (Environmental Protection Agency). 2006. *Global Anthropogenic Non-CO_2 Greenhouse Gas Emissions: 1990–2020.* Washington, DC: United States Environmental Protection Agency.

FAO (Food and Agriculture Organization of the United Nations). 2006a. *Global Forest Resources Assessment 2005. Progress towards Sustainable Forest Management.* Rome, Italy: Food and Agriculture Organization of the United Nations.

———. 2006b. "Global Planted Forests Thematic Study: Results and Analysis." Planted Forests and Trees Working Paper 38, FAO, Rome.

Gaulier, G., and S. Zignago. 2009. "BACI: International Trade Database at the Product-level, the 1994–2007 Version." CEPII Working Paper.

Grübler, A., B. O'Neill, K. Riahi, V. Chirkov, A. Goujon, P. Kolp, I. Prommer, S. Scherbov, and E. Slentoe. 2007. "Regional, National, and Spatially Explicit Scenarios of Demographic and Economic Change Based on SRES." *Technological Forecasting and Social Change* 74: 980–1027.

Hamelinck, C. N., and A. P. C. Faaij. 2001. "Future Prospects for Production of Methanol and Hydrogen from Biomass." Utrecht University, Copernicus Institute, Science, Technology and Society, Utrecht, Netherlands.

Hass, M. J., A. J. McAloon, W. C. Yee, and T. A. Foglia. 2006. "A Process Model to Estimate Biodiesel Production Costs." *Bioresource Technology* 97:671–78.

Havlík, P., U. A. Schneider, E. Schmid, H. Boettcher, S. Fritz, R. Skalský, K. Aoki, S. de Cara, G. Kindermann, F. Kraxner, S. Leduc, I. McCallum, A. Mosnier, T. Sauer, and M. Obersteiner. 2011 "Global Land-Use Implications of First and Second Generation Biofuel Targets." *Energy Policy* 39(10): 5690–702.

Herzogbaum GmbH. 2008. Forstpflanzen-Preisliste 2008. HERZOG.BAUM Samen & Pflanzen GmbH. Koaserbauerstr. 10, A-4810 Gmunden, Austria. Available at http://www.energiehoelzer.at.

Hummels D., J. Ishii, and K. M. Yi. 2001. "The Nature and Growth of Vertical Specialization in World Trade." *Journal of International Economics, Trade, and Wages* 54 (1): 75–96.

IFA (International Fertilizer Industry Association). 1992. *World Fertilizer Use Manual.* Germany: IFA.

IPCC (Intergovernmental Panel on Climate Change). 1996. "Revised 1996 IPCC Guidelines for National Greenhouse Gas Inventories." Intergovernmental Panel on Climate Change, United Nations Environment Programme, Organisation for Economic Co-Operation and Development, International Energy Agency, Paris.

Izaurralde, R. C., J. R. Williams, W. B. McGill, N. J. Rosenberg, and M. C. Q. Jakas. 2006. "Simulating Soil C Dynamics with EPIC: Model Description and Testing Against Long-Term Data." *Ecological Modelling* 192: 362–84.

Jurvélius, M. 1997. "Labor-Intensive Harvesting of Tree Plantations in the Southern Philippines." Forest Harvesting Case Study 9, RAP Publication: 1997/41, Food and Agriculture Organization of the United Nations, Bangkok, Thailand. http://www.fao.org/docrep/x5596e/x5596e00.HTM.

Kindermann, G. E., M. Obersteiner, E. Rametsteiner, and I. McCallum 2006. "Predicting the Deforestation-Trend under Different Carbon-Prices." *Carbon Balance and Management* 1: 15.

Kindermann, G., M. Obersteiner, E. Rametsteiner, and I. McCallum. 2008. "A Global Forest Growing Stock, Biomass and Carbon Map Based on FAO Statistics." *Silva Fennica* 42 (3): 387–96.

Leduc, S., D. Schwab, E. Dotzauer, E. Schmid, and M. Obersteiner. 2008. "Optimal Location of Wood Gasification Plants for Methanol Production with Heat Recovery." *International Journal of Energy Research* 32: 1080–91.

Rametsteiner, E., S. Nilsson, H. Böttcher, P. Havlik, F. Kraxner, S. Leduc, M. Obersteiner, F. Rydzak, U. Schneider, D. Schwab, and L. Willmore. 2007. "Study of the Effects of Globalization on the Economic Viability of EU Forestry." Final Report of the AGRI Tender Project: AGRI-G4-2006-06, EC Contract Number 30-CE-0097579/00-89.

Renewable Fuels Agency. 2009. "Carbon and Sustainability Reporting Within the Renewable Transport Fuel Obligation, Technical Guidance Part Two, Carbon Reporting—Default Values and Fuel Chains." Version 2.0, 207. Hastings, U.K.

Ruesch, A., and H. K. Gibbs. 2008. *New IPCC Tier-1 Global Biomass Carbon Map for the Year 2000.* Oak Ridge, TN: Oak Ridge National Laboratory. http://cdiac.ornl.gov.

Russ, P., T. Wiesenthal, D. van Regenmorter, and J. C. Ciscar. 2007. *Global Climate Policy Scenarios for 2030 and Beyond—Analysis of Greenhouse Gas Emission Reduction Pathway Scenarios with the POLES and GEM-E3 models.* JRC Reference Reports. Seville, Spain: Joint Research Centre—Institute for Prospective Technological Studies.

Sauer, T., P. Havlík, G. Kindermann, and U. A. Schneider. 2008. "Agriculture, Population, Land and Water Scarcity in a Changing World—The Role of Irrigation." Congress of the European Association of Agricultural Economists, Gent, Belgium.

Seale, J., A. Regmi, and J. Bernstein. 2003. "International Evidence on Food Consumption Patterns." ERS/USDA Technical Bulletin No. 1904, Economic Research Service, U.S. Department of Agriculture, Washington, DC.

Skalsky, R., Z. Tarasovicova, J. Balkovic, E. Schmid, M. Fuchs, E. Moltchanova, G. Kindermann, P. Scholtz, et al. 2008. *GEO-BENE Global Database for Bio-Physical Modeling v.1.0—Concepts, Methodologies and Data.* The GEOBENE database report. Laxenburg, Austria: International Institute for Applied Analysis (IIASA).

Teravaninthorn, S., and G. Raballand. 2009. *Transport Prices and Costs in Africa: A Review of the Main International Corridors.* Washington, DC: World Bank.

Williams J. R. 1995. "The EPIC model." In *Computer Models of Watershed Hydrology,* ed. V. P. Singh, 909–1000. Highlands Ranch, CO: Water Resources Publications.

You, L., and S. Wood. 2006. "An Entropy Approach to Spatial Disaggregation of Agricultural Production." *Agricultural Systems* 90: 329–47.

You, L., S. Wood, U. Wood-Sichra, and J. Chamberlain. 2007. "Generating Plausible Crop Distribution Maps for Sub-Saharan Africa Using a Spatial Allocation Model." *Information Development* 23 (2–3): 151–59. International Food Policy Research Institute, Washington, DC.

Zomer, R. J., A. Trabucco, D. A. Bossio, and L. V. Verchot. 2008. "Climate Change Mitigation: A Spatial Analysis of Global Land Suitability for Clean Development Mechanism Afforestation and Reforestation." *Agriculture, Ecosystems and Environment* 126: 67–80.

www.ingramcontent.com/pod-product-compliance
Lightning Source LLC
Chambersburg PA
CBHW081645280326
41928CB00069B/3020